面向大数据的访问控制技术

王静宇 等 著

中国水利水电出版社
www.waterpub.com.cn
·北京·

内 容 提 要

随着物联网、云计算、社交网络等新兴技术的应用和发展，大数据的分享、应用和挖掘越来越受到广泛关注，然而人们在利用大数据创造价值的同时，也在被大数据所带来的安全威胁所困扰。本书以大数据环境下的安全访问控制技术研究为主线，在梳理访问控制技术研究现状的基础上，系统阐述了大数据环境下的访问控制技术相关模型和算法等。

本书内容主要包括大数据访问控制技术研究背景、基于概念格的大数据访问控制、基于密文策略属性加密的大数据访问控制、基于随机策略更新的大数据隐私保护访问控制、基于角色挖掘的大数据访问控制等。

本书适合作为高等院校信息安全、网络空间安全、计算机科学与技术等相关专业的高年级本科生或研究生指导用书，也可供从事大数据安全的有关技术人员参考使用。

图书在版编目（ＣＩＰ）数据

面向大数据的访问控制技术 / 王静宇等著. -- 北京：
中国水利水电出版社，2020.10
ISBN 978-7-5170-9012-0

Ⅰ．①面… Ⅱ．①王… Ⅲ．①数据处理－安全技术－研究 Ⅳ．①TP274

中国版本图书馆CIP数据核字(2020)第213773号

书　　名	**面向大数据的访问控制技术** MIANXIANG DASHUJU DE FANGWEN KONGZHI JISHU
作　　者	王静宇　等著
出版发行	中国水利水电出版社 （北京市海淀区玉渊潭南路1号D座　100038） 网址：www. waterpub. com. cn E - mail：sales@waterpub. com. cn 电话：（010）68367658（营销中心）
经　　售	北京科水图书销售中心（零售） 电话：（010）88383994、63202643、68545874 全国各地新华书店和相关出版物销售网点
排　　版	中国水利水电出版社微机排版中心
印　　刷	清淞永业（天津）印刷有限公司
规　　格	184mm×260mm　16开本　12.5印张　304千字
版　　次	2020年10月第1版　2020年10月第1次印刷
印　　数	0001—1000册
定　　价	**78.00元**

随着移动互联网、在线社交网络、物联网、智慧城市等技术的发展，各种设备和应用产生的数据量将会急剧增长，从而形成大数据（Big Data）。但是目前大数据在收集、存储和使用过程中面临着诸多安全风险，在其生命周期的数据采集、数据共享发布、数据分析、数据使用等过程中都有可能产生安全风险。

在大数据环境下，如何解决大数据在使用过程中的安全访问控制是大数据研究方面新的挑战之一。例如，大数据存储所在公司的内部员工可能会滥用他的访问级别来侵犯客户隐私；一个受信任的合作伙伴可以滥用他们对数据的访问权限来推断用户的私人信息；医院在给医学研究人员或疾病控制中心等提供大数据进行疾病治疗、预防和决策时，如果不进行数据处理、做好访问控制，则可能泄露病人的隐私信息。

大数据在使用过程中如果访问控制等保护措施不到位，所导致的安全风险会给用户带来严重困扰，本书所描述的大数据访问控制技术主要侧重于数据使用过程中的安全访问控制，通过安全访问控制技术来决定哪些用户可以以何种权限访问哪些大数据资源，从而确保合适的数据及合适的属性在合适的时间和地点，授权给合适的用户访问。

大数据访问控制技术作为保护大数据访问时的重要措施和手段，其作用至关重要。大数据访问控制环境复杂，对现有的访问控制模型来说很难完全适用，因此需要不断探索研究新的访问控制技术来不断满足大数据的复杂访问控制要求。本书以大数据访问控制技术研究为主线，综合作者多年在大数据访问控制方面的研究成果，系统阐述了大数据访问控制技术相关的理论与方法，以实现大数据的安全访问控制。

全书共分8章。第1章介绍了大数据访问控制的相关背景，提出了大数据访问控制技术存在的问题与挑战，并介绍了本书的主要研究内容。第2章介绍了大数据访问控制技术国内外相关研究工作现状与存在的问题，包括角色访问控制、概念格访问控制、大数据隐私访问控制、自适应访问控制等。第3章探索三元形式概念分析在RBAC访问控制中的应用，提出基于三元形式概念分析的角色访问控制技术、基于概念格的对象渐减更新算法和基于概念格分层的最小角色集算法。第 4 章针对现有密文策略属性加密方案存在用户密钥易泄露等安全问题，提出基于安全三方计算协议的密文策略方案、基于同态加密的密文策略属性加密方案。针对大数据访问控制存在属性撤销开销大及不够灵活等问题，提出了支持撤销的双策略属性基加密方案、支持细粒度属性变更的方案、支持多授权中心的属性撤销方案等。第 5 章针对保护访问者的私密信息，减少用户端访问数据开销等，提出了一种基于随机策略更新的隐私保护方案。第 6 章针对大数据环境下基于角色访问控制模型中用户角色指派不精确及效率低的问题，设计基于属性和信任的角色访问控制模型，提出用户-角色分配优化算法。第 7 章针对基于角色的访问控制（RBAC）中的角色挖掘及基数约束等问题，提出基于双重约束的角色挖掘算法、基于职责分离的角色挖掘算法、满足基于静态职责分离的角色划分方法等。第 8 章针对访问控制中的风险评估，提出风险自适应大数据访问控制方法。

本书主要由王静宇、顾瑞春、谭跃生、杨力等人完成，是王静宇教授所属的大数据安全研究团队长期以来在大数据访问控制技术方面的研究成果，在编写过程中还得到邢晨烁、鲁黎明、刘思睿、崔永娇、郑雪岩、董景楠、栾俊清、陈丽等硕士研究生的大力协助，他们为本书做出了巨大的贡献。

本书的出版得到了国家自然科学基金项目（61662056）、内蒙古自然科学基金项目（2020MS06009）的支持和资助。

本书体现的是作者对于大数据访问控制技术的相关研究成果，由于作者水平有限，书中难免有不妥甚至错误之处，敬请各位读者能够及时批评指正。

作者

2020 年 8 月

前言

第1章

绪　　论

1.1　引言

随着移动互联网、在线社交网络、物联网、智慧城市等技术的发展，各种设备和应用产生的数据量将会急剧增长，形成大数据。大数据的概念较为抽象，和多数信息技术领域的新兴概念一样至今尚无确切、统一的定义。例如在维基百科中关于大数据的定义为：大数据是指规模大且复杂以至于很难在合理时间范围内用现有的数据库管理工具或传统的数据处理应用来处理的数据。IDC 对大数据作出的定义为：大数据一般会涉及 2 种或 2 种以上数据形式。它要收集超过 100TB 的数据，并且是高速、实时数据流；或者是从小数据开始，但数据每年会增长 60％以上。研究机构 Gartner 对大数据的定义为：大数据是需要新处理模式才能具有更强的决策力、洞察发现力和流程优化能力的海量、高增长率和多样化的信息资产。通常目前业界较为统一的认识是大数据有四个基本特征，包括数据规模大（Volume）、数据种类多（Variety）、数据要求处理速度快（Velocity）和数据价值密度低（Value），即所谓的四 V 特性。

但是，目前在收集、存储和使用大数据的过程中面临着诸多安全风险，在其生命周期的数据采集、共享发布、分析、使用等过程中都有可能造成安全问题和隐私泄露等，举例如下：

（1）Facebook 数据泄露。在 2018 年 3 月 17 日，《New York Times》曝光了剑桥分析（Cambridge Analytica）没有得到用户授权，便私自使用 Facebook 用户账户信息的行为。随后 Facebook 公开回应，承认 Cambridge Analytica 公司的不正当行为。同年 9 月，Facebook 再次通告，黑客利用控制的账户获得了超过 5000 万人的账户信息，直接导致几亿网民受害，Facebook 爆发的隐私泄露危机也致使公司股价一度蒸发 590 亿美金。

（2）Under Armour 用户信息泄露。2018 年 3 月，国际运动品牌 Under Armour 公开表示，旗下的健身应用 MyFitnessPal 因软件漏洞遭到黑客恶意攻击，致使 1.5 亿用户数据泄露，这其中还包括用户的电子邮件、电话、身体健康状况等私密信息，给用户的生活带来了极大的危害。

（3）巧达科技倒卖简历。2015 年 6 月，大数据公司巧达科技利用爬虫技术抓取其他招聘网站上 90％的求职人员的简历，处理后供给 B 端使用，做精准营销。致使 1.6 亿用户的私人数据被倒卖，成为利益公司赚钱的筹码。

（4）顺丰公司数据泄露。2018 年 7 月，网上公然售卖顺丰快递数据，以当下火热的比特币为交易货币。其中涉及 3 亿用户的账户信息，包括寄收双方用户的用户名、通信地址和手机号码等私密信息。超过 1000 多万用户的私密信息流向市场，给不法分子以可乘之机，更重要的是给居民的生活带来了恐慌，存在较高的恶意盗窃风险。

不仅如此，大数据给信息安全领域带来新的更为广泛和复杂的挑战和机遇。

1. 大数据成为攻击的目标

大数据本身不仅意味着海量数据，还可能存在潜在的敏感和重要数据，大数据本身数据大量聚集，攻击成本低且收益大，因此对于攻击者来说可能是一个有价值和吸引力的目标。

2. 大数据加大隐私泄露风险

大数据数据聚集，各类重要数据繁多，可能包含运营数据、企业和个人隐私信息和行为数据等，可能导致数据隐私泄露风险加大。

3. 大数据对现有存储和安防措施的威胁

大量复杂多样数据的聚集存储可能导致数据存储位置不符合规定，数据大小可能影响安全措施的正常运行，如安全扫描等。

4. 大数据本身被作为攻击手段

通过大数据技术，攻击者可能收集获得更多的有用信息，并利用大数据技术发起网络攻击，其破坏力是其他技术所不具备的。

5. 大数据成为 APT 攻击（Advanced Persistent Threat，APT）的载体

攻击者可能利用大数据将攻击进行隐藏，由于 APT 攻击是一个过程攻击，攻击代码隐藏在大数据中，并不具有能够被实时检测的明显特征，使得传统的防护策略难以进行实时检测。此外由于大数据的价值密度低，给相关安全分析工具设置很大障碍。

6. 大数据为信息安全提供新技术支撑

大数据在给信息安全带来更大的风险的同时也对信息安全提供新机遇，比如通过大数据技术能够更好地给网络行为画像，从中找出异常行为和网络信息安全的风险点，以便进行提前预防和阻止入侵等。

总之，最近几年大数据技术发展较快，在大数据安全研究方面也取得很多新的研究成果，如基于全同态加密技术的密文计算与检索技术，基于属性加密的访问控制技术以及基于区块链的大数据访问控制技术等。但是，在安全大数据访问控制方面还存在很多尚未解决的问题，已有的一些安全技术在实践应用中的效果和性能还不能完全让人满意，阻碍了大数据技术的大规模应用和发展。

保护大数据数据安全的方法很多，本书主要侧重于通过安全访问控制技术，保护重要大数据信息不被非法访问和用户数据安全共享。研究大数据环境下安全访问控制技术，保护大数据的安全，避免由于大数据给信息安全领域带来的安全挑战，对推动大数据的应用具有重要的现实意义，所提出的大数据安全访问控制模型与算法，为大数据应用设计开发提供新思路和理论依据。

1.2　大数据环境中访问控制存在的问题与挑战

在大数据环境下，如何解决大数据在使用过程中的数据安全和敏感隐私信息保护问题是大数据研究方面新的挑战之一，例如：大数据存储所在公司的内部员工可能会滥用他的访问级别来侵犯客户隐私；一个受信任的合作伙伴可以滥用他们对数据的访问权限来推断用户的私人信息；医院在给医学研究人员或疾病控制中心等提供大数据，用于疾病治疗、预防和决策时，如果不进行数据处理和做好访问控制，则可能泄露病人的隐私信息。

特别是在数据使用过程中如果隐私保护措施不到位，大数据所导致的隐私泄露会给用户带来严重困扰，本书所有大数据访问控制技术主要侧重于数据使用过程中的数据安全访问控制，通过数据安全访问控制来决定哪些用户可以以何种权限访问哪些大数据资源，从而确保合适的数据及合适的属性在合适的时间和地点，给合适的用户访问。因此，大力研究大数据安全访问控制技术是解决上述问题的重要方法和手段，是推动大数据应用的重要保障。然而传统的访问控制技术在大数据环境不能很好适应，大数据给传统访问控制技术带来的挑战如下：

（1）大数据的时空特性要求其访问控制模型需充分考虑时间和位置信息。

（2）大数据环境下的用户大多处于不同的部门、单位或组织，数据访问需求种类多种多样，因此如何高效进行角色挖掘并为每个用户动态分配角色是新的挑战。

（3）大数据环境需求多样，不同的应用需要不同的访问控制策略、更细的访问控制粒度和隐私保护能力或者他们的组合等。比如社交网站中对于用户个人主页数据，需要基于用户社交关系的访问控制和隐私保护；对于网站数据，需要基于用户等级的访问控制和隐私保护等。

1.3　本书涉及的主要内容

本书在对大数据等各方需求深入分析的基础上，主要涉及的研究内容如下：

（1）三元形式概念分析的 RBAC 访问控制（Role - Based Access Control，RBAC）模型。形式概念分析可以用于设计访问控制所需要的层次结构，一般文献中提及的方法通常是将三维访问控制矩阵转换成二元形式背景，进行这种转换的主要目的是导出形式概念、概念格结构以及角色层次和 RBAC 的约束。为了探索三元形式概念分析在 RBAC 访问控制中的应用，提出三元形式概念分析对 RBAC 进行建模的方法，该方法不必将三维访问控制矩阵转换为二元形式背景即能实现角色层次和角色责任分离。

（2）基于概念格的角色更新技术。通过分析概念之间及边之间的联系和规则，提出一种概念格的对象渐减更新算法，该算法采用渐进式构造方法，不需要重新构造概念格，而是在原概念格的基础上采用广度优先遍历的顺序对概念格进行调整，进而可根据部分父概念的类型来直接判断子概念的类型，不需要判断所有概念的类型。

（3）基于概念格的最小角色集算法。在深入研究概念格的分层性质基础上，将概念格的分层与基于概念格的最小角色集算法结合，提出一种基于概念格分层的最小角色集算法，该算法是根据经典的 Bellman - Ford 算法（求最短路径算法）改写的，首先遍历整个概念格对概念格进行分层，求得概念格各个节点的层号，对每个节点进行标签，然后再进行查找算法寻找到最小角色集。

（4）基于安全三方计算的密文策略属性加密方案。针对现有密文策略属性加密方案存在用户密钥易泄露的问题，提出一种基于安全三方计算协议的密文策略方案。通过属性授权中心、云数据存储中心及用户之间进行安全三方计算构建无代理密钥发布协议，使用户端拥有生成完整密钥所必需的子密钥。安全分析表明该方案能够有效消除单密钥生成中心及用户密钥在传输给用户过程中易泄露所带来的威胁，增强用户密钥的安全性。

（5）同态加密的密文策略属性加密方案。属性加密方案极其适用于云存储环境下的数据访问控制，但用户私钥的安全问题仍然是一个极具挑战的问题，影响了属性加密的实际运用。针对该问题，提出一种基于同态加密的密文策略属性加密方案，属性授权中心和云服务中心拥有包含各自系统私钥信息的秘密坐标，两者利用各自秘密坐标进行保密计算两点一线斜率的方式来交互生成用户私钥。所提方案在消除单密钥生成机构的同时极大地降低了生成用户密钥所需的通信交互次数，从而降低了交互过程中秘密信息泄露的风险。

（6）支持撤销的双策略属性基加密方案。针对于目前云数据访问控制研究中存在单一策略属性基加密的应用局限性和属性撤销不够灵活等问题，提出了一种支持撤销的双策略属性基加密方案：首先对属性撤销中的密文策略和密钥策略的综合应用进行定义并给出安全模型；其次构建逻辑二叉树，利用哈希函数不可逆的性质，从每个用户对应的叶子节点开始自下往上地进行哈希运算得到父节点直到根节点，使其计算方向单一；然后利用每个属性对应的最大覆盖子树的根节点所生成的组密钥对密文和私钥进行更新，从而能够保证组密钥能够被合法用户获得；最后通过安全性分析和复杂性对比表明，该方案满足选择明文攻击安全且在计算复杂度方面是最优的。

（7）支持细粒度属性变更的云访问控制方案。云数据访问控制研究多数存在属性变更开销大及不够灵活等问题。为此在密文策略属性基加密基础上提出一种支持细粒度属性变更的方案。结合具有计算不可逆性质的哈希函数定义逻辑二叉树对密文进行重加密，根据每个属性对应的最大覆盖子树根节点生成的组密钥更新密文与私钥，从而实现属性变更的细粒度化。相关仿真结果表明该方案能够有效降低系统整体计算复杂度和用户存储压力，提高属性变更效率。

（8）基于多授权中心的密文属性基加密（Ciphertext Policy Attribute Based Encryption，CP - ABE）属性撤销方案。直接将 CP - ABE 运用于大数据环境中，将造成数据访问控制的安全和计算开销问题。为此提出一种支持多授权中心的属性撤销方案（RMCP - ABE），通过采用逻辑二叉树和属性代理重加密等方法，保证了属性撤销过程中的安全性及属性撤销的即时性、灵活性和细粒度，降低了数据属主的计算开销。方案引入了多授权中心模型，避免授权中心被攻破或者合谋的威胁，并提高了运行效率。安全性和实验分析表明，该算法安全性与传统 CP - ABE 算法一致，同时与其他属性撤销方案相比开销更低。

（9）基于随机策略更新的大数据访问控制方案。提出了一种基于策略更新的隐私保护方案，该方案利用随机数列使策略矩阵的行元素与列元素分别交换位置，以保证用户每次访问的策略属性矩阵都不同，增加了策略矩阵的安全性，从而有效保护了访问者的私密信息。另外，方案提出的策略更新算法部署在云端，极大地减少了用户端的访问数据开销。

（10）基于属性和信任的用户角色分配优化算法。针对大数据环境下基于角色访问控制模型中用户角色指派不精确及效率低的问题，设计了基于属性和信任的角色访问控制模型，提出基于此模型的用户—角色分配优化算法，该算法融合了最小角色集合查找与基于属性的角色筛选，通过删除混杂角色层次结构中的角色激活和角色继承关系，得到最小角色集合，通过用户属性、环境属性、信任值筛选得到最佳角色集合，并精确匹配给用户。仿真实验表明，此算法能有效减少系统中的角色数，缩短用户角色的指派时间，提高用户—角色匹配的精确度。

（11）基于双重约束的角色挖掘算法。针对基于角色的访问控制（RBAC）中的约束问题，提出一种基于双重约束的角色挖掘算法。将用户权限分配关系转化为二分图表示，在约束条件下利用二分图中寻找最小完全二分图覆盖的方法，得到满足权限基数约束和用户基数约束的初始角色集，通过图优化的方法优化角色状态构建角色层次，得到最终的角色集。实验结果表明利用该算法得到的角色集，能够有效实施约束策略，保证 RBAC 系统的安全。

（12）基于职责分离（Separation of Duty，SoD）的角色挖掘算法。在角色挖掘过程中考虑 SoD 约束，生成 t-t SMER（Statically Mutually Exclusive Roles）约束集强制执行 SoD 约束。使用布尔矩阵表示用户权限分配关系，利用权限分组挖掘角色，同时为角色赋予 SoD 约束信息。根据得到的用户角色、角色 SoD 约束关系、SMER 约束集，并通过实验验证算法的可行性，判断是否能够满足给定的 k-n SoD 约束。实验结果表明该算法能够有效实施给定的 SoD 约束生成 t-t SMER 约束集，维护 RBAC 系统的安全。

（13）风险自适应大数据访问控制方法。通过对风险自适应访问控制中的评估原则与评估方法进行研究与分析，对大数据情境下的基于属性的访问控制状况进行分析。综合思考访问控制中的主体、客体、工作、环境等属性中的分属性对访问控制过程中风险的影响，将对风险的影响程度作为建立风险评估指标体系的重要分析因素。将层次分析法、熵权法、模糊推理等领域中相关知识与原有的风险评估方法进行优化与改进，提出改进的层次分析法的风险评估模型与自适应神经模糊系统风险评估预测模型，并进行仿真实验验证风险模型的有效性与准确性。

参 考 文 献

[1] 维基百科 Big data，http：//en. wikipedia. org/wiki/Big _ data.

[2] Benjamin Woo World wide Big Data Technology and Services 2012 - 2015 Forecast. 2012. 5.

[3] Big data http：//www. Gartner. com/it - glossary/big - data.

[4] 冯登国，张敏，李昊. 大数据安全与隐私保护 [J]. 计算机学报，2014，37 (1)：246 - 258.

[5] Lu Rong Xing，Zhu Hui，et al. Toward Efficient and Privacy - preserving Computing in Big Data Era [J]. IEEE Network，2014，28 (4)：46 - 50.

第 2 章

大数据访问控制技术相关研究

　　传统访问控制方式包括自主访问控制（Discretionary Access Control，DAC）和强制访问控制技术（Mandatory Access Control，MAC）等都面向封闭环境，访问控制的粒度都比较粗，难以应对上述挑战。大数据访问控制目前大多利用优化的角色访问控制和属性访问控制方法，现有技术主要包括角色访问控制、属性访问控制、概念格访问控制、大数据隐私访问控制等。

2.1　基于角色的访问控制

　　基于角色的访问控制（RBAC）的核心是通过为用户分配角色来实现数据访问控制。针对大数据时空关联特性，Ray 等将时间和位置信息融合到 RBAC 中，提出了 LARB 访问控制模型，通过用户的时间和位置信息判定来进行访问控制。Damiani 等提出的 GEO - RBAC（带有空间特性的角色访问控制模型）访问控制模型，也是在分配用户角色时综合考虑用户空间位置信息等。张颖君等提出基于尺度的时空 RBAC 访问控制模型，通过引入尺度的概念来增强访问控制策略的表达能力和安全性。

　　此外，在基于角色的大数据访问控制中，角色挖掘及其衍生的角色工程（Role Engineering）是为用户权限提供最优分配和保护隐私等的重要技术手段。一方面需要通过挖掘己方数据，合理配置权限，实现数据的访问可控；另一方面，需要挖掘可收集到的对方数据来找出重要目标角色。因此，随着大数据环境下角色规模的迅速增长，如果能设计高效的角色挖掘算法自动实现角色识别、提取与分配显得更加重要。角色的识别与提取主要有三种形式：①通过用户权限二维图的排序归并的方式实现角色提取；②通过子集枚举以及聚类的方法提取角色等非形式化方法；③基于形式化语义分析、通过层次化挖掘来准确提取角色的方法。文献［19］尝试将角色最小化，即找出能满足预定义的用户—授权关系的一组最小角色集合来进行角色挖掘与分配。文献［20］提出最小扰动混合角色挖掘方法，采取自顶向下的方法预先定义部分角色，然后以自底向上的方法挖掘候选角色集合。大数据访问控制应用场景多，需求广泛，如文献［21］提出在 RBAC 的基础上增加责任的概念来对用户职责进行显式确认，以根据实际应用场景优化角色数量。

　　总之，在角色挖掘中生成最小角色集合的最优算法时间复杂度高，部分问题属于 NP 完全问题（多项式复杂程度的非确定性问题），因此也有研究者关注在多项式时间内完成的启发式算法，例如：文献［22］提出了一种简单的启发式算法 SMA 来简化角色求解；

文献［23］也针对大数据及噪声数据场景，提出选择稳定的候选角色，并进一步将角色挖掘问题进行分解来降低复杂度。

在大数据场景下，采用角色挖掘技术还可根据用户的访问记录自动生成角色，高效地为海量用户提供个性化数据服务。同时也可用于及时发现用户偏离日常行为所隐藏的潜在危险。但当前角色挖掘技术大都基于精确、封闭的数据集，在应用于大数据场景时还需要解决数据集动态变更以及质量不高等问题。

2.2　基于属性的访问控制模型

基于属性的访问控制（Attribute‐Based Access Control，ABAC）通过将主体属性、资源属性、动作属性及上下文环境属性等组合起来用于用户数据访问控制。RBAC主要以用户为中心，ABAC考虑各类不同实体属性来实现更细粒度的访问控制。

大数据环境下信息通常存储在云端，根据云平台的特点，基于属性集加密访问控制、基于密文策略属性集的加密、基于层次式属性集合的加密等相继被提出。这些模型都以数据资源的属性加密作为基本手段，采用层次化等不同的策略来增加访问控制服务的灵活性和可扩展性。

目前基于属性的加密技术（Attribute Based Encryption，ABE）的大数据访问控制主要从3个方面进行研究：一是细粒度访问控制；二是多授权中心方案；三是高效用户属性撤销问题。

在细粒度访问控制研究方面，ZHU等建立了一个有效的RBAC和ABE兼容的大数据加密体制，这种加密体制设计为将用户通过RBAC访问大数据和数据在云端ABE加密同时进行，通过算法将两者在理论上结合起来，达到控制隐私数据泄露的效果。Anuchart等提出了一个基于Oauth（开放授权）标准和CP‐ABE的授权方案，它提供了端到端加密和基于ABE的令牌策略，这些策略使得无论是授权中心还是数据拥有者都可以认证大数据。与以用户为中心的方法不同的是，当处于不信任大数据环境中的时候，数据拥有者可以控制自己的数据，使自己的数据不受非法用户的访问。

在多授权中心研究方面，文献［31］提出了一种多授权中心属性加密方案，在该方案中，每个用户都有一个ID并能使用不同的化名和授权中心交互，每个授权中心都有各自的局部密钥并且分发和管理一组用户的属性集合，只有当用户在每个授权中心上都可以解密得到局部主密钥时，才可以最终解密使用主密钥加密的密文，因此即使有多个授权中心被攻击时依然可以保证系统的安全。但是该方案的基础是基于门限的ABE技术，该技术的缺陷仍然未得到改进。

在用户属性撤销方面，云端代理重加密将基于属性的加密与代理重加密技术结合，实现安全、细粒度、可扩展的大数据访问控制。新的用户获取授权或原有用户释放授权时的重加密工作由云端代理，在减轻数据拥有者负担的同时能防止数据被云端窥探。文献［35］提出了一种无方向的代理重加密方案，被代理者不需要向任何人提供私钥信息，不向代理方提供底层明文和底层密钥，使得代理方在密文之上进行重加密。文献［36］提出一种云环境中基于时钟的代理重加密方案。数据拥有者和云服务提供商通过将时间分层和将时间和共享秘密作用在各个属性之上，从而可以让云服务提供商来充当代理的角色，以实现代理重加密的功能。该方案不需要数据拥有者的参与，通过内部时钟来让云服务提供商自动重加密数据，从而实现撤销权限时的重加密。

Sun 等提出了支持高效用户撤销的属性关键词搜索方案，实现了可扩展且基于用户制定访问策略的高细粒度搜索授权，通过代理重加密和懒惰重加密技术，将用户撤销过程中系统繁重的密钥更新工作交给半可信的云服务器。Wang 等针对多中心大数据环境的数据安全访问特点，将多中心属性加密和外包计算相结合，提出了一种轻量级的安全访问控制方案。该方案解密密钥短、计算开销小，可以无缝应用到群组隐私信息保护中，能实现群组成员之间的隐私信息定向发布和共享以及群组外的隐私信息保护功能等。

当数据拥有者想改变大数据访问控制策略时，需要先从云端取回数据，然后再使用新的策略重新加密数据并放回云端。该过程有可能被攻击者利用，为此 Yang 等提出了一种高效的访问控制策略动态更新方法。当访问控制策略发生变化时，数据拥有者首先使用密钥更新策略生成更新密钥，并将其和属性变化情况一起发送到云端，然后云端按照密文更新策略对原有的密文数据进行更新，而不用对原密文数据进行解密。

2.3　基于概念格的访问控制

20 世纪 80 年代德国的 Wille R. 教授提出形式概念分析（Formal Concept Analysis，FCA），属于数学的一个分支，概念格（Concept Lattice）是形势概念分析的核心结构，形势概念分析的前提是概念格的构建。形式背景是形式概念分析的载体，概念格根据对象和属性之间的二元关系构建层次模型，如果概念格把格代数理论方法引入数据分析处理中，就可以使数据信息分解最大化，最大程度保留数据间的特殊关系，常规的数据分析方法。不能在模块化的区域中产生一个有效的识别对象和类的指导方案，常规的数据分析方法通常会大规模地减少给定的数据信息，但是获取的"重要参数"非常少。

概念格在分析数据和提取规则上有很大的优势，目前概念格已经应用到了很多领域，为了最大化地提取大数据的价值，一些企业会把数据分享给企业的不同部门或者交给第三方，这为访问控制增加了数据分析的难度，概念格可以在一定程度上解决这个问题。但是，如今的数据增长数过快，这给概念各的构造带来很大的挑战，从大规模的形式背景中构造概念格是一个值得深入研究的问题。

从数据集中构造概念格实质上是概念聚类的过程，从同一批完整的数据中产生的概念格总是固定不变的，概念格构造算法可分为批处理构造算法和增量算法。批处理算法有 Bordat（1986）算法、Ganter（1988）算法、Chein（1969）算法等。典型的增量算法为 Godin 算法。

随着概念格的深入研究，概念格被应用到越来越多的领域。面对海量数据，人们难以从中选出有价值的数据，数据挖掘就成为了研究热点，概念格是提取关联规则的有效工具，因此概念格在数据挖掘领域得到了广泛的应用。概念格曾被用于分析具有 1962 个属性和 4000 个处方摘要的医药数据库，曾经为软件重用中出现的某些问题的解决提供了理论基础，概念格已经成为了国内外的研究热点。概念格的研究主要包括概念格的结构建造、概念格中蕴含规则提取、概念格模型扩充、概念格与其他理论的关系、概念格的应用、概念格的简化与约简等。

为了使概念格满足具体的需求，研究扩展概念格，对概念格扩展的研究很有意义，概念格的扩展模型主要如下：

（1）量化概念格：量化简约概念格和量化封闭项集格可以在量化概念格的基础上进行扩展。

（2）约简概念格：把对扩展概念格的等价内涵进行适当的约简，就形成了约简概念格。

（3）加权概念格：赋予不同的属性对应的权值，有利于实际应用。

（4）规则概念格：通过进一步把最小无冗余的规则所对应的最小项集合加入到概念格的结构中构成。

概念被哲学界定义为思维单元，概念作为人的思想和知识的基本单元，随着社会的发展人工智能学科开始对概念展开了大量研究，这主要体现在知识表示（概念图、语义网络、描述逻辑）和机器学习（概念学习、概念聚类）等领域。现在又出现了形式概念分析这一新兴的领域。

一直以来，人们为了更好地处理人类现实世界属性与对象之间的各种二元关系，在如何用数学化的概念形成一种应用数学理论上，坚持探索和研究。1940 年 Birkhoff 已为这种早期的概念格方法做了相对完善的数学论证。

已经有一些关于概念格的研究，其中：王春月等提出了基于外存的概念格维护算法；姜琴等提出了基于多属性同步消减的概念格构造算法；谢霖铨等提出了粗糙概念格构造的算法。

20 世纪 90 年代，Wille 和 Ganter 对概念格的研究作了进一步阐述：在数据分析应用领域，与其他数据分析技术相比，基于形式概念分析技术的概念格不会人为减少数据繁冗度，它会将更多的数据细节涵盖。而其他数据分析方法通常会减少很多给定的数据信息，最终仅获得相对较少的"关键参数"。

现如今，随着概念格知识体系的完善，出现了许多研究范式。分类规则和关联规则在知识发现领域中本身就是很有用的。人们在进行规则知识挖掘分析时，概念格内涵集之间的关系可以描述规则知识，这对知识提取是十分有利的。概念格外延集之间包含和近似包含的关系完整地体现了规则知识。概念格的节点是内涵和外延的统一，由于节点关系体现了概念泛化和例化关系，因而非常适合作为知识发现的基础数据结构。概念格每个节点的内涵本质上就是最大项目集，同决策树和粗糙集一样，概念格也被当前国内外数据分析和知识提取看作有效的工具之一。近几年，国内外很多专家学者都致力于通过概念格进行分类知识、聚类知识、关联知识和离群知识等算法研究。Valtchev 等利用概念格增量算法形成频繁闭项集提取关联规则和分类规则；Sartipi 等在动态知识提取过程中借助序列模式挖掘技术，利用概念格对一些确定特征的函数分布进行了可视化分析，并使用这种结构识别源代码中的密切相关的特征族。

目前数据呈现海量、粗糙、模糊和不确定等特点，为了把概念格更好地应用到知识提取和表示中，学者们对概念格进行了扩展研究，大致可分为扩展概念格、模糊概念格、粗糙概念格、量化概念格、多维概念格、加权概念格和约束概念格等。概念格的扩展将会给概念构造带来极大的便利。

2.4　大数据隐私访问控制

在数据拥有者将数据信息上传到云服务器后，这些云端数据已经超出了数据拥有者预期的掌控水平。然而，云服务器也无法得到用户完全信赖，这使得访问控制更具挑战性。现有的一些基于属性的访问控制方案是通过利用属性基加密为核心变换而来的，以此达到让用户可以随时掌控自己的云端数据该被谁来访问的目的。在基于属性的访问控制方案中，用户首先为其云端数据制定访问策略，并根据属性和访问策略加密云端数据信息；数据访问者在访问信息之前，首先会检查其属性是否与策略相匹配，来确定其能否访问到真正的数据信息。

虽然制定访问策略在一定程度上可以预防信息泄露，然而完全的安全性是不存在的。为了解决访问策略的隐私泄露问题，最直接的方法就是将整个访问策略隐藏。但是，当访问策略被完全隐藏时，授权用户和未授权用户都无法知道访问策略所包含的属性，这给用户解密数据带来了无法估量的挑战。正是因为隐藏访问策略带来的解密问题，研究者不断地探索与实验。Nishide T 等提出隐藏访问策略的部分属性值来保护隐私；Dan B 和 Waters B 提出了隐藏向量加密的方法；Lai J 和 Katz J 又分别提出了使用内积加密的方式来加密数据；而 Li J 和 Ren K 等提出了具有隐私感知的隐私保护方案，该方案通过将用户身份与属性绑定在一起来加解密数据。

基于属性的访问控制是一种可以使数据拥有者能对上传至云服务器上的数据进行授权管理的有效方法。其中数据信息由数据拥有者通过属性集来加密，而只有被授权的访问者才能得到密钥去解密密文。通过这种方法也可以使隐私信息遭到其他方面的破坏，因为在用户共享数据和访问者解密数据期间的网络传输更容易受到安全威胁。然而，在大数据时代，由于数据量巨大，数据的生成速度也异常迅速，在同一时刻访问同一数据的用户也可能数以百万计的，传统的加密方法已经远远无法满足此时的数据加密。此外，一旦云端数据被加密，就会提出一些可搜索的加密算法来支持对加密云数据的搜索。

针对这个问题，已经提出了一些隐藏访问策略的方法。Han J 等对多个中央权限可以协作从敏感属性中提取用户信息来识别用户的问题，提出了一种保护隐私的分散式 CP - ABE 方案，以减少对中央权威的信任，并且无法获取用户的全局标识符和属性信息，从而达到保护用户隐私的目的。Yang K 等提出利用旧访问策略来加密数据避免加密数据的传输，最小化数据拥有者的计算工作，并且允许数据拥有者检查云服务器是否已正确更新密文，但是该方案仅满足在一般模型下数据加密的安全性。应作斌等提出支持动态策略更新的半策略隐藏属性加密方案，该方案的策略隐藏的方式虽在一定程度上保护了隐私，但是会将访问策略暴露出来，造成信息的二次泄露。

因此，开发出具有策略更新功能的属性基加密方案已成为大数据环境中保护数据安全亟待解决的问题。而现有的一些 ABE 方案并不支持策略更新功能。然而，策略更新问题最早来源于私钥委托和密文委托。Chase 等首次提出了多权限 ABE 系统方案，其中包括多个属性权威（Attribute Authorities，AA）和一个中央权威（Central Authority，CA），CA 负责发放与身份有关的密钥，而 AA 负责发放与属性相关的密钥。Ying 等针对基于属性的加密（ABE）技术的关键限制，即策略更新，现有方法通常存在仅支持有限的更新策略类型或具有弱安全模型的限制问题，提出了一种基于属性的加密访问控制系统的新颖解决方案，它引入了一种动态的策略更新技术，该方案在标准模型下被证明是自适应安全的，并且可以支持任何类型的策略更新，并可以显著降低更新密文的计算和通信成本。Hao 等针对策略更新带来的计算量巨大的问题，采用重加密和线性秘密共享技术相结合的方法可以避免密文的传输，降低数据拥有者的计算成本。Jiang 等针对传统属性基加密方案不能对密文重加密导致访问策略无法动态更新的问题，提出了新的 CP－ABE 方案，即捕获属性添加和撤销访问策略的功能，支持带有用于用户解密的恒定大小密文的 AND 门访问策略。

自从匿名化的概念被提出以后，经过研究者的不断努力，匿名技术已经成为大数据时代保护隐私的一项重要技术，在保证所共享在云端的数据公开可用的情况下，隐藏这些数据中与个人隐私之间的联系，来达到保护隐私的目的。因此，研究者提出 k－匿名策略、l－diversity 匿名策略、t－closeness 匿名策略等。但是，这些匿名策略会在很大程度上造成数据信息的损失，这些损失的信息会对数据使用者做出误判，不利于数据挖掘和分析。为此，个性化的匿名策略应运而生，可以根据用户的要求对访问策略做出个性化的定制，即对每个不同的敏感属性提供不同程度的隐私保护。因为隐私级别不同，匿名效果也会不同，相应损失的信息也会不同，这就避免了不必要的信息浪费。

由于大数据的持续更新特性，Byun 等最先提出了一种持续更新数据的重发布匿名策略，使得数据集可以持续不断的更新，但仍能满足 l－diversity 准则，以保护用户隐私。为了在支持对不断更新数据操作的同时，支持对原始数据集的删除，m－invariance 匿名策略被提出。为了支持数据重发布对历史数据集的修改，提出了 HD－composition 匿名策略，这种匿名策略可以同时对数据集进行更新、删除、修改。Zhang 等利用 MapReduce 分布式模型系统实现了大数据集上可扩展的匿名系统；而 Mohammadian 等将匿名算法不断优化，加入多线程的技术，加速了匿名化的效率，从而节省了大量的计算时间。这些策略都为大数据时代由于不断更新而造成数据集的改变提供了有效的匿名保护。

针对现阶段大数据访问控制模型存在的访问策略无法动态更新的问题，提出了一种支持访问策略动态更新的方案，能保证用户每次访问的策略属性矩阵都不同，增加了策略矩阵的安全性，从而有效保护了数据拥有者的私密信息。

2.5　风险自适应的访问控制研究

基于风险的访问控制背后的理念是每个请求必须动态分析，不仅要考虑预定义的策略，还要考虑操作风险、用户需求和风险收益等信息。虽然基于风险的访问控制目前仍然处在初始阶段，主要在学术或实验环境中，但越来越多的基于风险的访问控制应用于现实环境中。

拥有二元访问控制策略的访问控制系统无法实时满足组织的要求，这种系统的不灵活性成为在处理关键组织中的实时信息共享的重要阻碍。因此需要对实时的情况（即主体在缺少适当权限的情况下）以及可能的风险进行评估，来授予主体访问权限。JASON 项目组最早提出基于风险访问控制系统以解决问题。报告中提出在新系统中关注风险，并概述有关风险评估的以下基本原则：

（1）量化风险。当风险因素无法直接测量时，通常可以合理地估计，然后使用随后的经验来获得越来越好的估算。

（2）建立一个可接受的风险等级。在访问控制中，容许秘密 X 信息和绝密 Y 信息的泄露。如果可以将 X、Y 等资源等级全部设置为零，则所有的操作将会停止，因为操作中带来一些非零风险。那么访问资源时，资源对风险的可接受的访问是什么？这将是一个急需解决的问题。

（3）确保将信息一直分发到可接受的风险等级。系统管理者一直试图将风险在访问时降至最低。但是，实际上在大数据信息共享的环境中，希望的是确保将可接受风险等级增加到可容忍的最大值，而不是将风险降至最低。

风险评估是决策过程中使用有效的方法。虽然风险本质上是一种结果的可能性，是不确定的，但模糊逻辑方法允许使用真实度来计算结果。引入模糊逻辑方法来处理风险评估的不确定性和不精确性，从而在访问控制中作出决策。模糊方法的基本思想是允许元素属于集合的程度即隶属度，其隶属度在连续实区间 [0，1] 中，而不是在集合 {0，1} 中。Qun 进一步将模糊推理应用到风险评估中。由于风险评估通常依赖于相关风险因素的不完整和不精确的信息和知识，所以专家根据一些高水平经验或历史知识提出有效的规则。这些有效的规则会自然地转化为模糊推理系统中的规则库。而出现在主观知识中的一些模糊的概念，可以通过模糊推理系统中仔细定义的隶属函数自然地描述。Lazzerini 认为风险分析和管理（RAM）面临的挑战之一是确定风险因素与风险之间的关系。但是大多数的使用模糊逻辑的风险评估方法都不具有足够的代表性，因此提出扩展模糊认知图法来描述风险因素与低性能、时间延迟、低质量和高成本风险之间的关系。Li 提出一种基于模糊建模的方法应用在医疗保健的访问控制中。该方法定义三个输入，即数据敏感性、动作严重性和风险历史，使用模糊集进行建模，并应用在医疗数据访问控制的风险级别判断上。

在 21 世纪初，随着计算技术的普遍应用和移动服务的部署，应用程序需要更加灵活的访问控制机制。由于这些应用程序的访问控制决策将取决于用户所需凭据与系统上下文和状态的组合。因此，扩展的传统访问控制模型是基于上下文的访问控制，是一种自适应解决方法，相比传统访问控制管理更加灵活。其灵活性主要在于两个方面：

（1）当用户的上下文发生变化时，用户的权限发生变化。

（2）当系统的资源信息（例如，网络宽带、CPU 使用率、内存使用量）发生变化时，其访问权限会发生变化。

Moyer 等是最早提出将对象与环境两个新的概念引入基于角色的访问控制（RBAC），因此设计了一种基于广义角色的访问控制模型（Generalized Role‑Based Access Control，GRBAC）。GRBAC 使用上下文信息作为访问控制决策的因素，捕获系统中所有与安全相关的状态。Zhang 则是在基于动态角色的访问控制模型中使用了上下文参数。该模型根据上下文信息动态调整角色分配和权限分配。虽然基于上下文的访问控制是一种新兴的自适应解决方法，但是没有考虑制定决策过程中的安全方面及其安全问题对系统的影响，因此将风险引入访问控制中建立一个普适环境风险评估模型，以解决普适环境中的安全问题。Diep 等提出一种基于风险评估和上下文的访问控制管理方法。当访问请求被提交给访问控制管理器时，访问请求管理器查找由此操作而可能发生的相关结果，并在发送必要的参数后查询风险评估模块以计算风险值。

传统访问控制并未考虑不确定性和风险，使得 RBAC 很难适应云环境的动态特性。因此，将风险评估扩展到基于 XACML（Extensible Access Control Markup Language）标准的访问控制模型中，是解决云中动态性的有效方法。

Santos 提出一种扩展 XACML 的访问控制模型，将风险引擎、风险量化 Web 服务和风险策略扩展到模型中。文献［100］描述了云中联合身份管理的挑战，特别是信任协议。尽管提出一种风险评估方法实现动态身份联合，但是这项工作缺乏参考指标。而 Daniel 提出将本体作为度量因子，通过调整每个度量标准的权重来解决访问授权，使用本体和推力器的推理能力，尝试动态地推断可以从可用数据导出的丢失的上下文信息（以度量中使用的属性形式）。在云中通过促进对专业社交网络（Professional Social Network，PSN）的部署和采用，促进不同组织之间信息、资源和任务交换。Ahmed 将用户级定义的细粒度与组织级的全局风险策略相结合，应用风险度量和访问控制相结合，能够帮助企业在不够信任时拒绝访问尝试，对于每个传入请求评估的风险级别与给定的阈值相比，以排除风险太大的请求。

由于虚拟技术引起的动态环境安全问题在访问控制时很少关注，但是却能够使敌手入侵网络应用程序。一种新提出的落脚于虚拟安全的动态访问控制（Dynamic Risk Access Control，DRAC）强调风险度量是一个附加的指标。该模型将环境状态与访问历史操作风险相结合得到一个高效、低消耗的访问控制方法。但是，该模型并不关心如何从虚拟主机得到环境状态，也不关心如何从实体中获得属性。在云平台风险访问控制中，杨宏宇提出一种新型风险访问控制模型 CDRAC（Cloud Dynamic Risk Access Control），通过事件推演构造动态规则匹配模块，通过优化带约束的线性回归算法动态分配权重，构造风险评估模块，使其对访问请求有较高的灵敏度。而 Ferdaous 提出一种分布式与协作的基于风险访问控制决策的防火墙技术，该决策提高了连接用户与公共云平台之间的安全。

虽然新型系统拥有新的安全问题，例如分布、动态等，但未授权的泄露，拒绝服务和数据篡改仍然是云计算平台中至关重要的问题。利用风险量化滥用授权以及滥用授权访问所造成的损害，并利用风险—收益分析得到授权后访问的最大化权益是实现基于属性的访问控制策略的一种可行性方法。

综上所述，大数据环境下访问控制技术研究已经取得了一些进展，但总体来说也存在一些挑战性问题，主要体现在如下方面：

（1）无论是角色访问控制还是属性访问控制，随着计算能力的不断扩大，访问控制效率将会得到快速提升。同时更多的数据将被收集起来用于角色或属性挖掘，进而实现更加精准、更加个性化的访问控制，因此未来考虑时空特性和隐私保护技术，将角色与属性相结合的细粒度访问控制将有很大的发展空间。

（2）大数据环境下，基于角色和属性访问控制中角色或属性数据量大，类型复杂多样化、变化快，管理日趋复杂，给属性或角色设计、分配、维护等带来很大困难，因此如何高效自动进行属性及角色维护和管理是一个有挑战性的问题，这个问题解决了才可能更适应大数据环境。

（3）将 ABE 用在大数据的访问控制技术领域，能够将其优点完全发挥出来，一方面是 ABE 算法体系适用于大数据架构，另一方面是 ABE 能够完整地实现对大数据进行访问控制。但是目前的研究更多的是将 ABE 应用到大数据之后的算法自身的一些问题，比如更细粒度的访问控制、用户属性撤销、多授权中心方案等方面，较少考虑隐私保护能力、第三方不信任问题和用户负担问题。

2.6　本章小结

本章对大数据访问控制相关技术的国内外研究现状进行了全面总结和梳理，内容包括传统访问控制理论研究现状、基于属性的访问控制模型国内外研究工作现状等。根据这些国内外研究工作，可以认为尽管传统的访问控制技术已经非常成熟，但是仍有不能很好适用于大数据环境的问题，有的虽能适用于大数据环境，但本身授权粒度比较粗，角色维护管理复杂，也没有保护大数据安全访问及隐私的保护机制等，因此研究大数据的面向安全和隐私的访问控制技术是必要的和可行的。

参 考 文 献

［1］　Sandhu R S, Samarati P. Access control：principle and practice［J］. IEEE Communications Maga-zine, 1994, 32（9）：40 - 48.

［2］　Sandhu R S. Lattice - based access control models［J］. Computer, 1993, 26（11）：9 - 19.

［3］　冯登国，张敏，李昊. 大数据安全与隐私保护［J］. 计算机学报，2014，37（1）：246 - 258.

［4］　Lu Rong Xing, Zhu Hui, et al. Toward Efficient and Privacy - preserving Computing in Big Data Era［J］. IEEE Network, 2014, 28（4）：46 - 50.

［5］　Zhang W, LI A, Cheema M, et al. 基于密文策略属性加密的云存储访问控制方案［J］. 计算机应用研究，2018，35（8）：2412 - 2416.

［6］　Sandhu R S, Coyne E J, FEINSTEIN H L, et al. Role - based access control models［J］. Com-puter, 1996（2）：38 - 47.

［7］　Ray I, Kumar M, Yu I J. Lrbac：a location - aware role - based access control model［C］//Pro-ceedings of the 2nd International Conference on Information Systems Security, December 19 - 21, 2006, Kolkata, India. New York：Springer US, 2006：147 - 161.

［8］　Damiani M L, Bertino E, et al. Geo - rbac：a spatially aware rbac［J］. ACM Transactions on In-formation and System Security（TISSEC）, 2007, 10（1）：2.

［9］　张颖君，冯登国. 基于尺度的时空 RBAC 模型［J］. 计算机研究与发展，2015，47（7）：1252 - 1260.

［10］　Kuhlmann M, Shohat D. Role Mining - Revealing Business Roles for Security Administration Using Data Mining Technology［A］//Proceedings of the 8th ACM Symposium on A ccess Control Models and Technologies（SACMAT' 03）［C］. New York：ACM, 2003：179 - 186.

［11］　Vaidya J, Atluri V, Guo Q. The Role Mining Problem：Finding a Minimal Descriptive Set of Roles

[A]//Proceedings of the 12th ACM Symposium on Access Control Models and Technologies (SACMAT' 07) [C]. New York：ACM，2007：175 - 184.

[12] Lu H，Vaidva J，Atluri V. Optimal Boolean Matrix Decomposition：Application to Role Engineering [A]//Proceedings of the 24th IEEE International Conferene on Data Engineering（ICDE' 08）[C]. New York：IEEE，2008：297 - 306.

[13] Frank M，Basin D，Buhmann J M. A Class of probabilistic Models for role Engineeing [C]//Proceedings of the 15th ACM Conference on Computer and Communications Security（CCS' 08）. New York：ACM，2008：299 - 310.

[14] Vaidya J，Atluri V，Warner J. RoleMiner：Mining Roles Using Subset Enumeration [C]//Proceedings of the 13th ACM Conference on Computer and Communications Security，New York：ACM，2006：144 - 153.

[15] Kuhlmann M，Shohat D，Schimpf G. Role mining - revealing business roles for security administration using data mining technology [C]//Proceedings of the 8th ACM Symposium on Access Control Models and Technologies，June 2 - 3，2003，Como，Italy. New York：ACM Press，2003：179 - 186.

[16] Colantonio A，Di Pietro R. Visual role mining：A picture is worth a thousand roles. IEEE Transactions on Knowledge and Data Engineering，2012，24（6）：1120 - 1133.

[17] Vaidya J，Atluri V，Warner J. Role engineering via prioritized subset enumeration. IEEE Transactions on Dependable and Secure computing，2010，7（3）：300 - 314.

[18] Molloy I，Park Y，Chari S. Generative models for access control policies：Applications to role mining over logs with attribution [C]//Proceedings of the 17th ACM symposium on Access Control Models and Technologies. Newark，USA，2012：45 - 56.

[19] Ene A，Horne W，et al. Fast exact and heuristic methods for role minimization problems [C]//Proceedings of the 13th ACM Symposium on Access Control Models and Technologies，Estes Park，CO，USA. New York：ACM Press，2008：1 - 10.

[20] 翟志刚，王建东，曹子宁，等. 最小扰动混合角色挖掘方法研究 [J]. 计算机研究与发展，2015，50（5）：951 - 960.

[21] Feltus C，Petit M. Enhancement of business it alignment by including responsibility components in RBAC [C]//Proceedings of the 5th International Workshop on Business/IT Alignment and Interoperability BUSITAL，Hammamet，Tunisia. 2010：1 - 8.

[22] Blundo C，Cimato S. A simple role mining algorithm [C]//Proceedings of the 2010 ACM Symposium on Applied Computing，March 22 - 26，2010，Sierre，Switzerland. New York：ACM Press，2010：1958 - 1962.

[23] Nino V. Role mining over big and noisy data theory and some applications [D]. Roma：Roma Tre University，2011.

[24] Attribute - based access control [EB/OL]. [2015 - 12 - 08]. https：//en. wiki - pedia. org /wiki / Attribute - based _ access _ control.

[25] Goyal V，Pandey O，Sahai A，et al. Attribute - based encryption for fine - grained access control of encrypted data [C]//Proceedings of the 13th ACM Conference on Computer and Communications Security，Alexandria，Virginia，USA. New York：ACM Press，2006：89 - 98.

[26] Bobba R，Khurana H. Attribute - sets：a practically motivated enhancement to attribute - based encryption [C]//Proceedings of the 14th European Symposium on Research in Computer Security，Saint - Malo，France. 2009：587 - 604.

[27] Wan Z，Liu J E，Deng R H. HASBE：a hierarchical attribute - based solution for flexible and

scalable access control in cloud computing [J]. IEEE Transactions on Information Forensics and Security，2012，7 (2)：743 - 754.

[28]　Jin X. Attribute - based access control models and implementation in cloud infrastructure as a service [D]. San Antonio：The University of Texas，2014.

[29]　Zhu Y，Ma D，Hu CJ，Huang D. How to use attribute - based encryption to implement role - based access control in the cloud [C]//Proceedings of the 2013 international workshop on Security in cloud computing. Xi'An，China，ACM Press，2013：33 - 40.

[30]　Anuchart T，Guang G. OAuth and ABE based authorization in semi - trusted cloud computing [C]//Proceedings of the second international workshop on Data intensive computing in the clouds. Seattle Washington，America，ACM Press，2011：41 - 50.

[31]　M. Chase. Multi - authority attribute based encryption [J]. Theory of Cryptography. 2007，8 (7)：515 - 534.

[32]　Blaze M，Bleumer G，Strauss M. Divertible protocols and atomic proxy cryptography [C]//Proceedings of International Conference on the Theory and Application of Cryptographic Techniques，Finland. Berlin：Springer，1998：127 - 144.

[33]　Li A，Xu J，Gan L，et al. An efficient approach on answering top - k queries with grid dominant graph index [C]//Proceedings of the 15th Asia - Pacific Web Conference，Sydney，Australia. Berlin：Springer，2013：804 - 814.

[34]　Zhang W M，Chen B，Yu N H. Improving various reversible data hiding schemes via optimal codes for binary covers [J]. IEEE Transactions on Image Processing，2012，21 (6)：2991 - 3003.

[35]　G. Ateniese，K. Fu，et al. Improved proxy re - encryption schemes with applications to secure distributed storage [J]. ACM Transactions on Information and System Security (TISSEC)，2006，9 (1)：1 - 30.

[36]　Liu Q，Wang G. Clock - based proxy re - encryption scheme inunreliable clouds [C]. Parallel Processing Workshops (ICPPW2012)，New York，USA：IEEE Press，2012：304 - 305.

[37]　Sun W H，Yu S C，Lou W J，et al. Protecting your right：attribute - based keyword search with fine - grained owner - enforced search authorization in the cloud [C]//Proceedings of IEEE INFOCOM，Toronto，Ontario，Canada. Piscataway：IEEE Press，2014：226 - 234.

[38]　Wang Y C，Li F H，Xiong J B，et al. Achieving lightweight and secure access control in multi - authority cloud [C]//Proceedings of the 14th IEEE International Conference on Trust，Security and Privacy in Computing and Communications，Helsinki，Finland. Piscataway：IEEE Press，2015：459 - 466.

[39]　Li A，Han Y，Zhou B，et al. Detecting hidden anomalies using sketch for high - speed network data stream monitoring [J]. Applied Mathematics and Information Sciences，2012，6 (3)：759 - 765.

[40]　Yang K，Jia X，Ren K，et al. Enabling efficient access control with dynamic policy updating for big data in the cloud [C]//Proceedings of IEEE INFOCOM，Toronto，Canada. Piscataway：IEEE Press，2014：2013 - 2021.

[41]　Mitra B，Sural S，Vaidya J，et al. A Survey of Role Mining [J]. ACM Computing Surveys，2016，48 (4)：1 - 37.

[42]　臧国轻，李瑞光，郑珂. 概念格在软件工程中的应用 [J]. 河南大学学报，2018 (5)：309 - 310.

[43]　降惠. 概念格理论研究进展与发展综述 [J]. 办公自动化，2019，24 (09)：18 - 21，28.

[44]　王玮. 基于概念格的关联规则挖掘及变化模式研究 [D]. 济南：山东大学，2012.

[45]　智慧来. 概念格构造与应用中的关键技术研究 [D]. 上海：上海大学，2010.

[46]　Birkhoff G，Lattice Theory [M]. USA：American Mathematical Society，1940.

［47］ 王春月，王黎明，张卓．基于外存的概念格维护算法［J］．计算机工程与设计，2018，39（03）：701 - 709.

［48］ 姜琴，张卓，王黎明．基于多属性同步消减的概念格构造算法［J］．小型微型计算机系统，2016，37（04）：646 - 652.

［49］ 谢霖铨，付悦华，毛伊敏．粗糙概念格构造的算法［J］．计算机工程与设计，2015，36（03）：674 - 678，709.

［50］ Valtchev P，Missaoui R，Godin R. A frame work forincremental generation of closed itemsets［J］. Discrete Applied Mathematics，2008，156（6）：924 - 949.

［51］ Sartipi K，Safyallah H. Dynamic knowledge extraction from software systems using sequential pattern mining. International［J］. Journal of Software Engineering and knowledge Engineering，2010，20（06）：761 - 782.

［52］ Li H，Liu D，Alharbi K，et al. Enabling fine - grained access control with efficient attribute revocation and policy updating in smart grid［J］. Ksii Transactions on Internet & Information Systems，2015，9（4）：1404 - 1423.

［53］ Yang K，Jia X. Expressive，efficient，and revocable data access control for multi - authority cloud storage［J］. IEEE Transactions on Parallel and Distributed Systems，2014，25（7）：1735 - 1744.

［54］ Yang K，Liu Z，Jia X，et al. Time - domain attribute - based access control for cloud - based video content sharing：a cryptographic approach［J］. IEEE Transactions on Multimedia，2016：131 - 142.

［55］ Waters B. Ciphertext - policy attribute - based encryption：an expressive，efficient，and provably secure realization［A］//Catalano D，Fazio N，Gennaro R，Nicolosi A. Public Key Cryptography［C］. Berlin，Heidelberg：Springer - Verlag Berlin，2011：65 - 71.

［56］ Lin H，Cao Z，Liang X，et al. Secure threshold multi authority attribute - based encryption without a central authority［J］. Information Sciences，2010，180（13）：2618 - 2632.

［57］ Nishide T，Yoneyama K，Ohta K. Attribute - based encryption with partially hidden encryptor - specified access structures［A］//Bellovin S M. Applied Cryptography and Network Security［C］. Columbia Univ：Springer Berlin Heidelberg，2008：111 - 129.

［58］ Dan B，Waters B. Conjunctive，subset，and range queries on encrypted data［A］//Vadhan S P. Theory of Cryptography［C］. Berlin，Heidelberg：Springer - Verlag Berlin，2007：535 - 554.

［59］ Lai J，Deng R H，Li Y. Fully secure cipertext - policy hiding cp - abe［A］//Bao F，Weng J. International Conference on Information Security Practice and Experience［C］. Berlin，Heidelberg：Springer - Verlag Berlin，2011：24 - 39.

［60］ Katz J，Sahai A，Waters B. Predicate encryption supporting disjunctions，polynomial equations，and inner products［A］//Smart N. Advances in Cryptology -- EUROCRYPT 2008［C］. Berlin，Heidelberg：Springer - Verlag Berlin，2008：146 - 162.

［61］ Li J，Ren K，Zhu B，et al. Privacy - aware attribute - based encryption with user accountability［A］//Samarati P，Yung M. Information Security［C］. Berlin，Heidelberg：Springer - Verlag Berlin，2009：347 - 362.

［62］ Su Z，Xu Q，Qi Q. Big data in mobile social networks：A QoE - oriented framework［J］. IEEE Network，2016，30（1）：52 - 57.

［63］ Li H，Yang Y，Luan T H，et al. Enabling fine - grained multi - keyword search supporting classified sub - dictionaries over encrypted cloud data［J］. IEEE Transactions on Dependable and Secure Computing，2016，13（3）：312 - 325.

［64］ Li H，Liu D，Dai Y，et al. Engineering searchable encryption of mobile cloud networks：when QoE meets QoP［J］. IEEE Wireless Communications，2015，22（4）：74 - 80.

［65］ Frikken K，Atallah M，Li J T. Attribute – based access control with hidden policies and hidden credentials ［J］. IEEE Transactions on Computers，2006，55 (10)：1259 – 1270.

［66］ Yu S，Ren K，Lou W. Attribute – based content distribution with hidden policy ［A］//2008 4th Workshop on Secure Network Protocols ［C］. Orlando USA：IEEE，2008：39 – 44.

［67］ Hur J. Attribute – based secure data sharing with hidden policies in smart grid ［J］. IEEE Transactions on Parallel and Distributed Systems，2013，24 (11)：2171 – 2180.

［68］ Han J，Susilo W，Mu Y，et al. Improving privacy and security in decentralized ciphertext – policy attribute – based encryption ［J］. IEEE Transactions on Information Forensics and Security，2017，10 (3)：665 – 678.

［69］ Yang K，Jia X，Ren K. Secure and verifiable policy update outsourcing for big data access control in the cloud ［J］. IEEE Transactions on Parallel and Distributed Systems，2015，26 (12)：3461 – 3470.

［70］ 应作斌，马建峰，崔江涛. 支持动态策略更新的半策略隐藏属性加密方案 ［J］. 通信学报，2015，36 (12)：178 – 189.

［71］ Hur J，Noh D K. Attribute – based access control with efficient revocation in data outsourcing systems ［J］. IEEE Transactions on Parallel and Distributed Systems，2011，22 (7)：1214 – 1221.

［72］ Lewko A，Waters B. Decentralizing attribute – based encryption ［A］//Paterson K. G. Advances in Cryptology ［C］. Berlin，Heidelberg：Springer – Verlag Berlin，2011：568 – 588.

［73］ Zhen L，Cao Z，Huang Q，et al. Fully secure multi – authority ciphertext – policy attribute – based encryption without random oracles ［A］//Atluri V，Diaz C. Computer Security ［C］. Berlin，Heidelberg：Springer – Verlag Berlin，2011：278 – 297.

［74］ Ruj S，Nayak A，Stojmenovic I. DACC：Distributed access control in clouds ［A］//2011 IEEE 10th International Conference on Trust，Security and Privacy in Computing and Communications ［C］. Changsha，China：IEEE，2011：91 – 98.

［75］ Sahai A，Seyalioglu H，Waters B. Dynamic credentials and ciphertext delegation for attribute – based encryption ［A］//Canetti R. Advances in Cryptology ［C］. Berlin，Heidelberg：Springer – Verlag Berlin，2012：199 – 217.

［76］ Ying Z，Li H，Ma J，et al. Adaptively secure ciphertext – policy attribute – based encryption with dynamic policy updating ［J］. Science China Information Sciences，2016，59 (4)：042701.

［77］ Hao J，Liu J，Rong H，et al. OE – CP – ABE：Over – encryption based cp – abe scheme for efficient policy updating ［A］//Yan Z，Molva R. Network and System Security ［C］. Cham：Springer International Publishing，2017：499 – 509.

［78］ Jiang Y，Susilo W，Mu Y，et al. Ciphertext – policy attribute – based encryption supporting access policy update and its extension with preserved attributes ［J］. International Journal of Information Security，2018，17 (5)：533 – 548.

［79］ Samarati P，Sweeney L. Generalizing data to provide anonymity when disclosing information ［A］// Seventeenth ACM SIGACT – SIGMOD – SIGART Symposium on Principles of Database Systems ［C］. New York，USA：ACM，1998：188.

［80］ 岑婷婷. 隐私保护中 K –匿名模型的综述 ［J］. 计算机工程与应用，2006，44 (4)：130 – 134.

［81］ 曹敏姿，张琳琳，毕雪华，等. 个性化 (α,l)-多样性 k –匿名隐私保护模型 ［J］. 计算机科学，2018，45 (11)：187 – 193.

［82］ 郭旭东，吴英杰，杨文进，等. 隐私保护轨迹数据发布的 l-差异性算法 ［J］. 计算机工程与应用，2015，51 (2)：125 – 130.

［83］ 韩建民，于娟，虞慧群，等. 面向数值型敏感属性的分级 l-多样性模型 ［J］. 计算机研究与发展，2011，48 (1)：147 – 158.

［84］ Li N，Li T，Venkatasubramanian S. t－Closeness：privacy beyond k－anonymity and l－diversity ［A］//2007 IEEE 23rd International Conference on Data Engineering ［C］. Istanbul：IEEE，2007：106－115.

［85］ 张健沛，谢静，杨静，等. 基于敏感属性值语义桶分组的 t－closeness 隐私模型 ［J］. 计算机研究与发展，2014，51（1）：126－137.

［86］ Byun J W，Sohn Y，Bertino E，et al. Secure anonymization for incremental datasets ［A］//3rd VLDB Workshop on Secure Data Management ［C］. Berlin，Heidelberg：Springer－Verlag Berlin，2006：48－63.

［87］ Bu Y，Fu W C，Wong C W，et al. Privacy preserving serial data publishing by role composition ［J］. VLDB Endowment，2008，1（1）：845－856.

［88］ Zhang X，Liu C，Nepal S，et al. A hybrid approach for scalable sub－tree anonymization over big data using MapReduce on cloud ［J］. Journal of Computer and System Sciences，2014，80（5）：1008－1020.

［89］ Zhang X，Liu C，Nepal S，et al. Combining top－down and bottom－up：scalable sub－tree anonymization over big data using MapReduce on cloud ［A］//2013 12th IEEE International Conference on Trust，Security and Privacy in Computing and Communications ［C］. Washington DC，USA：IEEE，2013：501－508.

［90］ Mohammadian E，Noferesti M，Jalili R. FAST：fast anonymization of big data streams ［A］//2014 International Conference on Big Data Science and Computing ［C］. New York：ACM，2014：125－136.

［91］ Rowley，Robert D. Professional Social Networking ［J］. Current Psychiatry Reports，2014，16（12）：522.

［92］ 蒋泽军. 模糊数学理论与方法 ［M］. 北京：电子工业出版社，2015.

［93］ Lelliott R. Fuzzy sets，natural language computations，and risk analysis ［J］. Fuzzy Sets & Systems，1988，27（3）：395－396.

［94］ Lazzerini B，Mkrtchyan L. Analyzing Risk Impact Factors Using Extended Fuzzy Cognitive Maps ［J］. IEEE Systems Journal，2011，5（2）：288－297.

［95］ Li J，Bai Y，Zaman N. A Fuzzy Modeling Approach for Risk－Based Access Control in eHealth Cloud ［C］//IEEE International Conference on Trust ［J］. IEEE，2013：17－23.

［96］ M. J. Moyer M. J. Covington and M. Ahamad，"Generalized role－based access control for securing future applications" ［C］//In 23rd National Information Systems Security Conference ［J］.（NISSC 2000）. Baltimore，Md，USA，October 2000.

［97］ Zhang，G. and Parashar，M.，"Context－Aware Dynamic Access Control for Pervasive Applications" ［C］//In Proceedings of the Communication Networks and Distributed Systems Modeling and Simulation Conference （CNDS 2004） ［J］. Western MultiConference （WMC），San Diego，CA，USA，January 2004.

［98］ Diep N N，Hung L X，Zhung Y，et al. Enforcing Access Control Using Risk Assessment ［C］//European Conference on Universal Multiservice Networks ［J］. IEEE，2007：419－424.

［99］ Santos D R D，Westphall C M，Westphall C B. A dynamic risk－based access control architecture for cloud computing ［C］//Network Operations & Management Symposium ［J］. IEEE，2014：1－9.

［100］ P. Arias－Cabarcos，F. Almenaarez－Mendoza，A. Maron－Lopez，D. DiazSanchez，R. Sanchez－Guerrero，A Metric－Based Approach to Assess Risk for On Cloud Federated Identity Management ［J］. J. of Net. And Sys. Man. 20（2012）513－533.

［101］ Santos D R D，Marinho R，Schmitt G R，et al. A Framework and Risk Assessment Approaches for Risk – based Access Control in the Cloud [J]. Journal of Network and Computer Applications，2016，74：86 – 97.

[102]　Bouchami A，Goettelmann E，Perrin O，et al. Enhancing Access – Control with Risk – Metrics for Collaboration on Social Cloud – Platforms [C]//IEEE Trustcom/bigdatase/ispa [J]. IEEE，2015：864 – 871.

[103]　Chen A，Xing H，She K，et al. A Dynamic Risk – Based Access Control Model for Cloud Compu-ting [C]//2016 IEEE International Conferences on Big Data and Cloud Computing （BDCloud），Social Computing and Networking （SocialCom），Sustainable Computing and Communications （SustainCom） （BDCloud – SocialCom – SustainCom） [J]. IEEE，2016：579 – 584.

[104]　杨宏宇，宁宇光. 一种云平台动态风险访问控制模型 [J]. 西安电子科技大学学报，2018，45（5）：80 – 88.

[105]　Kamoun – Abid，. Ferdaous，Meddeb – Makhlouf，. Amel，Zarai. Faouzi. Risk – based Decision for a Distributed and Cooperative network policy in Cloud Computing [C]//14th International Wireless Communications & Mobile Computing Conference （IWCMC） [J]. 2018：1161 – 1166.

第 3 章

基于概念格的大数据访问控制

3.1 基于概念格的 RBAC 访问控制模型

3.1.1 基本概念

定义 3.1 对于一个对象集合 G 与一个属性集合 M，存在关系 $I \subseteq G \times M$。$(g, m) \in I$ 表示对象 g 拥有属性 m。

定义 3.2 给定一个形式背景：$K = (G, M, I)$，定义推导运算符为

$$\forall X \subseteq G, \alpha(X) = \{m \in M \mid \forall g \in X, (g, m) \in I\}$$

$$\forall Y \subseteq M, \beta(Y) = \{g \in G \mid \forall m \in Y, (g, m) \in I\}$$

给出一个简单的例子，见表 3.1。

表 3.1　　　　　　　　　一个形式背景的示例（定义 3.2）

K	Even	Odd	Prime	Square
1		×		×
2	×		×	
3		×	×	

表 3.1 中给出了三个数字以及这些数字所属的类别，由上述定义，显然可以得到

$$\alpha(\{2, 3\}) = \{p\}$$

$$\beta(\{o, p\}) = \{3\}$$

定义 3.3 (α, β) 是偏序集 $(P(G), \subseteq)$ 与 $(P(M), \subseteq)$ 伽罗瓦连接。

定义 3.4 (X, Y) 是一个形式概念可以推出 $\alpha(X) = Y$ 和 $\beta(Y) = X$，形式概念 $a = (e(a), i(a))$，外延 $e(a) \subseteq G$，内涵 $i(a) \subseteq M$，可以推出完全格 $(C, \leqslant)$。例如由一个形式背景的示例（表 3.2）可以推出表示形式背景的概念格（图 3.1）。

表 3.2　　　　　　　　　一个形式背景的示例（定义 3.4）

K	Composite	Even	Odd	Prime	Square
1			×		×
2		×		×	
3			×	×	

续表

K	Composite	Even	Odd	Prime	Square
4	×	×			×
5			×	×	
6	×	×			
7			×	×	
8	×	×			
9	×		×		×
10	×	×			

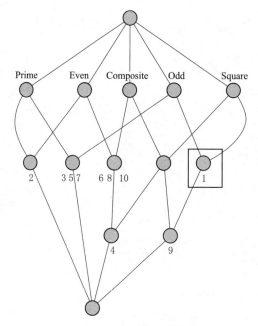

图 3.1　表中形式背景的概念格

定义 3.5　偏序关系：$(X_1,Y_1) \leqslant (X_2,Y_2) \Leftrightarrow X_1 \subseteq X_2 (\Leftrightarrow X_2 \subseteq X_1)$。

定义 3.6　最小元素 (ϕ, M)，最大元素 (G, ϕ)。

定义 3.7　下确界和上确界为

$$\bigwedge_{t \in T}(X_t, Y_t) = (\bigcap_{t \in T} X_t, \alpha(\beta(\bigcap_{t \in T} Y_t)))$$

$$\bigvee_{t \in T}(X_t, Y_t) = (\beta(\alpha(\bigcap_{t \in T} X_t)), \bigcap_{t \in T} Y_t)$$

其中 $K = (G = \{1, 2, \cdots, 10\}, M = \{c, e, o, p, s\}, I)$。

3.1.2　RBAC访问控制模型的概念格表示

表示 RBAC 访问控制模型的矩阵是一个三维矩阵，它包含一组角色 R，一组文档 D 和一组访问权限 P，选择一个使用具有特定角色、文档类型和权限的医疗项目场景工作示例。不同类型的文件可以通过不同的角色以不同的权限访问，权限集是｛插入，修改，删除｝，缩写为｛IN，MD，DE｝。文档类型的集合是｛D_1，D_2，D_3｝。角色设置为｛办公室助理，健康访问者，MCU 负责人，护士，OT 负责人，医生，会计师，会计经理}，缩写为 {OA，HV，MCI，NUR，OTI，DOC，ACC，ACM}。

这些三维矩阵可以被形式化为三元形式背景 $K_{R,D,P}=(R,D,P,I)$，得到一个简单的三元形式背景（表 3.3），注意表中没有列出所有的角色。

表 3.3　　　　　　　　　　　　一个简单的三元形式背景

角色	OA			HV			DOC		
	D_1	D_2	D_3	D_1	D_2	D_3	D_1	D_2	D_3
IN	×	×		×		×		×	
MD	×		×		×	×	×		×
DE	×		×		×	×	×		

通过形式概念分析将 RBAC 矩阵解释为形式背景，形式背景中属性是访问权限元素和用户角色和数据项的交叉积作为形式对象的集合，可以通过切片或由 R，D，P 中的两个集合的叉积来从三元安全背景中导出二元背景。

通过切片，可以从第三集合中固定一个值，即对于一个特定的 $p\in P$，推导出两个集合的二元背景 $K_{R,D}^{P}=(R,D,I)$。但是，切片将分析限制在任意两个集合中。同时，可以在以上三个集合中的任意两个上应用叉积来得到六个二元背景，如 $K_{R\times D,P}$、$K_{P\times D,R}$、$K_{R\times P,D}$ 等。研究人员的目的是对访问权限进行表示，因此在角色和数据项的集合上应用交叉乘积，同时创建二元形式背景 $K_{R\times D,P}$，将作为属性的访问权限和角色与数据项的交叉乘积作为对象。

表 3.2 列出了简化的三元背景。访问权限 P 为输入、修改、删除。表 3.2 列出了每个角色的数据项的访问权限，由三元背景 $K_{R,D,P}=(R,D,P,I)$ 表示。在表 3.3 中展示了一个简单的三元形式背景，其中包含三个角色（OA，HV 和 DR），三个数据项 D_1、D_2 和 D_3 以及三个访问权限（Input，Modify 和 Delete）的二元安全形式背景见表 3.4。

表 3.4　　　　　　　　　　　　二元安全形式背景

角色集	Input	Modify	Delete
(OA, FF)			
(HV, MNC)		×	
(HV, VI)		×	
(MCI, FF)	×	×	×
(NUR, IPR)		×	
(OTI, OTR)		×	
(DOC, IPR)	×	×	×
(DOC, OTR)	×	×	×
(DOC, PRE)	×	×	
(ACC, HUT)		×	
(ACC, LR)	×		
(ACM, LR)	×		
(ACM, HUT)	×		

从这个形式背景中，可以理解 OA 的角色对数据项 D_1 和 D_2 具有输入权限，为了将形式概念分析应用于背景，将三元背景转换为二元背景 $K_{R \times D, P}$。一般来说，单个角色不能拥有所有数据项的所有访问权限。

3.1.3 基于概念格的角色重构

随着输入数据范围的增大，概念格的复杂会随之增加，信息量也随之减少，计算复杂度会迅速增长。生成概念格总体复杂度取决于输入数据的大小以及输出概念格的大小。这种复杂性是指数级的。文中研究人员提出了在访问控制数据中使用形式概念分析和降维方法的结果，目标是获得处理更大量的数据的能力。

在演示示例中，访问控制矩阵包含有关 18 个角色和 14 个权限参与的信息。这种参与可以被看做是形式背景（二维矩阵，行为角色 R 和列作为权限 P），如图 3.2 所示。权限由第一行的节点表示，第二行包含表示角色的节点。这些节点由字母和数字标记。事件中角色的权限由相应节点之间的边表示。示例形式背景的概念格如图 3.3 所示。

R	Attr1	Attr2	Attr3	Attr4	Attr5	Attr6	Attr7	Attr8	Attr9	Attr10	Attr11	Attr12	Attr13	Attr14
Obj 1E_1	×	×	×	×	×	×		×	×					
Obj 2L_1	×	×	×		×	×	×	×						
Obj 3T_1		×	×	×	×	×		×	×					
Obj 4B_1	×		×	×	×			×						
Obj 5C_1			×	×	×			×	×					
Obj 6F_1			×		×	×								
Obj 7E_2					×	×		×						
Obj 8P_1						×		×	×					
Obj 9R_1				×		×		×	×					
Obj 10V_1							×	×				×		
Obj 11M_1								×	×	×		×		
Obj 12K_1								×	×	×		×	×	×
Obj 13S_1							×	×	×	×		×	×	×
Obj 14N_1						×	×		×	×	×	×	×	×
Obj 15H_1								×	×	×		×	×	×
Obj 16D_1								×	×	×		×		
Obj 17O_1									×		×			
Obj 18F_2									×		×			

图 3.2 形式背景示例

概念格中包含数据中存在的对象和属性的所有组合。可以很容易地看出 S_1 参与了 K_1 所做的所有事件。此外，参加了事件 13 和事件 14 的每个人也参与了事件 10。这些节点分开的原因是参与事件 10 的女性 D_1 和 M_1，但不在权限 13 和 14 中。

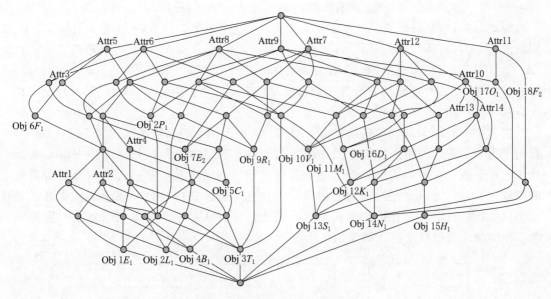

图 3.3　示例形式背景的概念格

3.2　三元概念格的 RBAC 访问控制模型

　　形式概念分析是 Wille 在 20 世纪 80 年代早期在达姆施塔特提出的一种数学理论。形式背景是一个表，其中包含一组作为行的对象、一组作为列的属性以及它们之间作为表中条目的关系。形式概念分析把概念看作是在目标导向行为情境下主体间理解的手段。概念和概念系统的形式化应特别支持不同情况下概念关系的解释和沟通。这就要求概念的形式化必须是透明、简单、全面的，这样概念的所有主要方面都可以在形式模型中有明确的参考。形式概念分析是一种同时聚类对象和属性的概念聚类方法。将聚类概念组织成概念格，并将概念之间的关系可视化，对各种形式概念提取算法的比较进行了分析研究。在知识处理和信息检索领域，也有多种方法和技术可用于调查和研究形式概念分析的实际问题。在应用方面，形式概念分析广泛应用于数据挖掘领域，如规则挖掘和聚类。形式概念分析已成功应用于各种访问控制的建模领域。有几种复杂的软件工具可用于实现形式概念分析技术，如概念生成、属性含义、属性探索和关联规则。

3.2.1　形式概念分析

　　形式概念分析的输入为形式背景，定义如下：

　　定义 3.8（形式背景）　一个形式背景 $K := (G, M, I)$ 由集合 G 和集合 M 以及 G 与 M 间的关系 I 组成。G 的元素称为（形式）对象，M 的元素称为（形式）属性。$(g, m) \in I$ 或 gIm 表示对象 g 具有属性 m。

　　在角色挖掘中，将用户与权限的关系表示为形式背景，其中 G 是所有用户的集合，

M 是所有权限的集合，用户 g 拥有权限 m 时表示为 $(g,m)\in I$。

定义 3.9（概念格）　若 $(A_1，B_1)$、$(A_2，B_2)$ 是某个背景上的两个概念，而且 $A_1\subseteq A_2$，则称 $(A_1，B_1)$ 是 $(A_2，B_2)$ 的子概念，$(A_2，B_2)$ 是 $(A_1，B_1)$ 的超概念，记作 $(A_1，B_1)\leqslant(A_2，B_2)$，关系"$\leqslant$"称为是概念的"层次序"，（简称"序"）。$(G，M，I)$ 的所有概念用这种序组成的集合用 $B(G,M,I)$ 表示，称它为背景 $(G，M，I)$ 上的概念格。

图 3.4 中给出了 RBAC 初始状态，图 3.5 给出了用户—权限关系的概念格，表 3.5 显示了图 3.4 所示的用户和权限的访问控制矩阵，图 3.6 显示了图 3.4 中 RBAC 初始状态的概念格。在图 3.6 中，概念格中右侧的数字表示角色，第一行显示分配给角色的权限，第二行显示分配给该角色的用户。在这个概念格中，每个概念都继承其子概念关联的所有权限，并且用户反向继承。因此，可以从每个节点中删除冗余权限和用户。结果称为简化概念格，如图 3.6 所示。

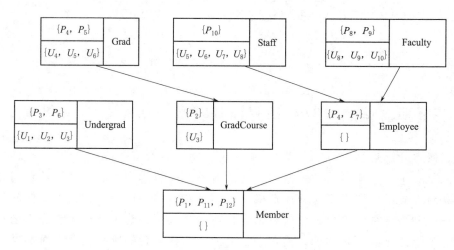

图 3.4　RBAC 初始状态

表 3.5　　　　　　　　　　　　　　用 户—权 限 关 系

用户	1	2	3	4	5	6	7	8	9	10	11	12
U_1	×		×			×					×	×
U_2	×		×			×					×	×
U_3	×		×			×					×	×
U_4	×	×		×	×						×	
U_5	×			×	×		×			×	×	
U_6	×			×	×		×			×	×	
U_7	×			×			×			×	×	
U_8	×			×			×	×	×		×	×
U_9							×	×	×		×	×
U_{10}	×						×	×	×			

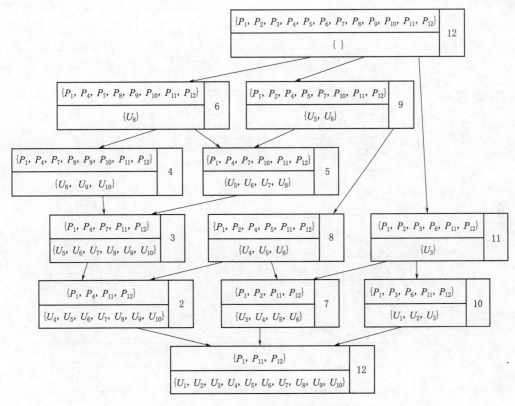

图 3.5　用户—权限关系的概念格

简化概念格定义了完整的 RBAC 状态，每个形式概念代表一个角色，概念格则表示角色的层次结构。在 RBAC 状态中，每个用户被分配一个确定的角色，每个权限被授予一个确定的角色，子概念关系表示角色继承关系。

3.2.2　RBAC 模型的三元概念格

定义 3.10（多值背景）　一个多值形式背景 $K := (G, M, W, I)$ 是由集合 G，M，W 及它们之间的一个三元关系 I（即 $I \subseteq G \times M \times W$）组成，即

$$(g, m, w) \in I \text{ 及 } I \Rightarrow w = v \tag{3.1}$$

G 中的元素叫做对象，M 的元素叫做多值属性，W 的元素称为属性的值。属性 m 的域定义为 $dom(m) := \{g \in G \mid (g, m, w) \in I, w \in W\}$，如果 $dom(m) = G$，则称 m 是完全的。若一个多值背景中包含的所有属性都是完全的，称该多值背景是完全的。

定义 3.11（三值概念）　三元背景 (G, M, W, I) 的三元概念被定义为一个三元组 (A_1, A_2, A_3)，其中 $A_1 \subseteq G$，$A_2 \subseteq M$，$A_3 \subseteq W$ 分别满足条件 $A_1 \times A_2 \times A_3 \subseteq I$。这个定义是从二元形式概念的定义到三元形式概念情况下的推广。A_1，A_2，A_3 分别被称为概念 (A_1, A_2, A_3) 的外延、内涵和方法。考虑一个三元背景 $K := (X_1, X_2, X_3, I)$，由此定义可以建立三个二元形式背景为

$$K^{(1)} = (X_1, X_2 \times X_3, I^{(1)}) \tag{3.2}$$

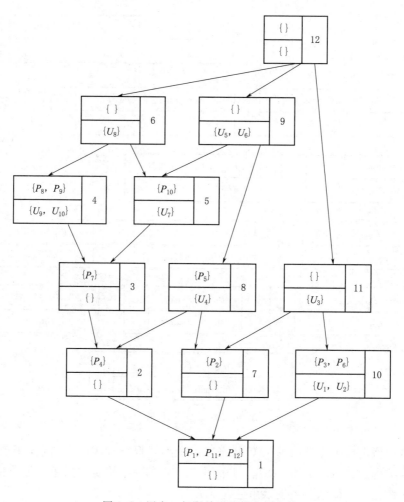

图 3.6 用户—权限关系的简化概念格

$$K^{(2)} = (X_2, X_1 \times X_3, I^{(2)}) \tag{3.3}$$

$$K^{(3)} = (X_3, X_1 \times X_2, I^{(3)}) \tag{3.4}$$

其中，$x_1 I^{(1)}(x_2, x_3) :\Leftrightarrow x_2 I^{(2)}(x_1, x_3) :\Leftrightarrow x_3 I^{(3)}(x_1, x_2)$。

定义 3.12（三元形式概念运算外导运算） 对于 $\{(j < k), \{i, j, k\} = \{1, 2, 3\}, Z \subseteq X_i\}$ 和 $Z \subseteq X_i$ 且 $Y \subseteq X_j \times X_k$，外导运算符 $(-)^i$ 定义如下

$$\Psi: Z \to Z^{(i)}: \{(x_i, x_k) \in X_j \times X_k \mid (X_i, X_j, X_k) \in I \ \forall \, x_i \in Z\} \tag{3.5}$$

$$\Psi': Y \to Y^{(i)}: \{x_i \in X_i \mid (x_i, x_j, x_k) \in I \ \forall \, (x_j, x_k) \in Y\} \tag{3.6}$$

对于 $\{i, j, k\} = \{1, 2, 3\}$，外导运算产生上述三个二元形式背景 $K^{(1)}$，$K^{(2)}$，$K^{(3)}$，即 $K^{(i)} = (X_i, X_j \times X_k, I^{(i)})\{i, j, k\} = \{1, 2, 3\}$ 当 $\{i, j, k\} = \{1, 2, 3\}$。

定义 3.13（三式概念运算内导运算） 对于 $Z_i \subseteq X_i$，$Z_j \subseteq X_j$，$Z_k \subseteq X_k$，(i, j, Z_k)，内导运算定义为

$$\Phi: Z_i \to Z_i^{(i, j, Z_k)}: \{x_j \in X_j \mid (x_i, x_j, x_k) \in I \ \forall \, (x_i, x_k) \in X_i \times X_k\} \tag{3.7}$$

$$\Phi': Z_j \rightarrow Z_i^{(i,j,Z_k)}: \{x_i \in X_i \mid (x_i, x_j, x_k) \in I \ \forall \ (x_j, x_k) \in X_j \times X_k\} \quad (3.8)$$

内导运算导出背景 $K_{X_k}^{ij} := (X_i, X_j, I_{X_k}^{ij})$，其中 $(x_i, x_k) \in I_{X_k}^{ij}$，当且仅当 $(x_i, x_j, x_k) \in I \ \forall \ x_k \in X_k$。$(x_i, x_k) \in I_{X_k}^{ij}$ 称为对象 x_i 在 x_k，其中 $x_k \in X_k$ 的所有条件下具有属性 x_i。Ψ 和 Ψ' 称为外导运算，两者构成外闭包。类似的，Φ 和 Φ' 称为内导运算，它们构成内闭包。因此，为了在 Z_1 的外延生成一个三元概念，第一步将在背景 $K_{A_3}^{12}$ 上生成一个二元概念。进而，三元概念通过在 $K^{(3)}$ 中相应的运算 $K_{A_3}^{12}$ 而获得。

定义 3.14（三元概念形成）　一个外延中包含 Z_1 的概念定义为 $(Z_1^{(1,2,X_3)(1,2,X_3)}, Z_1^{(1,2,X_3)}, (Z_1^{(1,2,X_3)(1,2,X_3)} \times Z_1^{(1,2,X_3)})^{(3)})$。这个形成过程首先指定一个非空对象的集合 Z_1。然后找到 Z_1 中所有对象在 X_3 给出的所有条件下的属性集合。最后将 Z_1 推广到在 X_3 的所有条件下具有这些属性的所有对象的集合。

定义 3.15（三元概念格）　对于 $i \in \{1,2,3\}$，存在一个层次序 $\leqslant_i$ 和由 (A_1, A_2, A_3) $\leqslant_i (B_1, B_2, B_3): \Leftrightarrow A_i \subseteq B_i$ 和 $(A_1, A_2, A_3) \sim_i (B_1, B_2, B_3): \Leftrightarrow A_i = B_i (i=1,2,3)$ 定义的相应的等价关系 $\sim_i$。以这种层次序所组成的集合称作三元概念格。

三元概念格是一种对称结构，其中的对象集，属性集和条件是等价的。一般地，将这种结构绘制为三角形图。为方便理解，可为每个外延，内涵和形式绘制完整的概念格。

为了实现三元形式概念分析对 RBAC 模型进行表示，利用上面定义的外闭包运算和内闭包运算，给出了将三维访问控制矩阵导出三元概念的方法为

(1) 确定给定访问策略的角色 R，数据对象 D 和访问权限 P。

(2) 将具有角色 R、数据对象 D 和访问权限 P 的三维访问矩阵构成三元形式背景 $K_{R,D,P} := (R, D, P, I)$，其中 I 表示 R、D 和 P 的三元关系。

(3) 对于每个权限集合 $H \subseteq P$，使用内闭包运算 Φ 和 Φ' 计算二元背景 $(R, D \times H, Y^3)$。

(4) 使用文献 [9] 中的二元概念生成算法，计算步骤 3 中生成的背景中的每一个概念。

(5) 对于每个二元概念，使用外闭包运算 Ψ 和 Ψ' 计算包含它的条件集合。

(6) 形成三元概念。

(7) 对于所有子条件集合重复步骤（5）。

(8) 若存在多余的三元概念则将其删除。

利用上述方法，可以从三维 RBAC 矩阵导出三元概念，得到三元形式概念分析的 RBAC 模型表示。算法上这个过程复杂度为指数阶。为了说明问题，考虑表 3.6 所示的 RBAC 三元背景 (R, D, P, Y)，形式背景中包含 4 个角色，3 个数据对象和 3 个权限。

表 3.6　　　　　　　　　　　　　　**RBAC 三元形式背景**

R	P_1			P_2			P_3		
	d_1	d_2	d_3	d_1	d_2	d_3	d_1	d_2	d_3
r_1			×	×	×	×	×		
r_2	×	×	×	×	×		×		
r_3		×	×	×	×		×	×	×
r_4		×		×	×			×	×

考虑 $\{i,j,k\}=\{1,2,3\}$，$X_1=R$，$A_3=\{p_1,p_2\}$，且 $Z=\{r_3\}$。根据内导运算可得到 $\Phi(Z)=(d_2,d_3)$ 和 $\Phi'\Phi(Z)=(r_2,r_3)$。此外，由外导运算可得到 $\Psi(Z)=(d_2,p_2)$，$(d_3,p_2),\{(d_2,p_1),(d_3,p_1),(d_2,p_3),(d_3,p_3)\}$，其中 $\Psi'(\Psi(Z))=(r_3,r_4)$。根据定义，可得到三元概念 $(\{r_3,r_4\},\{d_2,d_3\},\{p_1,p_2,p_3\})$。

以一个医疗系统为例来演示，给出的三元形式概念分析的设计方法。图 3.7 中确定了 9 个角色，分别为办公室助理 R_1、卫生监察员 R_2、母婴保育员 R_3、护士 R_4、治疗师 R_5、医生 R_6、会计 R_7、会计主管 R_8 和内部审计师 R_9，图中显示了这个医疗系统网络的角色层次结构。该系统中的数据对象有家庭文件夹 D_1、母亲营养图 D_2、儿童疫苗接种信息 D_3、住院病人记录 D_4、治疗记录 D_5、处方记录 D_6、卫生单位业务记录 D_7 和总账 D_8。这些数据对象的访问权限包括创建 P_1、删除 P_2、输入/修改 P_3、生成 P_4 和校验 P_5，医疗系统 RBAC 的三元形式背景见表 3.7。

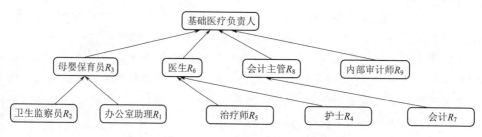

图 3.7 医疗系统网络角色结构

表 3.7 医疗系统 RBAC 的三元形式背景

R	P_1								P_2								P_3								P_4								P_5							
	D_1	D_2	D_3	D_4	D_5	D_6	D_7	D_8	D_1	D_2	D_3	D_4	D_5	D_6	D_7	D_8	D_1	D_2	D_3	D_4	D_5	D_6	D_7	D_8	D_1	D_2	D_3	D_4	D_5	D_6	D_7	D_8	D_1	D_2	D_3	D_4	D_5	D_6	D_7	D_8
R_1																	×																							
R_2										×	×																													
R_3	×			×													×	×	×																					
R_4																				×																				
R_5																					×																			
R_6			×	×								×	×							×	×	×																		
R_7																							×									×								
R_8																						×	×									×								
R_9																																							×	×

在表 3.7 中，首先对于每个访问权限，分别使用内闭包运算，然后使用外导运算。三元形式概念分析产生了表 3.8 所列出的 17 个三元概念。正如所讨论的，三元概念的外延，内涵和模式并会形成与二元形式概念分析相同的闭包系统。同样的，可从表 3.8 中观察到，三元概念 9 表明角色 R_7 和 R_8 是其外延，有权限 P_3 访问其内涵即数据对象 D_7。同一组角色 R_7 和 R_8 是三元概念 10 的外延，有权限 P_4 访问数据对象 D_8。

表 3.8	从表 3.7 的三元形式背景获得的三元概念格		
三元概念	外　延	内　涵	形　式
1	$\varnothing$	D_1, D_2, D_3, D_4, D_5, D_6, D_7, D_8	P_1, P_2, P_3, P_4, P_5
2	R_1, R_2, R_3, R_4, R_5, R_6, R_7, R_8, R_9	$\varnothing$	P_1, P_2, P_3, P_4, P_5
3	R_1, R_2, R_3, R_4, R_5, R_6, R_7, R_8, R_9	D_1, D_2, D_3, D_4, D_5, D_6, D_7, D_8	$\varnothing$
4	R_2, R_3	D_2, D_3	P_3
5	R_1, R_2	D_1	P_3
6	R_3	D_1	P_1, P_2, P_3
7	R_6	D_4, D_5	P_1, P_2, P_3
8	R_6	D_6	P_3
9	R_7, R_8	D_7	P_3
10	R_7, R_8	D_8	P_4
11	R_8	D_7, D_8	P_3
12	R_9	D_7, D_8	P_5
13	R_8	D_8	P_3, P_4
14	R_5, R_6	D_5	P_3
15	R_4, R_6	D_4	P_3
16	R_3	D_1, D_2, D_3	P_3
17	R_6	D_4, D_5, D_6	P_3

图 3.8 给出了表 3.8 的三元概念中获得的三元概念格的几何结构。图中每个圆点表示一个三元概念。这个结构可以通过右侧的外延图、左侧的内涵图和顶部的方式图来理解。在 RBAC 模型中，角色为外延，数据对象为内涵，访问权限为方式。图 3.8 右侧线上的圆点表示由下方对应该点的对象组成的外延（角色），即外延从左下到右上增大。同样的，内涵（数据对象）从左上到右下增大。形式（访问权限）从右上方向左下方增大。对于位于图 3.8 中心和底部节点之上的圆点，该点具有外延 $\{R_2, R_3\}$，内涵 $\{D_2, D_3\}$ 在左下方的方式 $\{P_3\}$。

可以观察到，三元概念格的每一边的概念格是完全格。用户角色之间有权限继承关系，在 RBAC 中表示角色层次结构。三元概念格右侧的概念格表示 RBAC 的角色层次结构，这样左下角的角色就可以继承其上面连接的角色的权限。例如，观察到医生 R_6 具有治疗师 R_5 和护士 R_4 的访问权限。结果与表 3.7 中所示的 RBAC 访问控制矩阵一致。

在经典的二元形式概念分析中，由二元 RBAC 形式背景所产生的概念格表示角色和访问权限层次结构。可以导出角色、访问权限和数据对象之间的依赖关系，从而可以控制安全格结构的大小。在角色层次结构中，角色"r"可以从它上面的角色继承并连接到它。

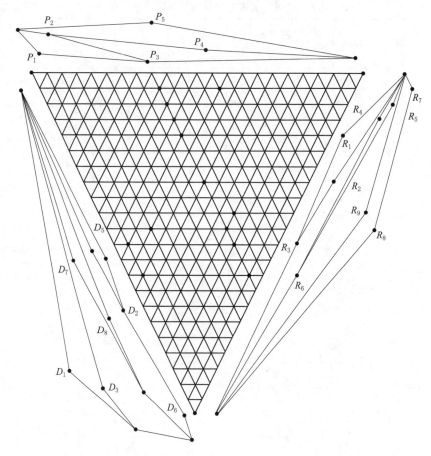

图 3.8　RBAC 的三元概念格

静态角色责任分离约束（SoD）定义角色，权限或用户之间的互斥关系。基于这种互斥关系强制将用户分配给角色和角色的某些权限赋予条件。因此，相同的用户不会被分配相互冲突的角色，冲突的访问权限也不会被分配给相同的角色。根据该医疗保健网络的 SoD 约束，互斥角色为 (R_3 和 R_8)、(R_3 和 R_9)、(R_6 和 R_8)、(R_6 和 R_9)、(R_2 和 R_8)、(R_2 和 R_9)。从图 3.5 中显示的三元格结构中，可以注意到冲突角色在层次结构中被分开。可以在图中观察角色层次结构中的角色优先关系。

类似于二元概念格，可以推导三元概念格的含义。对于一个三元背景 $K_:=(G,M,W,I)$，GANTER 与 OBIEDKOV 讨论了条件属性含义，其形式为 $S \xrightarrow{C} T$，其中 $S,T \subseteq M$ 且 $C \subseteq W$。这个表达式读作 S 在 C 的所有条件下必然包含 T。这个条件隐含在三元背景 (G, M, W, I) 中，如果对于每个条件 $c \in C$，对象 $g \in G$ 具有 S 中的所有属性，那么它也具有 T 中的所有属性。从表 3.6 所示的 RBAC 形式背景中，可以获得代表角色，数据对象和访问权限之间依赖关系的三元蕴含。考虑 $S=\{D_2\}$，$T=\{D_3\}$ 与 $C=\{P_3\}$，我们可以由 $D_2 \xrightarrow{P_3} D_3$ 得到蕴含 D_2。这可以理解为，在访问权限输入/修改 P_3 条件下，有权限访问母亲营养图 D_2 的角色也可以访问具有相同权限 P_3 的儿童疫苗接种信息 D_3。从表 3.6

的三元背景中，注意到卫生监察员 R_2 和母婴保育员 R_3 是拥有这一蕴含的两个角色。类似地，可以通过 $D_4 \xrightarrow{P_1 P_2} D_5$ 获得另一个蕴含，表示医生可以创建和删除住院病人记录和处方记录。此外，三元背景呈现六重对称性，因此背景的对象、属性和方式可以互换。因此，通过交换属性和条件，可以得到属性条件的蕴含。在三元 RBAC 背景中考虑 $S, T \subseteq W$ 与 $C \subseteq M$，可以由 $S \xrightarrow{C} T$ 得到属性条件的蕴含。表 3.6 的三元背景中，有 $P_3 \xrightarrow{D_8} P_4$，表明具有输入/修改 P_3 总账 D_8 权限的角色也可以具有生成 P_4 的权限，会计主管 R_8 是具有这种蕴含的角色。同样的，可以得到另一个蕴含 $P_1 \xrightarrow{D_1, D_4, D_5} P_2, P_3$。这个蕴含可以理解为具有数据对象的创建 P_1 权限的角色家族文件夹 D_1 或住院病历 D_4 或处方记录 D_5 也可以具有删除 P_2 和输入/修改 P_3 的权限。从表 3.6 的三元背景中，注意到母婴保育员 R_3 和医生 R_6 是这两个角色的蕴含。因此，这些属性蕴含和属性条件会影响非互斥角色，数据对象和访问权限之间的依赖关系。

研究人员提出的方法有以下优势：首选方法可以从三元背景中获得角色层次和职责分离约束，在表示 RBAC 时不用将三元背景转换成不同的二元背景；其次，RBAC 成员（R，D，P）之间的关系可以通过从它们推导出来的三元概念和条件属性的蕴含来获得，由此产生的三元概念格角色层次结构有助于管理员验证用户角色层次和依赖关系。

3.3 概念格的快速计算方法

形式概念分析越来越多地用于由程序构建的大型形式背景。本章提出了一种有效的概念分析算法，该算法将概念与其概念格结构一起计算。实验评估使用随机生成的形式背景来比较不同算法复杂度。算法的运行时间随着形式背景的数量呈二次方增加，但是具有小的二次分量，可实现快速概念分析。

形式概念分析是深入了解复杂数据的一个有价值的工具。在概念分析的许多应用中，研究通过仔细检查他们精心布置的概念格，从形式语境中学习得出。这些应用程序中的形式背景的规模不大。否则，产生的概念格很难进行可视化分析。因此，对这些应用程序进行概念分析的算法复杂性是一个次要问题。但是概念分析越来越多地用于编译器中的程序分析等应用程序，或者与统计分析相结合，其中大形式背景由程序构建。由此产生的概念格不再进行目视检查，而是应用程序内部数据结构的一部分。对于这些应用来说，概念分析的算法复杂性很重要。本章提出了一种计算概念格的有效算法，并给出了一些经验复杂度结果。

3.3.1 概念格的计算

对于有限的形式背景（G，M，I），所有概念格结构都可以通过查找概念的所有上邻来计算：从已知形式概念开始，可以计算一小组更大的概念，其中包括所有上邻。从最小概念格开始，算法递归地计算所有形式概念及其概念格结构。算法过程如图 3.9 所示。

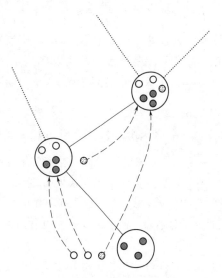

图 3.9　算法过程演示

定理 3.1　设 $(G, M) \in L(\Gamma, M, I)$ 且 $(G, M) \notin \mathrm{T}$，那么 $(G \cup \{g\})''$，其中 $g \in \Gamma \setminus G$ 是上邻 (G, M) 的外延，当且仅当所有的 $y \in (G \cup \{g\})''/G$ 满足 $(G \cup \{y\})'' = (G \cup \{g\})''$。

图 3.9 中，大圆表示将其范围包含为小圆的概念；概念之外的对象和更大概念之间的箭头通过将对象添加到其旁边的概念中来可视化更大概念的生成；概念之间的实线表示它们的概念格结构。当灰色对象添加到左侧的概念中时，它再次在顶部生成概念。顶概念是一个上邻概念，因为灰色对象是唯一的新对象，它生成的是其中一部分的概念。

算法使用的集合 min 的含义有点难以理解：它包含来自 Γ/G 的元素，它们生成上邻居。最初，假设所有元素都生成邻居，然后删除可能不生成邻居的元素。在算法的末尾，min 为一组生成完整上邻的最小元素集。

假设 G_1 是 (G, M) 的上邻居的外延，x 和 y 都生成 G_1。最初，x 和 y 都是 min 的成员。首先，不同于 $x-y$ 的 G_1 的所有成员都是针对 min 检查的：y 是在 min 中发现的，因此 x 假设不生成上邻居并且从 min 移除。接下来检查与 y 不同的所有元素（x）：x 不再是 min，因此 y 生成的概念为上邻居。每当邻居由来自 Γ/G 的多个元素生成时，只有算法考虑的最后一个元素被检查为邻居生成，因此保持 min。

算法邻居的渐近复杂度为 $O(|\Gamma|^2 \times |M|)$：使用 $(\cdot)''$ 运算符需要 $O(|\Gamma| \times |M|)$ 次计算，并且当 G 为空需要 $|\Gamma|$ 次计算。

计算上邻居的算法见表 3.9。算法邻域可以从格的最小概念 (ϕ'', ϕ') 开始，递归计算一个形式背景的所有概念 L，得到的快速算法见表 3.10。每个概念 c 都有两个与之相关联的列表，上邻列表 c^* 和下邻列表 c_*。

表 3.9	计算上邻居的算法
NEIGHBORS$((\Gamma, M), (\Gamma, M, I))$	
1	min$\leftarrow \Gamma \setminus G$
2	neighbors$\leftarrow \phi$
3	**foreach** $g \in \Gamma \setminus G$ **do**
4	$M_1 \leftarrow (G \cup \{g\})'$
5	$G_1 \leftarrow M_1'$
6	**if**$((\min \cap (G_1 \setminus G \setminus \{g\})) = \phi)$**then**
7	neighbors$\leftarrow$neighbors$\cup \{(G_1, M_1)\}$
8	**else**
9	min$\leftarrow$min$\setminus \{g\}$
10	**return** neighbors

表 3.10	概念格 (Γ, M, I) 的快速算法
FAST$-$LATTICE(Γ, M, I)	
1	$c \leftarrow (\phi'', \phi')$
2	insert(c, L)
3	**loop**
4	**foreach** x in Neighbors$(c, (G, M, I))$
5	**try** $x \leftarrow$lookup(x, L)
6	**with** NotFound$\rightarrow$insert(x, L)
7	$x_* \leftarrow x_* \cup \{c\}$
8	$c_* \leftarrow c_* \cup \{x\}$
9	**try** $c \leftarrow next(c, L)$
10	**with** NotFound$\rightarrow$**exit**

一个概念可以由两个不同的概念共有，称其为上邻居。当算法处理这两个概念时，为了得到正确的关系，必须检查它们的共有上邻居。为此，所有概念都存储在搜索树 $L[2]$ 中。每次算法找到一个邻居，其都会在树 L 中搜索它（使用查找），以查找以前插入的该概念的实例。如果找到了这个概念，那么将更新现有的邻居列表；否则将把以前未知的概念插入到树中。

算法将概念插入 L 并同时查找：$next(c,L)$ 要求对树内使用的总阶数大于 c 的最小概念。为了确保插入的所有概念也考虑到它们的上邻，总树阶必须与偏序阶 $\prec$ 相关。快速算法见表 3.10。

3.3.2　实验评估

为了评估算法效率，在 Mac OS 系统下使用 Parallel 建立了一个 CPU 频率为 2.5GHz、内存为 4GB 的 Linux 虚拟环境来测试 FAST - LATTICE 算法，作为实验对照，使用 CONCEPT 算法作为对比。

实验结果表明，算法最坏情况下复杂度为 $O(L\times|\Gamma|^2\times|M|)$。实验使用了 1000 个随机生成的形式背景（$\Gamma$，$M$，$I$），形式背景的大小介于 1×2 和 81×81 个元素之间，其中 I 最多包含 1572 个元素。形式背景包含 $|\Gamma|\times|M|$ 个元素，定义其填充率为 $|I|$ 与 $|\Gamma|\times|M|$ 的商，来描述形式背景的稀疏程度（或密度）。

从图 3.10 可以看出 FAST - LATTICE 算法的运算速度要优于 CONCEPTS 算法，算法的运行时间主要取决于概念格的大小 $|L|$。由于计算概念格的复杂度随着其形式背景以指数级增长。用最小二乘法拟合数据点得到了图中曲线，其中 $t=a_2|L|^2+a_1|L|+a_0$，实际上，两种算法的运行时间都随着概念格的大小 $|L|$ 的二次方增加，但是 FAST - LATTICE 算法的二次项系数较小，CONCEPTS 算法的二次项系数更大。拟合所得的近似系数可以在表 3.11 中找到。然而，在实际应用中概念格往往要小得多，这种复杂度较大的情况很少发生。算法运行速度对比如图 3.10 所示，拟合系数对

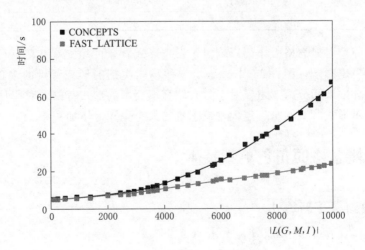

图 3.10　不同算法运行时间对比

比见表 3.11。

表 3.11 运行时间最小二乘法拟合系数

算 法	a_2	a_1	a_0
CONCEPTS	6.571×10^{-7}	0.0005953	5.243
FAST-LATTICE	4.652×10^{-8}	0.001476	3.86

在探究形式背景与其概念数量之间的函数关系时，考虑了不同的形式背景参数。预测格子大小的上下文参数是上下文大小 $|I|$。图 3.11 显示了概念格大小 $|L|$ 与形式背景大小 $|I|$ 的关系，其中的每个点代表一个单独的实验。对于稀疏的形式背景，概念格的大小随形式背景大小的二次方增长。填充率关系最小二乘法拟合系数见表 3.12。

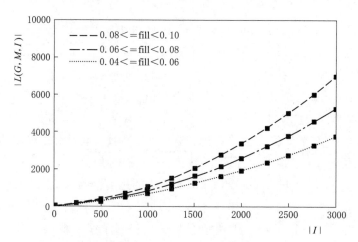

图 3.11 概念格大小 $|L|$ 与形式背景大小 $|I|$ 关系

表 3.12 填充率关系最小二乘法拟合系数

填充率	a_2	a_1	a_0
0.04～0.06	0.000662	0.3235	23.6
0.06～0.08	0.0004781	0.3064	18.01
0.08～0.10	0.0003187	0.2843	33.6

在研究填充率对概念格大小的影响时，发现形式背景的填充率 $|I| \backslash (|\Gamma| \times |M|)$ 对概念格大小有一定影响。图 3.11 中显示了三种不同类别的形式背景的多项式近似曲线，根据不同的填充率区间分为 3 组。对于具有较高填充率的形式背景，对应具有相对较大的概念格，这表示形式背景的密度越大，概念格的大小也随之增加。

3.4　基于概念格的角色更新技术

3.4.1　对象渐减更新算法

1. 概念格与 RBAC 模型的对应关系

在形式概念分析中，形式背景是用来抽象描述事物对象及其属性间的二元关系的，一般用一个二维表来表示。概念格是关于"概念"的层次结构，是根据形式背景中对象与属性之间的二元关系建立的。每个"概念"都由内涵和外延两部分组成，其中内涵代表事物的所具有的属性的集合，而外延代表具有这些属性的事物对象的集合。概念集上的包含关系是一种偏序关系，等价于外延或内涵的包含关系。由该偏序关系诱导的完全格被称为概念格。这种偏序关系的构成了概念格的 Hasse 图，该图反映了概念间的层次结构。

访问控制模型定义了主体对资源的访问权限和范围，反映了主体对资源的操作关系。在 RBAC 模型中，引入角色这一中间元素，来实现用户和权限的逻辑分离，通过角色的赋予和收回来完成用户权限的授予和撤销，用户通过角色间接访问资源。每个角色都有一组对应的权限和一组对应的用户。角色的包含关系也是一种偏序关系，角色间的层次结构是根据这种偏序关系构成的。

一个访问控制矩阵可以用一个形式背景 $O(G,M,R)$ 来表示。其中，G 为用户集，M 为权限集，$g \in G$，$m \in M$，$R \subseteq G \times M$，$(g,m) \in R$ 表示用户 g 具有权限 m。形式背景 O 上的概念 $N=(X,Y)$ 表示一个角色，X 表示被赋予该角色的用户，Y 表示该角色具有的权限。访问控制矩阵中权限的蕴含关系即为角色所具有的权限的蕴含关系，反映了角色的层次关系。概念格 $L(O)$ 上的所有形式概念的集合，构成了整个访问控制矩阵中的所有可能的角色及其层次结构。而概念格的构造过程正好反映了从访问控制矩阵中获取角色层次结构的过程。

概念格构造指由形式背景产生概念格的过程，RBAC 模型与概念格有天然的对应关系，如访问控制矩阵与形式背景、角色与概念、用户与外延、权限与内涵、概念格的 Hasse 图与角色层次结构等。

2. 角色更新

在访问控制系统中，访问控制矩阵总是随时间而不断变化，例如可能会新增或注销用户。增加或删除各类数据或者资源，会导致 RBAC 模型中的角色发生变化。为了满足发展，需要修改主体与客体之间的访问权限。依靠人工对角色进行维护，比如增加、删除角色或修改角色的权限，具有的极大的管理复杂度，尤其是在一些大型系统中。

利用角色与概念之间的对应关系，研究基于概念格的角色更新，研究删除某个用户后，在原概念格的基础上进行更新，自动完成维护工作，该过程即为概念格的对象渐减更新算法。

将概念格应用到 RBAC 中，分析了概念格删除对象后的变化，根据这些变化之间的联系和规则找出探索更简便的概念格构造方法，从而设计出概念格的对象渐减更新算法。该算法采用渐进式构造方法，不需要重新构造概念格，而且是在原概念格的基础上采用广度优先遍历的顺序对概念格进行调整，进而可根据部分父概念的类型来直接判断子概念的类型，无须判断所有概念的类型。

3. 概念分类

定义 3.16　如果一个形式背景为 $O=(G,M,R)$，那么删除对象 x 后的形式背景记

为 $O'=(G',M',R')$，其中 $G'=G-\{x\}$，$x\in G$，$R'=R\bigcap G'\times M$，称 O' 是 O 减去对象 x 后的形式背景，记为 $O'=O|^{-\{x\}}$，原概念格为 $L(O)$，减去对象 x 后的概念格为 $L(O|^{-\{x\}})$，原概念格的概念集合为 NS(O)，减去对象 x 后的概念集合为 NS(O')。

定义 3.17 若 X 是 G' 的子集，Y 是 M' 的子集，令：

(1) $f'(X)=\{m\in M'|g\in X,gR'm\}$；

(2) $g'(Y)=\{g\in G'|m\in Y,gR'm\}$。

性质 3.1 $X\subseteq G'$ 时，$f'(X)=f(X)$。

性质 3.2 $X\subseteq G'$ 时，$g'(Y)=g(Y)-\{x\}$ 且当 $x\notin g(Y)$ 时，$g'(Y)=g(Y)$。

记删除对象为 x，$L(O)$ 中的概念由如下三种组成：

定义 3.18 不变概念 指外延中不含删除对象 x 的概念，即 $x\notin \text{Extension}(N)$ 的概念。形式背景 O 上所有这一类概念的集合用来 FS$^{-\{x\}}(O)$ 表示。

性质 3.3 包含所有属性且外延为空的概念是末概念，记为 LN，末概念是特殊的不变概念。

定义 3.19 更新概念 指外延包含 x，$\nexists \text{Extension}(N_1)=\text{E}(N)-\{x\}$ 的概念。形式背景 O 上所有这一类概念的集合用 VS$^{-\{x\}}(O)$ 来表示。

性质 3.4 包含所有对象的概念是头概念，记为 HN，头概念是特殊的更新概念。

定义 3.20 删除概念 指外延包含 x，$\exists \text{Extension}(N_1)=\text{E}(N)-\{x\}$ 的概念。形式背景 O 上所有这一类概念的集合用 DS$^{-\{x\}}(O)$ 来表示。此时把称为 N 是删除概念，N_1 被称为概念 N 的删除子概念。显然，一个删除概念只有一个删除子概念，且这个删除子概念为不变概念。

显然有 NS$(O)=$FS$^{-\{x\}}(O)+$VS$^{-\{x\}}(O)+$DS$^{-\{x\}}(O)$。

4. 边的分析

概念格是由概念和概念之间的边组成的，因此删除某一个对象后，不仅要考虑新概念格中概念的组成，还要考虑概念之间的边的变化。边都是存在于父概念和子概念之间的，所以需要根据父概念和子概念之间的关系去判断边的变化。

定理 3.2 若 N 是不变概念，则它的子概念也是不变概念。

证明 设 N 是不变概念，N_1 是 N 的子概念，则 N_1 的外延包含于 N 的外延，若删除对象 x 不是 N 的外延里的元素，那么也肯定不是 N_1 的外延的元素，由定义 3.19 关于不变概念的解释可知，N_1 必然为不变概念。

由定理 3.2 可知，有两种情况不存在：①父概念为不变概念，子概念为删除概念；②父概念为不变概念，子概念为更新概念。

定理 3.3 如果父概念和子概念中没有一个是删除概念，则该父概念和子概念之间的边不需要改变，保留到新的概念格中。

由定理 3.2 和定理 3.3 可知，有三种情况不需要调整边：①父概念是更新概念，子概念是不变概念；②父概念是更新概念，子概念是更新概念；③父概念是不变概念，子概念是不变概念。

定理 3.4 删除对象 x 后，若 $\text{Extension}(N)-\{x\}=\phi$，则在删除概念的父概念与其

子概念之间增加一条边；若 Extension$(N)-\{x\}!=\phi$，且概念是其父概念与子概念之间的枢纽概念，则在删除概念的父概念与其子概念之间增加一条边。

定理 3.5　一个删除概念的子概念中只有一个不变概念，其他都是删除概念。

由定理 3.5 可知，父子概念分别为删除概念和更新概念的情况不存在。

综上所述，删除对象后边的关系见表 3.13。

表 3.13　删除对象后各父概念与子概念之间边的变化

父概念	子概念	边 的 变 化
更新概念	删除概念	删除，根据定理 3.4 判断是否在更新概念和删除概念的子概念之间增加边
删除概念	不变概念	删除，根据定理 3.4 判断是否在删除概念的父概念和不变概念之间增加边
删除概念	删除概念	删除
更新概念	不变概念	不变
更新概念	更新概念	不变
不变概念	不变概念	不变

5. 对象渐减更新算法

不变概念的子概念依然是不变概念，删除概念的非不变子概念是更新概念，不需要判断这两种概念的类型。对象渐减更新算法主要解决的是删除一个对象后如何得到一个新的概念格，需要采用广度优先遍历的顺序，以头概念为顶点，依次对概念进行处理。因此访问某个概念的时候，它的父概念已经被访问过，进而该算法可根据父概念的类型来判断子概念的类型。

算法分为两步：第一步为对象渐减更新算法（算法 3.1），见表 3.14；第二步为删除算法（算法 3.2），见表 3.15。算法 3.1 调用算法 3.2。算法不需要判断不变概念的子概念，因此只需要判断更新概念和删除概念的子概念即可。遇到末概念时算法结束。算法的流程如图 3.12 所示。

（1）算法 3.1 的相关术语：

Child(FS)，用来表示不变概念的子概念。

Child(VS)，用来表示更新概念的子概念。

Child(DS)，用来表示删除概念的子概念。

对象渐减更新算法（算法 1），见表 3.14。在表 3.14 的程序中：第 1~2 行直接对头概念（更新概念）进行更新，然后算法向下执行；第 4~17 行以广度优先遍历的顺序判断概念类型，对于更新概念的子概念，则判断其类型并进行相应的处理；第 18~25 行对于删除概念的子概念，如果子概念是不变概念，不做改变，如果子概念不是不变概念，则该概念必然是删除概念，此时调用算法 3.2 对概念进行删除操作并修改相关的边的关系。在该算法中设未被访问过的概念的 visited 的值为 0，被访问过的概念的 visited 的值为 1。概念的 visited 的值为 0 时算法向下执行，所有概念的 visited 的值为 1 时算法结束。

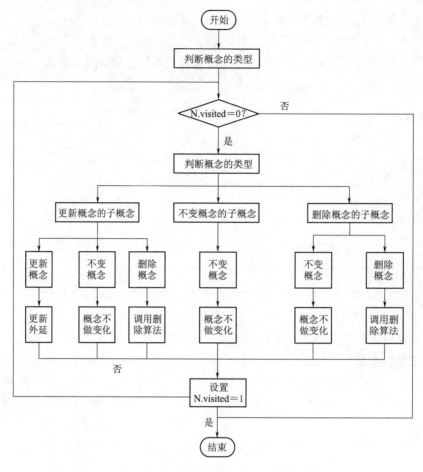

图 3.12　算法流程

表 3.14　　　　　　　　　对象渐减更新算法（算法 3.1）

算法 3.1　对象渐减更新算法

输入：原始概念格 $L(O)$；删除对象 x

输出：删除对象 x 后的格 $L(O|^{-(x)})$

BEGIN
　1　Extension(N):=Extension(N)$-\{x\}$;//更新头概念
　2　$N.visited$:=1；
　3　While $N.visited$:=0//当概念未被访问过的时候
　4　　For($N \notin$Child(FS))
　5　　　For($N \in$Child(VS))
　6　　　　If($x \notin$Extension(N))//若概念 N 是不变概念
　7　　　　　doNotChange;//不做改变
　8　　　　　　$N.visited$:=1；
　9　　　　Else If($\exists$Extension(N):=Extension(N)$-\{x\}$)
　10　　　　　Delete($L(O)$,N);//调用算法 2,删除概念并调整相应的边

11	$N.\,visited:=1;$
12	Else If
13	$Extension(N):=Extension(N)-\{x\};//$更新概念的外延
14	End If;
15	End If;
16	End If;
17	End For;
18	For($N\in Child(DS))//$若概念 N 是删除概念
19	If($x\notin Extension(N))$
20	doNotChange;//不做改变
21	$N.\,visited:=1;$
22	Else If($N\in Child(DS)$ and 非 FN)
23	Delete($L(O),N);$
24	$N.\,visited:=1;$
25	End For;
26	End For;
27	Return $L(O|^{-\{x\}});$

END

（2）算法 3.2 的相关术语：

N_{Child}，用来表示概念的子概念。

N_{Parent}，用来表示概念的父概念。

删除算法（算法 3.2），见表 3.15。该算法用于将概念删除并调整其相关边的关系，在该算法中，符合两种情况的需要添加边：①对于外延不只由 x 组成的概念，如果它是任意两个概念之间的枢纽概念，则在这两个概念之间添加边；②对于外延只由 x 组成的概念，直接在其父概念与子概念之间添加边。

表 3.15　　　　　　　　　　　　　删除算法（算法 3.2）

算法 3.2　删除算法

输入：概念格 L(O)；删除概念 N

输出：删除概念 N 后的格 $L(O|^{-\{x\}})$

BEGIN

1　If($Extension(N)-\{x\}!=\emptyset$ and N 是 $N_{Parent}\rightarrow N_{Child}$ 的枢纽概念)

2　Then 删除与 N 相关的边,添加边 $N_{Parent}\rightarrow N_{Child}$,删除 N;

3　Else 删除与 N 相关的边,删除 N;

4　If($Extension(N)-\{x\}=\emptyset$)

5　Then 删除与 N 相关的边,添加边 $N_{Parent}\rightarrow N_{Child}$,删除 N;

6　Else 删除与 N 相关的边,删除 N;

7　End

END

6. 算法演示

以图 3.13 为例，删除对象 4，算法的维护过程如下：

（1）头概念是更新概念，直接更新。

（2）概念 2^* 的外延去除对象 4 后与概念 4^* 的外延相同，因此 2^* 是删除概念，删除 2^*，删除边（1^*，2^*），删除边（2^*，4^*），删除边（2^*，5^*），且概念 2^* 是概念 1^* 与概念 4^* 之间的枢纽概念，故添加边（1^*，4^*）。

（3）概念 3^* 的外延减去 4 后与其任何一个子概念延都不相等，故 3^* 为更新概念，更新 3^* 的外延。

（4）因为概念 4^* 和概念 5^* 都是概念 2^* 的子概念，且概念 4^* 是不变概念，故概念 5^* 为删除概念，删除 5^*，删除边（3^*，5^*），删除边（5^*，7^*），删除边（5^*，8^*），因为概念 5^* 是概念 3^* 和概念 7^* 之间的枢纽概念，故增加边（3^*，7^*）。

（5）概念 6^* 的外延减去 x 后与其任何一个子概念延都不相等，故概念 6^* 为更新概念，更新 6^* 的外延。

（6）概念 7^* 的外延不包含对象 4，故概念 7^* 为不变概念，不作任何改变。

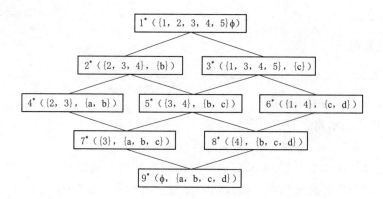

图 3.13　形式背景对应的概念格的 Hasse 图

（7）概念 8^* 的外延只包含对象 4，符合 $E(N)-\{x\}=\phi$，故删除 8^*，添加边（6^*，9^*），删除边（6^*，8^*），删除边（8^*，9^*）。

（8）概念 9^* 为末概念，是不变概念，不作任何改变。

删除对象 4 后的概念格对应的 Hasse 图如图 3.14 所示。

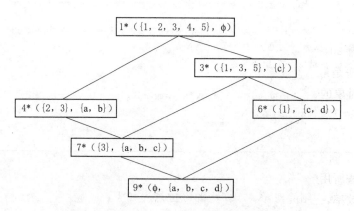

图 3.14　删除对象 4 后的概念格对应的 Hasse 图

3.4.2　实验评估与分析

1. 构造方法的对比

采用渐进式构造方法，渐进式构造是在原有概念格的基础上对发生改变的概念进行调整。但是，不需要调整所有的概念，对于更新概念也只需要进行简单的调整即可，在此基础上也不需要调整所有的边，与重新构造概念格相比，必然会节省很多时间。删除某个对象后，需要调整的概念越少，所需的时间也就越少。通过验证需要调整的概念占全部概念的比例来说明渐进式构造是可以节省大量时间的。

随机生成形式背景，属性的数量固定为 20，对象的数目从 10 到 100，每次增加 10 个对象来进行实验。实验结果如图 3.15 所示，纵轴表示需要调整的概念占全体概念的比例，横轴表示对象的数量，概念格的对象属性间存在关系的概率分别为 0.2 和 0.25。图 3.15 的实验结果表明，当删除一个对象时，需要调整的概念所占全体概念的比例较小，而且随着对象数的增加，这个比例会更小，所以相对于重新构造概念格，这种渐进式的方式的效率会比较高。需要调整的概念占总概念的比例如图 3.15 所示。

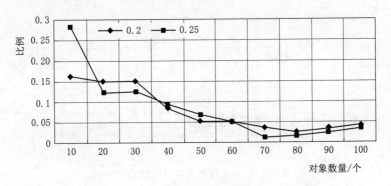

图 3.15　需要调整的概念占总概念的比例

2. 算法对比

为了验证所提算法能更好地节省时间，与 BUOD 算法和 In-Close 算法（BUOD 算法是基于对象的概念格构造算法，In-Close 算法是近年出现的渐进式概念格构造算法）在时间上进行了对比。随机产生了三组数据，三个算法的性能都是这三组数据的平均值，属性的数目都为 20，对象数目从 100 到 900，每次增加 50 个对象来测试算法的执行时间。

BUOD 算法是最快的基于对象的概念格构造算法之一，它需要从底部开始寻找首个外延包含删除对象的概念，这会耗费大量时间，In-Close 算法是近年出现的最快的概念格构造算法之一。图 3.16 是本算法和 BUOD 算法的对比，图 3.17 是对象渐减更新算法和 In-close 算法的对比，两个图的横轴都表示对象的数目，纵轴都表示用相应的算法构造概念格所用的时间。实验结果表明，随着对象数目的增加，三个算法所花费的时间都在增长，但本算法所用时间明显低于 BUOD 算法和 In-Close 算法。因此本算法明显提高了概念格构造的效率，从而提高了角色更新的效率。算法时间性能对比如图 3.16 和图 3.17 所示。

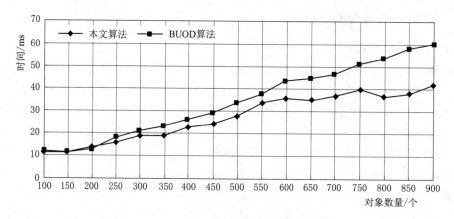

图 3.16　对象数目增大时算法的时间性能

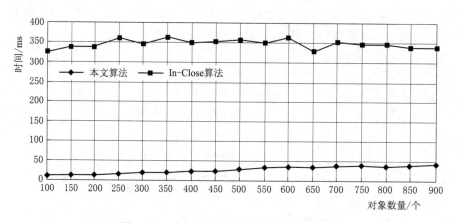

图 3.17　对象数目增大时算法的时间性能

删除某一对象后，该渐进式维护算法不需要重新构造概念格，只需对更新概念、删除概念及其相关的边进行处理，因此在很大程度上减少了概念格的维护时间。该算法还包含以下优点：

（1）不需要判断头概念的类型，可直接更新头概念。

（2）该算法可根据父概念的类型来判断子概念的类型，所以可以减少概念类型的判断次数。

（3）若概念的外延中只包含删除对象 x，则不必判断概念是否是两个概念之间的枢纽概念，可直接在概念的父概念和其子概念之间添加边。

3.5　基于概念格的最小角色集算法

基于概念格分层的最小角色集算法，首先将概念格引入到 RBAC 模型中，介绍了在概念格中最小角色集的定义及定理；然后介绍了概念格分层的概念。最小角色集算法是先通过分层算法将概念格进行分层，然后利用层号得到查找算法的起始和截止位置，以对象概念集合为初始集，根据对象概念的层号自底向上逐层进行角色替代和约减，直到寻找到最小角色概念集。

3.5.1　最小角色集算法

在概念格中寻找最小概念角色集的算法时，首先可以使用任意一种构造概念格的方法从形式背景下构造出概念格，然后再进行最小概念角色集查找算法。

算法的主要思想是：首先先遍历整个概念格得到层号值，就可以得到每个格节点对应的（Layer，Indegree，Outdegree）标记向量；然后从对象概念的集合开始，根据层号得到算法的起始位置和终止位置，从下到上逐层将集合中满足条件的角色概念用父概念集合替代；最终得到最小角色概念集。

1. 概念格分层算法

概念格分层算法的目的是求得概念格各个节点的层号，该算法是根据经典的 Bellman – Ford 算法（求最短路径算法）改写的，首先将输入的概念格 Hasse 图边权值赋予负值，找到顶点 C_0 赋予零，从顶点开始利用 Bellman – Ford 算法的原理求出每个节点到顶点 C_0 的最长路径的 dist（），这个值是个负值，故取 dist（）的相反数得出每个节点的层号，然后得到每个节点的标记向量（Layer，Indegree，Outdegree）。

分层算法（算法 3.3），见表 3.16。表中程序的第 1～5 行找到 Hasse 图顶点并初始化每个节点到顶点的最长路径 dist（）；第 6～10 行遍历所有边得到各节点的层号；第 8 行，若节点 u 和节点 v 存在 $v < u$ 关系，$w(u,v) = -1$。算法 3.3 的时间复杂度为 $O(ne)$，其中 n 为 Hasse 图的总节点数，e 为 Hasse 图的总边数。

表 3.16　　　　　　　　　　　　分层算法（算法 3.3）

算法 3.3　分层算法

Function StratificationLattice（L(k)）
输入：概念格 L(k)
输出：每个节点的层号 Layer 以及标记
向量（Layer，Indegree，Outdegree）

```
BEGIN
    1. 查找没有前驱节点的节点 C₀ 为 Hasse 图的顶点;
    2. For i=0;i<总节点数 n;i++;
    3.     dist(i)=∞
    4. END For i
    5. dist(C₀)=0;
    6. For i=1,i<总节点数 n;i++;
    7.     For 每一条边 e(u,v);
    8.         If dist(u)+w(u,v)<dist(v)
    9.             dist(v)=dist(u)+w(u,v);
   10.             Layer(v)=-dist(v);
   11.         END If
   12.     END For e(u,v)
   13. END For i
   14. 为每个节点得到标记向量（Layer，Indegree，Outdegree）
END
```

2. 查找算法

最小角色集查找算法（算法 3.4），见表 3.17，可以得到最终的最小角色集。

表 3.17　　　　　　　　最小角色集查找算法（算法 3.4）

算法 3.4　最小角色集查找算法

Function SearchRole（L(k)）
输入：概念格 L(k)
输出：最小角色集 MinRoleSet

BEGIN
   1. ObjSet：={概念格 L(k)中的所有对象概念}；
   2. AttSet：={概念格 L(k)中的所有属性概念}；
   3. MinRoleSet：=ObiSet∩AttSet
   4. 标记 MinRoleSet 中的概念为必选角色概念；
   5. CandidateRoleSet：=ObjSet−MinRoleSet；
   6. 得到 AttSet 集合中所有属性概念的最小层数 $Layer_1$；
   7. 得到 CandidateRoleSet 集合所有对象概念的最大层数 $Layer_2$；
   8. DO
   9.　RoleSet：=CandidateRoleSet；
  10. For each P∈CandidateRoleSet
  11. For $Layer_C$=$Layer_2$,$Layer_C$<=$Layer_1$,$Layer_C$ −−；
  12. If(P 不是属性概念)AND(Indegree$_C$>=2)THEN
  13.　将 P 的所有父概念加入 CandidateRoleSet,并删除 P；
  14.　　TempSet：=CandidateRoleSet；
  15.　　If TempSet<=RoleSet THEN
  16.　　　RoleSet：=TempSet；
  17.　　END If；
  18.　　CandidateRoleSet：=RoleSet；
  19.　　END If；
  20.　END For；
  21.　END For；
  22. 将 CandidateRoleSet 中的所有概念移至 MinRoleSet；
  23. Return MinRoleSet；
END

在算法 3.4 中，第 1、第 2 行初始化 ObjSet 和 AttSet 分别保存对象概念和属性概念；第 3、第 4 行根据定理计算出必选角色概念，并标记必选角色概念然后保存到 MinRoleSet 集合中；第 5 行是去除必选角色概念得到待选角色概念集合并保存到 CandidateRoleSet 集合中；第 6、第 7 行得到终止与起始的层数；第 8~21 行是对待选角色集合进行角色替代和约简，直至到达算法的终止层数并且找不到更小的角色概念集就结束算法；第 22 行将算法找到的最后的结果保存到 MinRoleSet 集合中即为最小角色概念集。算法 3.4 的时间复杂度为 $O(up)$，其中：u 表示用户数，p 表示属性（权限）数。

3. 算法示例

形式背景的概念格 Hasse 图如图 3.18 所示，对图中的概念格进行最小角色化求解，来说明该算法的求解过程。具体步骤如下：

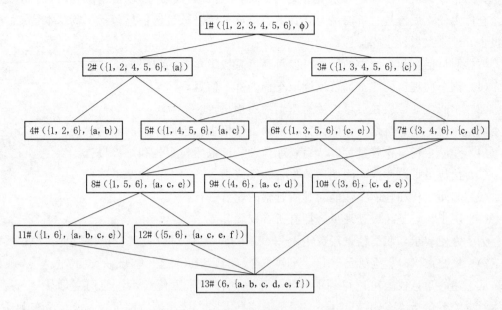

图 3.18 形式背景的概念格 Hasse 图

(1) 使用 Bellman-Ford 遍历整个概念格得到概念格的层号，最后得到每个节点的 (Layer, Indegree, Outdegree)。例如节点 4# 的 (Layer, Indegree, Outdegree)=(2,1,1)。

(2) 得到对象概念集 ObjSet={4#,9#,10#,11#,12#,13#} 和属性概念集 AttSet={2#,3#,4#,6#,7#,12#}。

(3) 找出必选角色概念，对象概念集 ObjSet∩属性概念集 AttSet={4#,12#}。

(4) 角色概念替代初始集 CandidateRoleSet={9#,10#,11#,13#}

(5) 得到算法的起始层数第 5 层（对象概念集中最大的层数）与终止层数第 1 层（属性概念集中最小的层数）。

(6) 对初始集进行角色概念约简。自底向上进行，第 5 层 13# 概念的标签是（5、4、0）入度为 4 有四个父概念 9#、10#、11#、12#，故删除 13# 概念。由于 12# 为必选角色概念也可删除。约简后角色概念替代集 CandidateRoleSet={9#,10#,11#}。

(7) 第 4 层 11# 概念的标签是（4、2、1）入度为 2 有两个父概念 4# 和 8#，故删除 11#。由于 4# 为必选角色概念也可删除。约简后角色概念替代集 CandidateRoleSet={8#,9#,10#}。

(8) 按照如上方法，约简后的角色概念替代集比当前最小角色概念集的概念数目少，故当前最小角色概念集={5#,6#,7#}。

(9) 最后得到最小角色概念集 MinRoleSet={4#,5#,6#,7#,12#}。

3.5.2 实例分析

这里使用汽车修理厂的系统实例来形象地解释本方案的结果和效果。

背景：以某汽车修理厂的系统为案例背景，该汽车修理厂的职员信息有厂长、车间主任、仓库主任、质检员、机修员、仓管员、接待员等。该系统信息包括车辆基本信息、质检报告、维修报告、仓库信息等。

根据职员信息和系统中的信息可以得到该系统中角色的权限如下：

（1）汽车修理厂的职员都可以读取车辆的基本信息。

（2）车间主任、质检员可以读写车辆的质检报告。

（3）车间主任、机修员可以读写车辆的维修报告，读取车辆的质检报告。

（4）仓库主任、仓管员可以读写仓库信息，读取质检报告和维修报告。

（5）接待员可以读取车间的质检报告和维修报告，写车辆的基本信息。

（6）车间主任和仓库主任能对其所管辖的职员进行授权。

（7）厂长相当于超级管理员，拥有所有权限。

为了方便表示，职员信息用数字 1~7 来表示，具体对应关系包括接待员（1）、质检员（2）、机修员（3）、仓管员（4）、车间主任（5）、仓库主任（6）、厂长（7）。

从上述的角色权限可以得到的权限如下，同样为了方便表示，使用字母 a~j 表示，具体对应关系包括读车辆信息（a）、写车辆信息（b）、读车辆质检报告（c）、写车辆质检报告（d）、读车辆维修报告（e）、写车辆维修报告（f）、读仓库信息（g）、写仓库信息（h）、车间主任授权（i）、仓库主任授权（j）。

根据上述描述就可到到汽车维修厂的访问控制背景，汽车维修厂的访问控制背景见表 3.18。

表 3.18　　　　　　　　　　　汽车维修厂的访问控制背景

职员	a	b	c	d	e	f	g	h	i	j
1	1	1	1	0	1	0	0	0	0	0
2	1	0	1	1	0	0	0	0	0	0
3	1	0	1	0	0	1	0	0	0	0
4	1	0	1	0	1	0	1	1	0	0
5	1	0	1	1	1	0	0	0	1	0
6	1	0	1	0	1	0	1	1	0	1
7	1	1	1	1	1	1	1	1	1	1

首先利用概念格构造算法对表 3.18 的汽车维修厂的访问控制背景进行构造，得到该背景的概念格，如图 3.18 所示；然后利用本章提出的最小角色算法来求解最小角色集。该系统求解后的最小角色集为 {2♯，3♯，4♯，5♯，6♯，8♯}。概念格 Hasse 图如图 3.19 所示。

最后就可以利用找到的最小角色集对系统中的用户进行权限分配，角色分配见表 3.19。

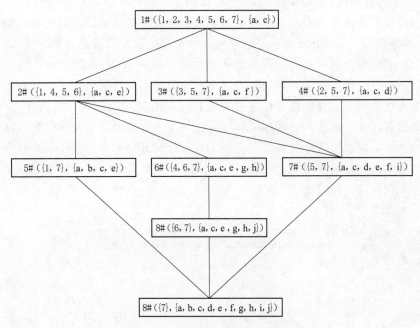

图 3.19　表 3.19 所示背景的概念格 Hasse 图

表 3.19　　　　　　　　　　　　汽车维修厂系统的角色分配

用户（数字表示）	用户类型	角色编号	权限（字母表示）
1	接待员	5#	abce
2	质检员	4#	acd
3	维修员	3#	acf
4	仓管员	6#	acegh
5	车间主任	2#；3#；4#	acdefi
6	仓库主任	8#	aceghj
7	厂长	2#；3#；4#；5#；8#	abcdefghij

从表 3.19 可以看出寻找到的最小角色集可以更加方便地用来对用户进行权限分配，并且降低了管理难度。

3.5.3　仿真实验

实验环境平台的硬件是 3.0Ghz 的 CPU 和 8GB 内存，操作系统是 Windows7。实验主要从时间复杂度和准确度两方面验证算法的有效性，进行了仿真实验，仿真测试数据集是随机生成了两组形式背景数据集。为了验证优化算法的结果，与文献［16］的 Search-MinRole 方法进行对比。

1. 用户数量对对算法的影响

第一组形式背景数据集，权限的数目不变，都为 30，用户数目从 100 到 500，每一次间隔 20 的增加进行测试算法的时间复杂度和准确度。此次实验的目的是观察用户数目增加时算法的时间复杂度和准确度（真实的最小角色概念集与算法所找到的最小角色概念集的比例），并与 SearchMinRole 算法进行对比。两个算法在时间开销方面，从图 3.20 的趋势可以得出，随着用户数目的增加都呈指数级增长。从图 3.21 可以看出，两个算法的准确度随着用户数目的增加都呈下降的状态。主要原因是用户数目的增加，导致了概念格构造时会产生大量的概念集合，在进行搜索角色替代需要更多的时间。在图 3.20 中，随着用户数目的增多，本算法比 SearchMinRole 算法的时间复杂度有很大的优化，这是由于采用层次化的方法，按层进行角色替代，避免了 SearchMinRole 算法迭代带来的一些重复性计算。该算法的时间复杂度有很大的优化，如图 3.20 所示；该算法与 SearchMinRole 算法的准确度大致相同，如图 3.21 所示。

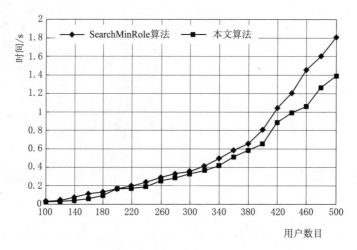

图 3.20 用户数目增大时算法的时间复杂度

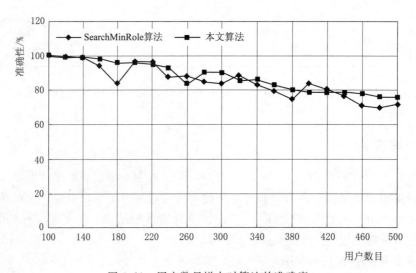

图 3.21 用户数目增大时算法的准确度

2. 权限数量对算法的影响

第二组形式背景数据集，用户的数目不变，都为 200，权限数目以每一次间隔 10 增加，从 10 到 150 进行测试算法的时间复杂度和准确度。此次实验的目的是观察权限数目的变化对算法的时间复杂度和准确度的影响，并与 SearchMinRole 算法进行对比。图 3.22 表示算法的时间复杂度，图 3.23 表示算法的准确度。从图 3.22 的趋势可以得出，随着权限数目的增加，两个算法在时间开销方面都呈指数级增长。图 3.23 可以看出，两个算法的准确度随着权限数目增大都呈上升的状态。由于权限数目的增加，导致了概念格构造时会产生大量的概念集合，在进行搜索角色替代需要更多的时间。但是权限的数目增多使得概念格的连通性增大，更容易找到最小角色概念集，准确度就会提高。随着权限数目的增多，该算法比 SearchMinRole 算法的时间复杂度有很大的优化，如图 3.22 所示。该算法与 SearchMinRole 算法的准确度大致相同，如图 3.23 所示。

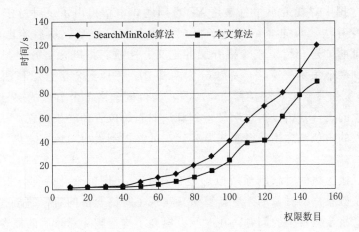

图 3.22　权限数目增大时算法的时间复杂度

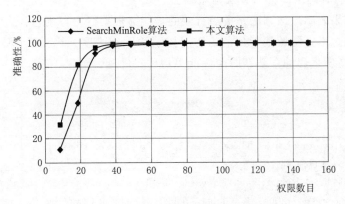

图 3.23　权限数目增大时算法的准确度

综上两组实验结果分析可知，该算法是实用有效的，能够根据角色拥有的权限找到最小的角色概念集，降低复杂系统中访问控制策略的管理难度。相比 SearchMinRole 算法在时间复杂度方面有更高的效率。

3.6　本章小结

在信息系统日益复杂的情况之下，形式概念分析越来越多地被用于将大型的形式背景生成概念格。本章提出了一种有效的概念分析算法，将形式概念与其概念格一起计算，有效提高了概念格的生成效率。首先对概念分析算法进行了评估，实验使用随机生成的形式背景来比较两种不同算法的运行时间。算法的运行时间随着概念的数量呈二次方增加，但是具有小的二次分量，本章提出的算法较已有的 CONCEPT 算法拥有较小的二次项系数。然后，对于影响算法时间最主要的因素概念格的大小的参数进行了分析。分析得出，对于稀疏填充率的形式背景，其概念格的大小随着形式背景填充率的大小的二次方增加，也就是说概念格的填充率越高，概念格的大小越大，所需的运行时间越长。

针对角色挖掘中寻找最小角色集是 NP 难问题，本章提出了一种基于概念格分层的角色最小化优化算法。首先介绍了基于概念格的 RBAC 模型。然后给出了最小角色集概念、定理及证明。还介绍了概念格分层的定义、性质。将概念格分层与最小角色集算法相结合，得到最小角色集算法，算法分为两部分：一是概念格分层算法，根据经典的 Bellman - Ford 算法（求最短路径算法）改写，求得概念格各个节点的层号；二是查找算法，从对象概念的集合开始，根据层号得到算法的起始位置和终止位置，从下到上逐层将集合中满足条件的角色概念用父概念集合替代，最终得到最小角色概念集。并对每个算法进行了分析。

本章揭示了概念格的对象删除后概念集合和 Hasse 图的变化规律，根据概念以及边的规律，提出了概念格的对象渐减更新算法，实现了对概念格的对象的渐进式删除。这种算法避免了概念格重构带来的问题，在时间上提高了构造删除对象后的概念格的效率。算法分为两部分：一是对象渐减更新算法（算法 3.1），二是删除算法（算法 3.2），当算法 3.1 遇到删除概念时调用算法 3.2 来删除概念。

以上实验结果表明，该算法是实用有效的，能够根据概念与概念、边与边之间的联系渐进式地构造概念格，降低基于角色的访问控制的管理难度。相对于 BUOD 算法和 In - Close 算法，本章所提出的算法在时间性能上均比较优越。

参　考　文　献

［1］　Wille R. Restructuring Lattice Theory：An Approach Based on Hierarchies of Concepts ［J］. Orderd Sets D Reidel，1982，83：314 - 339.

［2］　Kumar C A，Prem Kumar Singh. Knowledge Representation Using Formal Concept Analysis：A study on Concept Generation ［J］. Global Trends in Intelligent Computing Research and Development，chapter 11，2014.

［3］　Ch A K，Vieira N J. Knowledge reduction in formal contexts using non - negative matrix factorization ［M］. Elsevier Science Publishers B. V. 2015.

［4］　Kumar C A，Srinivas S. Concept lattice reduction using fuzzy K - Means clustering ［J］. Expert Systems with Applications，2010，37（3）：2696 - 2704.

［5］ Kumar C A. Fuzzy clustering based formal concept analysis for association rules mining ［J］. Applied Artificial Intelligence，2012，3（26）：274 – 301.

［6］ Ch A K. Mining Association Rules Using Non – Negative Matrix Factorization and Formal Concept Analysis ［M］. Computer Networks and Intelligent Computing. Springer Berlin Heidelberg，2011.

［7］ Li J，Mei C，Kumar C A，et al. On rule acquisition in decision formal contexts ［J］. International Journal of Machine Learning and Cybernetics，2013，4（6）：721 – 731.

［8］ Dau F，Knechtel M. Access Policy Design Supported by FCA Methods ［C］//International Conference on Conceptual Structures：Conceptual Structures：Leveraging Semantic Technologies ［R］. Springer – Verlag，2009.

［9］ Kumar C A，Singh P K. Knowledge representation using formal concept analysis：A study on concept generation ［M］. Global Trends in Intelligent Computing Research and Development. IGI Global，2013：306 – 336.

［10］ Kumar C A. Designing role – based access control using formal concept analysis ［J］. Security & Communication Networks，2013，6（3）：373 – 383.

［11］ Ganter B，Obiedkov S. Implications in triadic formal contexts. ［C］//Conceptual Structures at Work：International Conference on Conceptual Structures ［R］. DBLP，2004.

第 4 章

基于密文策略属性加密的大数据访问控制

4.1 相关概念与定义

4.1.1 双线性映射

选择阶为 p 的元组 G_0、G_1（p 为任意大素数），g 为 G_0、G_1 上的生成元，则双线性映射 $e : G_0 \times G_0 \rightarrow G_1$ 满足：

（1）双线性（Bilinear）：$\forall g \in G_0$，$\forall a, b \in Z_p^*$，那么有 $e(g^a \cdot g^b) = e(g^b \cdot g^a) = e(g \cdot g)^{ab}$。

（2）非退化性（NoN - Degenerate）：$\exists g \in G_0$，则有 $e(g \cdot g) \neq 1$。

（3）可计算性（Computabele）：存在着有效的方法能够计算 $e(g \cdot g)$。

4.1.2 拉格朗日差值定理

假定存在 x 的 m 次多项式 $f(x)$，若给出它的 $m+1$ 个各不相同的点 $(x_i, f(x_i))$，则能够计算出 x 对应的唯一 $f(x)$ 为

$$f(x) = \sum_{1 \leqslant k \neq i \leqslant n}^{n} f(x) \left[\prod_{1 \leqslant k \neq i \leqslant n} \frac{x - x_k}{x_j - x_k} \right] \tag{4.1}$$

令拉格朗日系数为

$$\Delta_{i, s_x'}(x) = \prod_{i \in s, i \neq j} \frac{x - j}{i - j} \quad i, s \in Z_p^* \tag{4.2}$$

4.1.3 访问结构

假定一个集合 $P = \{P_1, P_2, \cdots, P_n\}$，其元素为众多参与者。对于一个访问结构 A 来说，它是 P 的一个子集 $A \subseteq 2^{\langle P_1, P_2, \cdots, P_n \rangle}$ 且非空。如果有任意的集合 A，B 满足 $B \in A$ 和 $B \subseteq C$，同时 $B \in A$，那么访问结构 A 单调。

4.1.4 访问控制树（Access Tree）

在 ABE 中，采用访问控制树来描绘访问控制策略富有较强表现力。访问控制树是一种树状图，记作 T。在访问控制树中，其内部节点值是逻辑门限，叶子节点值是属性。

对于每个内部节点，门限是由以其作为根节点的子树和定义对应的阈值来进行描述的，阈值为能够达到该门限对应的最少子节点数量。那么要满足访问控制树，其内部节点就必须全部达到对应阈值。

4.1.5　满足访问控制树（Meet Access Tree）

定义一颗根为 r 的树 T，假如属性集 $\mathfrak{R}$ 满足其内部子树 T_ϑ（ϑ 为其根节点），就用 $T_\vartheta(\mathfrak{R})=1$ 进行描述。其次对 $T_\vartheta(\mathfrak{R})$ 进行递归，有以下情况：

（1）当 ϑ 为内部节点时，那么就对它的孩子节点进行计算。以此类推，当有其对应的阈值数量的子节点的计算结果为 1 时，那么就有 $T_\vartheta(\mathfrak{R})=1$。

（2）当 ϑ 时叶节点时，如果 ϑ 属于集合 $\mathfrak{R}$ 时，$T_\vartheta(\mathfrak{R})=1$。

4.1.6　经典的 Diffie - Hellman

只要是有关于椭圆曲线的这类加密手段，其安全都是基于 Diffie - Hellman 密钥交换算法问题的，而 ABE 也不例外。它不是一个问题，它是一系列问题的集合。

选择阶为 p 的元组 G_0、G_1（p 为任意大素数），g 为 G_0、G_1 上的生成元，则双线性映射满足 $e:G_0 \times G_0 \rightarrow G_1$，$a,b,c \in Z_p^*$，就有以下难题：

难题 1：DLP（Diffie - Hellman Problem），假定已知（g，g^a），需要求解 a。

难题 2：CDHP（Computation nal Diffie - Hellman Problem），假定已知（g,g^a,g^b），需要求解 g^{ab}。

难题 3：DDHP（Decisional Diffie - Hellman Problem），假定已知（g,g^a,g^b,g^c），需要判断 g^{ab} 与 g^c 是否相等。

难题 4：BDHP（Bilinear Diffie - Hellman Problem），假定已知（g,g^a,g^b,g^c），则计算 $e(g,g)^{abc} \in G_1$。

从上述难题不难看出，难题 2 和难题 4 都涉及难题 1，所以要想解决难题 2 和难题 4，就必须要解决难题 1。那么，可以理解为难题 2 和难题 4 的困难水平是基于难题 1 的，解决难题 1 所花费的时间开销是指数量级的，因此，难题 1、难题 2 和难题 4 都是难解的。但对于难题 3，它与其他难题相互独立，没有交叉，但能够使用双线性的基本性质 $e(g^a,g^b)=e(g,g)^{ab}$ 与 $e(g^a,g^b)=e(g,g)^c$ 对其进行处理，且相对比较容易。因为解决难题 3 的时间开销是多项式时间的，所以它不是难解的。

由上分析不难理解，基于椭圆曲线的加密手段（比如 ABE）的安全都是直接或间接基于难题 1 解决。

由于 ABE 是基于难题 4 的，具体描述为：选择阶为 p 的元组 G_0、G_1（p 为任意大素数），g 为 G_0、G_1 上的生成元，设有双线性映射 $e:G_0 \times G_0 \rightarrow G_1$，任意选择 $a,b,c,z \in Z_p^*$，没有概率多项式时间的算法能够以压倒对方的有利形势区分，即

$$\begin{cases} (A=g^a, B=g^b, C=g^c \cdot e(g,g)^{abc}) \\ (A=g^a, B=g^b, C=g^c \cdot e(g,g)^{abz}) \end{cases} \tag{4.3}$$

算法能够以能压倒对方的有利形势定义为

$$Advanced_A = \Pr[(A,B,C,e(g,g)^{abc})=0] - \Pr[(A,B,C,e(g,g)^{abz})=0] \tag{4.4}$$

4.1.7　Lagrange 算子证明

将 Lagrange 算子记作 $\Delta_{i,S(x)}=\prod\limits_{i\in S,i\neq j}\dfrac{x-j}{i-j}$ ，其中 $S\in Z_p$ 的子集。令 $S=\{1,2,3,\cdots,n\}$ 。Lagrange 算子有以下性质：

性质 4.1　$\sum_{i\in S}f(i)\cdot\Delta_{i,S(x)}=f(x)$ 。

证明：将 Lagrange 系数 $\Delta_{i,S(x)}$ 按定义展开

$$\Delta_{i,S(x)}=\prod_{j\in S,j\neq i}\frac{x-i}{i-j}=\frac{x-1}{i-1}\frac{x-2}{i-2}\cdots\frac{x-(i-1)}{i-(i-1)}\frac{x-(i+1)}{i-(i+1)}\cdots\frac{x-n}{i-n} \quad (4.5)$$

可以看出，当且仅当 $x=i$ 时，$\Delta_{i,S(x)}=1$，否则 $\Delta_{i,S(x)}=0$。

性质 4.2　$\sum f(i)\cdot\Delta_{i,S(x)}=f(x)$ 。

证明：将上述等式左边展开

$$\sum_{i\in S}f(i)\cdot\Delta_{i,S(x)}=f(1)\cdot\Delta_{1,S(x)}+f(2)\cdot\Delta_{2,S(x)}+\cdots+f(n)\cdot\Delta_{n,S(x)}$$

$$=f(1)\cdot\frac{x-2}{i-2}\cdot\frac{x-3}{i-3}\cdots\frac{x-n}{i-n}+f(2)\frac{x-1}{i-1}\frac{x-3}{i-3}\cdots\frac{x-n}{i-n}+\cdots$$

$$+f(i)\frac{x-(i-1)}{i-(i-1)}\cdot\frac{x-(i+1)}{i-(i+1)}\cdots\frac{x-n}{i-n}+\cdots$$

$$+f(n)\frac{x-(i-1)}{i-(i-1)}\cdot\frac{x-(i+1)}{i-(i+1)}\cdots\frac{x-(n-1)}{i-(n-1)}$$

由此可知，当 $x=1$，只有 $f(1)\neq0$，其他的项都为 0。当 $x=i$，也只有 $f(i)\neq0$，其他项都为 0。设 $u(x)=\sum f(i)\cdot\Delta_{i,S(x)}$，即有

$$u(1)=f(1),u(2)=f(2),\cdots,u(i)=f(i),\cdots,u(n)=f(n) \quad (4.6)$$

故由此得证

$$u(x)=\sum_{i\in S}f(i)\cdot\Delta_{i,S(x)}=f(x) \quad (4.7)$$

4.1.8　高阶剩余判定性问题

定义 4.1　高阶剩余判定性问题（Decisional Composite Residuosity Problem，DCRP）。

简而言之，就是赋予合数 $n=pq$ 和整数 $z\in Z_n^*$，判定 z 是否属于模 n^2 的 n 次剩余类。换言之，判断是否存在 y，满足 $z\equiv y^n\bmod n^2$。

采用可证安全的形式化用语具体阐明如下：

假定 Q 是一种区分算法，同时令 $Q_\Re$ 和 Q_ξ 的分布为

$$Q_\Re=\{(n,P)\mid P\xleftarrow{P}Z_{n^2}\} \quad (4.8)$$

$$Q_\xi=\{(n,P)\mid P\leftarrow\{r^n\bmod n^2\mid r\in Z_n\}\} \quad (4.9)$$

区分算法 Q 能够区分两个分布 $Q_\Re$ 和 Q_ξ 的优势，用 $Advanced_Q(v)$ 表示，τ 为系统安全参数。假如给定一个分布 $(n,P)\in\{Q_\Re,Q_\xi\}$，$Q(n,P)=Q_\Re$ 或 $Q(n,P)=Q_\xi$ 用来表示区分算法对于分布 (n,Q) 的输出，那么区分优势 $Advanced_Q(v)$ 为

$$Advanced_Q(v)=|\Pr[Q(n,P)=Q_\Re]-\Pr[Q(n,P)=Q_\xi]| \quad (4.10)$$

DCRP 是密码学中公认的数学问题，因此对于随机的概率多项式时间的算法 Q 存在可以忽视的函数 $V_{ignore}(\upsilon)$ 满足

$$Advanced_Q(\upsilon) \leqslant V_{ignore}(\upsilon) \tag{4.11}$$

若将 Q_{ξ} 和 $Q_{\Re}$ 中的 P 分别替换成（$r_1^n \bmod n^2$，$r_2^n \bmod n^2$）和（P_1，P_2），那么新的分布 $Q_{\Re}$ 和 Q_{ξ} 为

$$Q_{\Re} = \{(n,P) = (n,(P_1,P_2)) \mid P \xleftarrow{P_1,P_2} Z_{n^2}\}$$

$$Q_{\xi} = \{(n,P) = (n,(r_1^n \bmod n^2, r_2^n \bmod n^2))\}$$

$$\mid P \leftarrow \{(r_1^n \bmod n^2, r_2^n \bmod n^2) \mid r_1,r_2 \in Z_n\}$$

仍然满足

$$Advanced_Q(\upsilon) \leqslant V_{ignore}(\upsilon)$$

4.1.9　CP - ABE 算法具体实现过程

2006 年由 Waters 等人构建的 CP - ABE，由 **Setup**（初始化生成系统参数）、**Encrypt**（将明文消息加密）、**KeyGen**（生成用于解密的私钥）、**Decrypt**（利用私钥解密加密后的消息）四部分算法构成，具体如下：

（1）**Setup**：生成系统的公私钥对 PK、MK，包括：①选择阶为大素数 p 的元组 G_0，g 为其生成元；②随机选取 α、$\beta \in Z_p$，计算并输出公私钥对 PK、MK，即

$$PK = (G_0, g, h = g^{\beta}, e(g,g)^{\alpha}), MK = (\beta, g^{\alpha})$$

（2）**Encrypt**：对明文数据加密生成密文，并生成访问策略树 T，包括：①在 T 中，对它的所有子节点选用阶为 d_x（且 $d_x = k_x - 1$）的多项式 $q(x)$ 与其对应。并进行先序遍历；②为根节点 R 随机选取 $s \in Z_p$，满足 $q_R(0) = s$，其系数随机选取；③对于树中的其他孩子节点 x，设 $q_x(0) = q_{parent(x)}(index(x))$，其系数随机选取；④如果 Y 是 T 中全部叶节点的聚合，则计算密文 CT，即

$$CT = (T, \widetilde{C} = Me(g,g)^{as}, C = h^s, \forall y \in Y: C_y = g^{q_y(0)}, C_y' = H(att(y))^{q_y(0)})$$

（3）**KeyGen**：属性集 S 作为输入，输出对应密钥 SK，包括：①随机选取 $r \in Z_p$，并为每个属性 $j \in S$ 选取一个随机数 $r_j \in Z_p$；②计算并输出私钥 SK，即

$$SK = (D = g^{(r+\alpha)/\beta}, \forall j \in S: D_j = g^r \cdot H(i)^{r_j}, D_j' = g^{r_j}).$$

（4）**Decrypt**：在解密运算中，CT 与 SK 作为输入，采取递归的方式反转密文。

1）定义递归函数 $DecryptNode(CT, SK, x)$，用来对来访者所提供的属性集与访问控制树 T 中的任意节点做对比，并判定来访者的访问权限。

当 x 为叶子节点时，令该处属性为 i，且 $i = att(x)$。则有

$$DecryptNode(CT, SK, x) = \begin{cases} \dfrac{e(D_i, C_x)}{e(D_i', C_x')} = \dfrac{e(g^r \cdot H(i)^{r_i}, h^{q_x(0)})}{e(g_i^r, H(i)^{q_x(0)})} = e(g,g)^{rq_x(0)} & i \in S \\ \bot, 其他 \end{cases}$$

当 x 为内部节点时，其子节点用 z 标识，S_x 指代 k_x 个 $F_z \neq \perp$ 的聚合，其中 $i = index(z)$，计算 $F_z = DecryptNode(CT, SK, z)$ 为

$$
\begin{aligned}
F_x &= \prod_{z \in S_x} F_z^{\Delta_{i, s'_x}(0)} \\
&= \prod_{z \in S_x} \left(e(g, g)^{r \cdot q_z(0)} \right)^{\Delta_{i, s'_x}(0)} \\
&= \prod_{z \in S_x} \left(e(g, g)^{r \cdot q_{parent(z)}(index(z))} \right)^{\Delta_{i, s'_x}(0)} \\
&= \prod_{z \in S_x} e(g, g)^{r \cdot q_x(i) \cdot \Delta_{i, s'_x}(0)} \\
&= e(g, g)^{r \cdot q_x(0)}
\end{aligned}
$$

2）如果来访者所提供的的属性集被判定达到了访问控制结构树 T 的要求，令

$$A = DecryptNode(CT, SK, R) = e(g, g)^{r \cdot q_R(0)} = e(g, g)^{rs}$$

3）并进行解密运算，即

$$\widetilde{C}/(e(C, D')/A) = M \cdot e(g, g)^{\alpha s}/(e(g^\beta)^s, g^{(\alpha+r)/\beta})/e(g, g)^{rs} = M$$

4.2　基于安全三方计算的 CP - ABE 方案

本节在 Zhao 等提出的方案基础上设计了一种基于安全三方计算的密钥生成方案（STPC - CPABE），通过认证中心、云数据存储中心及用户之间进行安全三方计算，构建无代理密钥发布协议，首次提出用户持有生成完整密钥所必需的子密钥，即使其他子密钥在传输中均被窃取也无法计算出完整的密钥。与现有方案相比，解决了密钥托管问题的同时，有效地加强了用户密钥的安全性，该方案能够和目前广为运用的 CP - ABE 系统有效兼容。

参与方包括云数据存储中心（Data Storage Center，DSC）、数据访问者（User）、属性授权机构（Attribute Authorization，AA）等，具体如下：

（1）云数据存储中心（Data Storage Center，DSC）。管理云中存储的数据，完成系统的部分主密钥的生成并参与用户密钥发布，访问者对 DSC 提交访问申请，CSP 将密文 CT 交给申请用户。

（2）数据访问者（User）。提交自己的访问申请到 DSC，同时参与密钥发布。

（3）属性授权机构（Attribute Authorization，AA）。给来访用户进行身份识别，识别通过后参与密钥发布。此处 AA 是一个 SHP 机构。

基于安全三方计算的 CP - ABE 方案流程示意图如图 4.1 所示。

4.2.1　安全三方乘积计算模型

使用多方安全计算的基础协议的思想不仅解决了基于属性加密方案的密钥托管问题，而且有效地提高了用户密钥的安全性。

安全三方计算问题，其中：AA、DSC、User 各自都有自己的秘密值 P_1、P_2、P_3，

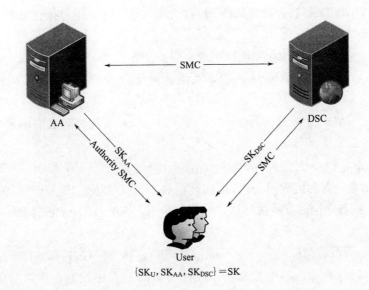

图 4.1　基于安全三方计算的 CP－ABE 方案流程示意图

它们必须一起完成同一个计算，让 AA、DSC、User 各得一个秘密返回值 Q_1、Q_2、Q_3，满足 $Q_1+Q_2+Q_3=P_1P_2P_3$。进程结束以后，任何一个参与者都难以获知其他参与者的关键信息，任何两个参与者联手都没有能力推断出第三个参与者的信息。但在本模型下，AA 与 DSC 不共谋。

　　基于安全的双方计算协议，设计了一个安全的三方协议：①输入：AA、DSC、User 各自拥有自己的秘密值 P_1、P_2、P_3；②输出：让 AA、DSC、User 各得到一个秘密返回值 Q_1、Q_2、Q_3，满足 $Q_1+Q_2+Q_3=P_1P_2P_3$；③要求：运算规则结束以后，任何一个参与者都无法获得其他参与者的输入输出信息，任何两个参与者联手都无法推断出第三个参与者的输入输出信息（AA 与 DSC 不共谋）。

　　AA、DSC 和 User 均具有私有秘密值 P_1、P_2、P_3。他们共同商定一个实数 m，满足 2^m 次加法无法计算。协议完成后，要求 AA、DSC 和 User 各自获得与之对应的秘密返回值 Q_1、Q_2、Q_3，符合 $Q_1+Q_2+Q_3=P_1P_2P_3$。具体操作步骤如下：

　　（1）AA（秘密值 P_1）和 DSC（秘密值 P_2）按照安全两方乘积计算协议执行完毕后，让 AA 获得 Q_1'，DSC 获得 Q_2'，且满足 $Q_1'+Q_2'=P_1P_2$。

　　（2）AA（秘密值 Q_1'）和 User（秘密值 P_3）按照安全两方乘积计算协议执行完毕后，让 AA 获得 Q_1，User 获得 Q_3'，且满足 $Q_1+Q_3'=Q_1'P_3$。

　　（3）DSC（秘密值 Q_2'）和 User（秘密值 P_3）按照安全两方乘积计算协议执行完毕后，让 DSC 获得 Q_2'，User 获得 Q_3'，且满足 $Q_2+Q_3''=Q_2'P_3$。

　　（4）User 计算出自己对应得秘密道 $Q_3=Q_3'+Q_3''$。

　　（5）当 AA 得到 Q_1，DSC 得到 Q_2，User 得到 Q_3，则满足 $Q_1+Q_2+Q_3=P_1P_2P_3$。

4.2.2　STPC－CPABE 无代理密钥发布协议设计

　　构建的基于安全三方计算的密钥发布算法中，系统的主密钥由 AA 和 DSC 的主密钥组成。User、AA 和 DSC 联合生成私钥 SK 作为参与者，并且用户持有完整 SK 的私有子密钥。算法框架如下：

（1）系统建立功能并初始化系统以生成全局安全参数 $param$。

（2）$(PK_{AA}, MK_{AA}) \leftarrow AKeyGen()$，系统初始化后 AA 方生成其独有的公私密钥对 PK_{AA}，MK_{AA}。

（3）$(PK_{DSC}, MK_{DSC}) \leftarrow DKeyGen()$，同（2），DSC 方生成其独有的密钥对 PK_{DSC}，MK_{DSC}。

（4）$KeyCon_{AA}(1/MK_{AA}) \leftrightarrow KeyGom_{(User)}(usk)$，用户 User 得到 AA 认证后，AA 为其分配对应的唯一保密值 R_u，将 AA 拥有的秘密值 $1/MK_{AA}$ 和 User 所拥有的秘密值 usk 作为输入，进行安全两方乘法计算，计算完毕后，AA 与 User 各得到 n' 与 p'，同时 AA 计算 SK_A。

（5）$KeyCom_{AA}(1/MK_{AA}) \leftrightarrow KeyGom_{DSC}(MK_{DSC})$，将 AA 拥有的秘密值 $1/MK_{AA}$ 和 DSC 所拥有的秘密值 MK_{DSC} 作为输入，进行安全两方乘法计算，计算完毕后，AA 与 DSC 各得到 n 与 k'。

（6）$KeyCom_{User}(usk) \leftrightarrow KeyGom_{DSC}(k')$，将 User 拥有的秘密值 usk 和 DSC 所获得的秘密值 k' 作为输入，进行安全两方计算。计算完完毕后，User 与 DSC 各得到 p'' 与 k。同时 User 计算出 SK_U，DSC 计算 SK_D 并发送给 User。

（7）$(SK_u) \leftarrow AKeyGen(R_u, S)$，将 R_u 和用户所呈现的属性组 S 作为输入，AA 输出属性私钥 SK_u。AA 将 SK_u 和 SK_A 一并发送给 User。

（8）$(SK) \leftarrow KeyIssue(SK_u, SK_A, SK_U, SK_D)$，User 将所拥有的各子密钥作为输入，生成最终密钥 SK。

4.2.3　STPC-CPABE 方案构造

1. 系统初始化

选取一个大素数 p，其长度为 1^λ，G_0 为 p 阶乘法循环群，其生成元为 g，选取散列函数 H，满足 $H:\{0,1\}^* \to G_0$，那么系统公共安全参数为 $param = \{p, G_0, g, H\}$。

2. 密钥生成算法

（1）$AKeyGen()$，AA 选取随机数 β，同时满足 $\beta \in_R Z_p^*$，生成 AA 一端的公私钥对 $(PK_{AA} = g^\beta, MK_{AA} = \beta)$，且 $h = PK_{AA}$。

（2）$DKeyGen()$，DSC 选取随机数 α，同时满足 $\alpha \in_R Z_p^*$，生成 DSC 一端的公私钥对 $(PK_{DSC} = e(g,g)^\alpha, MK_{DSC} = \alpha)$。

（3）$KeyCom_{AA}(1/MK_{AA}) \leftrightarrow KeyCom_{DSC}(MK_{DSC})$，AA 与 DSC 将各自的秘密值 $(1/\beta)$ 与 (α) 作为输入，进行安全两方乘法计算，完成计算后 AA 与 DSC 各获得各自私有秘密值 n' 与 k'。并满足 $n' + k' = \alpha \times (1/\beta)$。

（4）$KeyCom_{AA}(n') \leftrightarrow KeyCom_{User}(usk)$，AA 与 User 将各自的秘密值 (n') 与 (usk) 作为输入，进行安全两方乘法计算，计算完成后 AA 与 User 各自获得秘密值 n 与

p'，并满足 $n + p' = n' \times usk$，其中 $usk = 1/\delta$，δ 为 User 选取的随机数满足 $\delta \in_R Z_p^*$。AA 计算 $SK_A = (g^{r/\beta}, g^n)$。

（5）$KeyCom_{DSC}(k') \leftrightarrow KeyCom_{User}(usk)$，DSC 与 User 将各自秘密值（$k'$）与（$usk$）作为输入进行安全两方乘法计算，计算完成后 DSC 与 User 各自获得秘密值 k 与 p''，并满足 $k + p'' = k' \times usk$。DSC 计算 $SK_D = g^k$；User 计算 $p = p' + p''$ 和 $SK_U = g^p$。通过上述计算使得 User 拥有独立的、私有的子密钥 SK_U，这样有效地弥补了单可信授权中心问题及用户密钥易泄露的问题。

（6）$(SK_u) \leftarrow AKeyGen(R_u, S)$，User 所提供的属性组 S 得到 AA 的认证后，AA 就为其所有的属性任意的选取 $r_j \in_R Z_p^*$，$j \in S$。同时 AA 按照所设定的算法计算 $SK_u = (\forall j \in S : D_j = g^r \cdot H(i)^{r_j}, D' = g^{r_j})$，并将 SK_u 和 SK_D 发送给 User。

（7）$(SK) \leftarrow KeyIssue(SK_u, SK_A, SK_U, SK_D)$，User 利用所拥有的各自密钥作为输入并计算出完整的私钥 SK，即

$$SK = D = \{SK_A, SK_D, SK_U\} = g^{r/\beta} \times (g^n \times g^k \times g^p)^\sigma = g^{(r+\alpha)/\beta}$$
$$\forall j \in S : D_j = g^r \cdot H(i)^{r_j}, D'_j = g^{r_j}$$

该方案生成的密钥形式与现有的 CP-ABE 解决方案完全一致，可直接应用于现有的加密和解密，安全性和效率一致，解决了单个可信授权中心问题，有效加强了用户密钥的私密性。

3. 加密算法

$(CT) \leftarrow Encrypt(PK_{AA}, PK_{DSC}, M, T)$，以 PK_{AA}、PK_{DSC}、M 及 T 作为输入，转换成密文 CT。加密算法利用访问树 T 给消息 M 进行加密。对树 T 内的所有节点 x 选取多项式 $q(x)$。且它的阶为 d_x，并满足 $d_x = k_x - 1$。采用先序遍历对树 T 进行遍历。为根节点 R 随机选取 $s \in Z_p$，满足 $q_R(0) = s$，其系数随机选取；对于树中的其他孩子节点 x，设 $q_x(0) = q_{paren(x)}(index(x))$，其系数随机选取；如果 Y 是 T 中全部叶节点的聚合，则计算密文 CT 为

$$CT = (T, \widetilde{C} = Me(g,g)^{as}, C = h^s, \forall y \in Y : C_y = g^{q_y(0)}), C'_y = H(att(y))^{q_y(0)}$$

4. 解密

$(M) \leftarrow Decrypt(CT, SK)$，输入 CT 和 SK，采取递归运算从访问树的树叶到父亲的方式进行反转密文。

定义递归函数 $DecryptNode(CT, SK, x)$，用来对用户所提供的属性集与访问控制树 T 中的任意节点做对比，并判定用户的访问权限。当 x 为叶节点时，令该处对应的元素为 i，满足 $i = att(x)$。则有

$$DecryptNode(CT, SK, x) = \begin{cases} \dfrac{e(D_i, C_x)}{e(D'_i, C'_x)} = \dfrac{e(g^r \cdot H(i)^{r_i}, h^{q_x(0)})}{e(g^{r_i}, H(i)^{q_x(0)})} = e(g,g)^{rq_x(0)} & i \in S \\ \bot, 其他 \end{cases}$$

当 x 为内节点时，其子节点用 z 标识，S_x 指代任意 k_x 个 $F_z \neq \bot$ 的聚合，且 $i = index(z)$，计算 $F_z = DecryptNode(CT, SK, z)$ 为

$$F_x = \prod_{z \in S_x} F_z^{\Delta_i, s'_x(0)}$$

$$= \prod_{z \in S_x} (e(g,g)^{r \cdot q_z(0)})^{\Delta_i, s'_x(0)}$$

$$= \prod_{z \in S_x} (e(g,g)^{r \cdot q_{parent(z)}(index(z))})^{\Delta_i, s'_x(0)}$$

$$= \prod_{z \in S_x} e(g,g)^{r \cdot q_x(i) \cdot \Delta_i, s'_x(0)}$$

$$= e(g,g)^{r \cdot q_x(0)}$$

如果用户所呈现的属性组被判定达到了访问结构树 T 的要求，令

$$A = DecryptNode(CT, SK, R) = e(g,g)^{r \cdot q_R(0)} = e(g,g)^{rs}$$

并执行密文反转，即

$$\widetilde{C}/(e(C,D')/A) = M \cdot e(g,g)^{as}/(e(g^\beta)^s, g^{(a+r)/\beta})/e(g,g)^{rs} = M$$

4.2.4　安全性分析

在 AA、DSC 和 User 三者作为参与方进行安全三方计算交互过程中，恶意 AA（DSC）在交互计算后仅能获得自己的相应输出，而没有能力得到其他关键信息。当 AA 和 DSC 执行交互式计算时，双方只能获得各自的输出，并且没有能力知道彼此的主密钥 $MK_{DSC}(MK_{AA})$ 的任何有用信息。基于身份加密的匿名密钥分发协议是以保护隐私的方式获得解密密钥，安全三方计算的安全性要求通过协议的安全属性来详细描述，具体定义及过程如下：

定义 4.2　对于 DSC 的安全性，对任意 PPT 的时间挑战者（A_1，A_2）存在模拟器 $SimCom_{DSC}$，存在可以忽略不计的有利形势 $V_{ignore}(v)$，即

$$|P_r[param \leftarrow Setup(1^\lambda);$$
$$(PK_{DSC}, MK_{DSC}) \leftarrow DKeyGen(param);$$
$$(PK_{AA}, MK_{AA}) \leftarrow AKeyGen(param);$$
$$(j, r_j, st) \leftarrow A_1(param, PK_{DSC}, MK_{DSC});$$
$$b \leftarrow A_2(st) \leftarrow KeyCom_{DSC}(param, MK_{DSC}, j): b = 1]$$
$$- P_r[param \leftarrow Setup(1^\lambda);$$
$$(PK_{DSC}, MK_{DSC}) \leftarrow DKeyGen(param);$$
$$(PK_{AA}, MK_{AA}) \leftarrow AKeyGen(param);$$
$$(j, r_j, st) \leftarrow A_1(param, PK_{DSC}, MK_{DSC});$$
$$b \leftarrow A_2(st) \leftarrow SimCom_{DSC}(param, MK_{DSC}, MK_{AA}, j): b = 1]| < V_{ignore}(v).$$

式中，st 为挑战者视角的信息。

作为输入值的协议 $KeyGen$ 本身不会向恶意的 AA 泄漏任何信息，尤其是 DSC 的主密钥 MK_{DSC}。

由以上模拟的结果清楚地表明若挑战者得到了 MK_{DSC} 的一部分有用信息（即使其目的是为了保护 MK_{DSC}），模拟了即使挑战者给出了 MK_{DSC} 的部分信息的情况下，挑战者依然没有能力辨别和他交互协议的是密钥发布机构还是模拟器。

定义 4.3　对于 AA 的安全性，对任意的 PPT 的时间挑战者（A_1，A_2）存在模拟器

$SimCom_{AA}$，存在可以忽视的有利形势 $V_{\text{ignore}}(v)$，即

$$|P_r[param \leftarrow Setup(1^\lambda);$$

$$(PK_{AA}, MK_{AA}) \leftarrow AKeyGen(param);$$

$$(j, r_j, st) \leftarrow A_1(param);$$

$$b \leftarrow A_2(st) \leftarrow KeyCom_{AA}(param, MK_{AA}, j, r_j): b=1]$$

$$-P_r[param \leftarrow Setup(1^\lambda);$$

$$(PK_{AA}, MK_{AA}) \leftarrow AKeyGen(param);$$

$$(j, r_j, st) \leftarrow A_1(param);$$

$$b \leftarrow A_2(st) \leftarrow SimCom_{AA}(param, MK_{AA}): b=1]| < V_{\text{ignore}}(v)$$

对于 AA 安全性，设计模拟器算法 $SimCom_{AA}$ 和 $KeyGen$，仿效挑战者的视角。模拟结果表明 AA 在与恶意 DSC 进行交互时，该协议没有向恶意的 DSC 显示 User 子属性 j 所对应的秘密值 r_j，否则就违反了安全双方计算协议的安全性。

关于三方计算协议交互过程，AA、DSC 及 User 每两者之间进行一次两方乘法计算。对于 AA 与 DSC，对每个 j（$j=1, 2, \cdots, m$），DSC 命中 x_j 的几率为 $1/2$。如果 DSC 屡屡命中才能获知 x 值，那么就必须命中 m 次，故其命中的几率为 $1/2^m$。而在协议开始时已经约定 m 足够的大，攻击者不具备无限计算能力。取决于遗忘传输 OT_1^2 的保密性，因此 DSC 命中 x 的几率为 0。在三方交互过程中，AA 仅知道 $p_k y - q_j = x_j y - q_j$，说明由 $x_j y - q_j$ 与 x_j 的关系有 n 个方程，然而有 $q_1, q_2, \cdots, q_m$ 及 y 这 $m+1$ 个未知量，所以 AA 无法通过有效计算获知 DSC 的秘密值 y。同理可证，AA 与 User、User 与 DSC 之间，双方也无法通过有效计算获知对方的各自秘密值。

同时，AA 和 DSC 联合不能推出 User 的信息，但 AA 和 DSC 不共谋，假定 AA 和 DSC 联合，可以得出，Q_1、Q_2、P_1、P_2、Q_1'、Q_2' 6 个常量，与 User 信息相关联的 4 个方程为

$$Q_1 + Q_2 + Q_3 = P_1 P_2 P_3 \tag{4.12}$$

$$Q_2 + Q_3'' = Q_2' P_3 \tag{4.13}$$

$$Q_1 + Q_3' = Q_1' P_3 \tag{4.14}$$

$$Q_3 = Q' + Q_3'' \tag{4.15}$$

此方程组有 Q_3、Q_3'、Q_3''、P_3 四个未知量，但 4 个方程相加即为方程式（4.12），故 4 个方程联合后有无限解，说明 AA 和 DSC 联合不能推出 User 的输入和输出信息。

再者，由 AA 和 User 联合也不能推出 DSC 的信息。AA 和 User 联合可以得出：Q_1、Q_3、Q_1'、Q_3'、Q_3''、P_1、P_3 7 个常量，与 DSC 相关联的 3 个方程为

$$Q_1 + Q_2 + Q_3 = P_1 P_2 P_3 \tag{4.16}$$

$$Q_2 + Q_3'' = Q_2' P_3 \tag{4.17}$$

$$Q_1 + Q_2' = P_1 P_2 \tag{4.18}$$

此方程组有 Q_2、Q_2'、P_3 3 个未知量，但此方程组的三个方程是相关的，将式（4.18）代入式（4.16）可得

$$Q_1 + Q_2 + Q_3 = (Q_1' + Q_2') P_3 \tag{4.19}$$

将式（4.17）代入式（4.19）可得

$$Q_1+Q_2+Q_3=Q'_1P_3+Q_2+Q''_3 \tag{4.20}$$

整理式（4.20）后，联合协议中的第四步即 $Q_3=Q'_3+Q''_3$ 可得

$$Q_1+Q'_3=Q'_1P_3 \tag{4.21}$$

由协议交互过程可知，式（4.21）恒成立，即上述等式联合的解是无限多的。

同理可证：DSC 与 User 联合也不能推出 AA 的信息。

故 AA（User 或 DSC）单独不可能推知其他两方的任何信息，同时由任意两方联合（其中 DSC 与 AA 不共谋）也不可能推出第三方的任何信息。表明该基于安全三方计算的密钥发布协议是安全的。

4.2.5 效率分析

对两方协议及设计的三方协议进行了复杂度分析，同时分析对比了 STPC - CPABE 方案与方案一（文献［8］）、方案二（文献［9］）、方案三（文献［4］）的效率。

进行一次两方计算的运算开销为 $O(6n-2)$，通信复杂度为 $2n$，轮复杂度为 n。

研究人员采用三次两方乘积计算构建三方计算。其中，User 可以分别与 AA 和 DSC 同时发起安全两方计算协议，故在 User 处 $q_1, q_2, \cdots, q_j$ 仅需随机生成一次即可，而 $\beta=\sum_{j=1}^{m} q_j$ 也仅需计算一次。User 在两方协议完成时需做一次加法计算 $Q_3=Q'_3+Q''_3$。 AA 与 DSC 之间的一次安全双方计算仅在系统初始化时运行一次即可，故在后续每个 User 访问的过程中不再执行。故本安全三方协议的复杂度分析见表 4.1，均为线性复杂度。鉴于存储开销，每个方案的差异在于密文的长度、密钥的长度及公钥的长度。由表 4.2 可以观察到在各数据长度上，STPC - CPABE 方案与方案一、方案二保持一致，并同时优于方案三。

表 4.1 复 杂 度 分 析

协 议	计算复杂度	通信复杂度	轮复杂度
安全双方乘法计算	$O(6n-2)$	$2n$	n
STPC - CPABE 协议	$O(11n-3)$	$4n$	$2n$

表 4.2 数 据 长 度 对 比

方案	密 文	私钥	公钥	密钥托管
方案一	$(2n+1)+L_{G0}+L_{G1}+L_T$	$(2k+1)L_{G0}$	$L_{G0}+L_{G1}$	否
方案二	$(2n+1)+L_{G0}+L_{G1}+L_T$	$(2k+1)L_{G0}$	$L_{G0}+L_{G1}$	否
方案三	$(2n+1)+L_{G0}+L_{G1}+L_T$	$(2k+1)L_{G0}$	$(k+1)L_{G0}+L_{G1}$	否
STPC - CPABE 方案	$(2n+1)+L_{G0}+L_{G1}+L_T$	$(2k+1)L_{G0}$	$L_{G0}+L_{G1}$	否

注 L_{G0} 为 G_0 中数据的长度；L_{G1} 为 G_1 中数据的长度；L_T 为访问控制树 T 的长度；n 为 T 中出现的属性元素的数量；k 为用户私钥中所包含的属性元素的数量。

对用户密钥的存储和用户密钥的计算成本进行比较，见表 4.3。其中，主要测量了计算成本时间，而不是实际的计算时间。根据 G_0 和 G_1 中的配对，取幂运算来分析计算成

本。从表 4.3 可以看出，STPC‑CPABE 方案在提高用户密钥安全性的同时，计算成本基本保持一致。

表 4.3　　　　　　　　　　　　　　计 算 成 本 对 比

操作	时间/ms	方案	AA（CS）	DSC（KGC）	User
Pairing	2.7		Exp. InG_0|G_1	Exp. InG_0|G_1	Exp. InG_0|Add
Exp. InG_0	1.0	方案一	$2k+2$|—	1|—	1|—
Exp. InG_1	0.2	方案二	$2k+2$|—	1|—	—|1
		方案三	2|1	$n+k+3$|—	—|—
		STPC‑CPABE 方案	$2k+2$|—	1|—	2|—

为了验证 CP‑ABE 方案，使用 cpabe 工具包和 JPBC（Java Pairing‑Based Cryptography）来执行 STPC‑CPABE 方案。在系统上使用 Java 进行实验，包括使用 Intel(R) Core(TM)i3‑3240 CPU @ 3.40GHz 和运行 Window10 的 8GB RAM 的 PC 系统。为了实现 80 位安全级别，实验使用 160 位椭圆曲线组，基于椭圆曲线 $y^2=x^3+x$ 在 512 位有限域上。根据 G_0 和 G_1 中的配对，取幂运算来分析计算成本，其中不涉及传输的计算成本。在时间结果中忽略了相对可以忽略的哈希操作。此外，所有模拟的结果均为 10 次实验的平均值。存储成本单位为 KB，时间的单位为秒（s）。

对用户密钥的存储和用户密钥的计算成本进行比较时，该模拟中使用的私钥的属性数为 $N=\{10,20,30,40,50\}$。图 4.2 和图 4.3 直观地显示了实验结果，由图 4.2 可以发现用户密钥的存储开销与方案一、方案二相同，同时优于方案三。

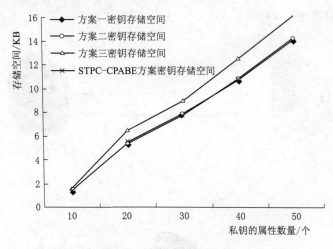

图 4.2　密钥存储空间对比

图 4.3 呈现了不同方案在随着用户属性组中属性元素的增长，密钥生成算法所需要的时间开销增长趋势。可以观察到，STPC‑CPABE 在用户密钥的安全性和时间成本之间存在折中，但优于方案二、方案三。密钥存储空间对比如图 4.2 所示，密钥生成时间对比如图 4.3 所示。

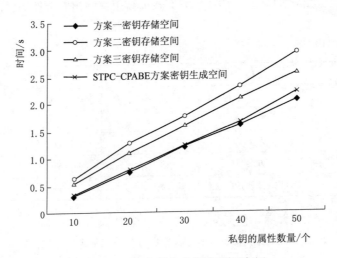

图 4.3 用户密钥生成所需时间对比

4.3 基于同态加密的 CP – ABE 方案

将同态加密算法融入了 CP – ABE 中，从而提出了基于同态加密的 CP – ABE 方案，即 HE – CPABES。在 HE – CPABES 中，采用同态加密来消除受信任第三方的密钥生成机制，并将通信负担降低到 2 的复杂度。这大大减轻了通信交互的负担。消除了受信任的第三方，同时生成用户的私钥形式与传统 CP – ABE 系统一致并与现有系统兼容。基于同态加密的方案模型如图 4.4 所示。

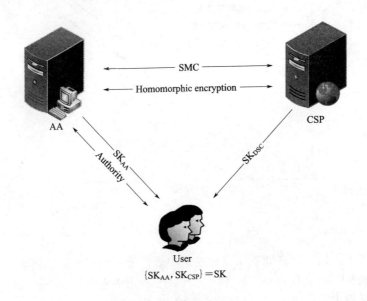

图 4.4 基于同态加密的方案模型

4.3.1　ξ 同态加密计算模型

假定用户密钥由身份授权中心（Identity Authorization Center，ICA）和云服务提供商（Cloud Service Provider，CSP）都拥有各自的私有坐标（对彼此保密），同时他们又想在不泄露各自私有坐标的情况下，通过彼此坐标所确定的唯一直线的斜率这一秘密信息计算。ξ 同态加密计算模型的具体描述：假定 ICA 的坐标为 $(x_{ICA}，y_{ICA})$，同时选取随机数 $r_{x_{ICA}}$，$r_{y_{ICA}}$。ICA 用自己的公钥对自己坐标进行加密运算，即

$$c_{x_{ICA}} = (1+n)^{x_{ICA}} r_{x_{ICA}}^n \mod n^2 \tag{4.22}$$

$$c_{y_{ICA}} = (1+n)^{y_{ICA}} r_{y_{ICA}}^n \mod n^2 \tag{4.23}$$

计算完成后发送给 CSP，假定 CSP 的坐标为 $(x_{CSP}，y_{CSP})$，CSP 从 ICA 接收到消息 $(c_{x_{ICA}}，c_{y_{ICA}})$ 后，进行以下运算：

（1）任意选择数 k_{x_1}，k_{y_1}，满足 $k_{x_1} \neq k_{y_1}$，并计算

$$(c_{x_{ICA}})^{k_{x1}} \mod n^2，(c_{y_{ICA}})^{k_{y1}} \mod n^2$$

（2）任意选择数 $r_{x_{CSP}}$，$r_{y_{CSP}} \in Z_n$，CSP 凭借 ξ 同态加密算法把自己坐标转换成密文，即

$$c_{x_{CSP}} = (1+k_{x1}n)^{-x_{CSP}} r_{x_{CSP}}^n \mod n^2 \tag{4.24}$$

$$c_{y_{CSP}} = (1+k_{y1}n)^{-y_{CSP}} r_{y_{CSP}}^n \mod n^2 \tag{4.25}$$

（3）计算 $k_{x1}\Delta x = k_{x1}(x_{ICA}-x_{CSP})$ 和 $k_{y1}\Delta x = k_{y1}(y_{ICA}-y_{CSP})$ 的密文，即

$$c_{k_{x1}\Delta x} = c_{x_{ICA}} \cdot c_{x_{CSP}} \mod n^2 \tag{4.26}$$

$$c_{k_{y1}\Delta x} = c_{y_{ICA}} \cdot c_{y_{CSP}} \mod n^2 \tag{4.27}$$

（4）随机选取 $2l_1$（l_1 为偶数，并且对 ICA 进行保密）个数，即

$$k_{x2},k_{x3},\cdots,k_{x(l_1+1)} \in Z_n \tag{4.28}$$

$$k_{y2},k_{y3},\cdots,k_{y(l_1+1)} \in Z_n \tag{4.29}$$

再按照运算方式（1）～方式（3）计算 l_1 个密文对 $(c_{k_{xi}\Delta x}，c_{k_{yi}\Delta y})$，其中 $2 \leqslant j \leqslant l_1+1$。

（5）随机选取 $2(l-l_1-1)$ 个数，即

$$k_{x(l_1+2)},k_{x(l_1+3)},\cdots,k_{xl} \in Z_n \tag{4.30}$$

$$k_{y(l_1+2)},k_{y(l_1+3)},\cdots,k_{yl} \in Z_n \tag{4.31}$$

（6）随机选择 $l-l_1-1$ 个 $\varphi_i \in Z_n$，计算 $g_i = 1+\varphi_i n$，其中 $l_1+2 \leqslant i \leqslant l$。

（7）对 i 标识的 $l-l_1-1$ 对 k_{xi}，k_{yi} 计算，即

$$c_{k_{xi}} = (g_i)^{k_{xi}} r_{k_{xi}}^n \mod n^2 \tag{4.32}$$

$$c_{k_{yi}} = (g_i)^{k_{yi}} r_{k_{yi}}^n \mod n^2 \tag{4.33}$$

得到 $l-l_1-1$ 个密文对，其中运算方式（1）～方式（7）中 $k_{x1},k_{x2},\cdots,k_{xl}$ 和 k_{y1}，$k_{y2},\cdots,k_{yl}$ 满足以下关系

$$k_{x1} \times k_{x2} \times \cdots k_{xl} = k_{yl} \times k_{y2} \times \cdots k_{yl} \tag{4.34}$$

（8）将运算方式（4）中获得的 l_1 个密文对中的 $\dfrac{l_1}{2}$ 位置换成 $(c_{k_{xj}\Delta x}, c_{k_{yj}\Delta y})$，其余的置换成 $(c_{k_{yj}\Delta y}, c_{k_{xj}\Delta x})$，然后将这 l_1 个密文与运算方式（3）中获得的 1 个密文对及运算方式（7）中获得的 $l-l_1-1$ 个密文对进行置换，得到 $(c_{y1}, c_{x1}), (c_{y2}, c_{x2}), \cdots,$ (c_{yl}, c_{xl})，然后按照这个顺序打包发送给 ICA。ICA 收到 $(c_{y1}, c_{x1}), (c_{y2}, c_{x2}), \cdots,$ (c_{yl}, c_{xl}) 后，计算获得斜率，即

$$\phi = \frac{\Phi(c_{y1}^{\lambda} \bmod n^2)}{\Phi(c_{x1}^{\lambda} \bmod n^2)} \cdot \frac{\Phi(c_{y2}^{\lambda} \bmod n^2)}{\Phi(c_{x2}^{\lambda} \bmod n^2)} \cdot \cdots \cdot \frac{\Phi(c_{yl}^{\lambda} \bmod n^2)}{\Phi(c_{xl}^{\lambda} \bmod n^2)} \tag{4.35}$$

4.3.2　ξ 同态加密的密钥发布协议

由 ICA 与 CSP 联手管理发布 ξ 同态加密的密钥发布协议。ICA 负责验证访问用户的身份信息并授权用户属性，并将唯一标识符分发给经过身份验证的用户以识别访问用户，为用户生成属性私钥。与 CSP 交互执行同态加密操作，并且大量同态加密运算由 CSP 承担。操作进程结束后，ICA 与 CSP 各自计算出彼此相互保密的子私钥 SK_{ICA}、SK_{CSP}。访问用户需要分别与 ICA 和 CSP 交互以获取最终的完整私钥。ξ 同态加密操作可以确保 ICA 和 CSP 各自主密钥彼此保密。因此，当 ICA 和 CSP 没有串通时，第三方就无法解密密文。

密钥发布协议的具体描述如下：

（1）$param \leftarrow Setup(1^{\lambda})$，系统初始化，生成全局参数 $param$。

（2）$(PK_{ICA}, MK_{ICA}) \leftarrow IKeyGen()$，ICA 生成私有公私钥对 PK_{ICA}, MK_{ICA}。

（3）$(PK_{CSP}, MK_{CSP}) \leftarrow CKeyGen()$，CSP 生成私有公私钥对 PK_{CSP}, MK_{CSP}。

（4）$KeyP\xi_{ICA}(x_{ICA}, y_{ICA}) \leftrightarrow KeyP\xi_{CSP}(x_{CSP}, y_{CSP})$ 其中坐标 (x_{ICA}, y_{ICA})、(x_{CSP}, y_{CSP}) 是分别各自包含 ICA 及 CSP 的主密钥等秘密信息。交互进程结束后，ICA 与 CSP 各自计算出各自对应的子私钥 SK_{ICA} 及 SK_{CSP}，同时传递向用户。

（5）$SK_u \leftarrow IKeyGen(R_u, S)$，ICA 凭借为校验成功的用户分发的唯一标识 R_u 和用户的属性元组 S 当作初始值，运算出属性私钥 SK_u，并传递向用户。

（6）$SK \leftarrow KeyIssue(SK_u, SK_{ICA}, SK_{CSP})$，用户将 SK_u，SK_{ICA}，SK_{CSP} 当作初始值，计算出最终的私钥 SK。

4.3.3　HE‑CPABES 方案描述

1. Setup

选取一个大素数 p，其长度为 1^{λ}，G_0 为 p 阶乘法循环群，其生成元为 g。选取散列函数 H，满足 $H: \{0,1\}^* \to G_0$，那么系统公共安全参数为 $param = \{p, G_0, g, H\}$。

2. KeyGen

（1）$(PK_{ICA}, MK_{ICA}) \leftarrow IKeyGen()$，ICA 任意选择数 $\beta \in_R Z_p^*$，计算出私有公私钥对 $(PK_{ICA} = g^{\beta}, MK_{ICA} = \beta)$，令 $h = PK_{ICA}$。

（2）$(PK_{CSP}, MK_{CSP}) \leftarrow CKeyGen()$，CSP 任意选择数 $\alpha \in_R Z_p^*$，计算出私有公私钥

对 $(PK_{CSP}=e(g,g)^a, MK_{CSP}=\alpha)$。

（3）$KeyP\xi_{ICA}(x_{ICA},y_{ICA})\leftrightarrow KeyP\xi_{CSP}(x_{CSP},y_{CSP})$，CSP 选取随机秘密值 κ 和 ICA 拥有的秘密值 β 作为输入，进行安全两方计算，计算完成后两者各自对应的秘密值 η 及 μ，满足 $\eta+\mu=\dfrac{\beta}{\kappa}$。令 ICA 持有的坐标为 (η,r) 及 CSP 持有的坐标为 $(-\mu,-\alpha)$，其中 r 为 ICA 为每个认证通过的用户分发的唯一标识 R_u，$R_u=r\in Z_p^*$。CSP 随机选取整数 δ，且 $\delta<n$，并按照 ξ 同态加密算法进行加密获得的密文 $(c_{y\delta},c_{x\delta})$，将此密文对随机插入最终返回给 ICA 的所有密文对序列中，通过 ξ 同态加密交互式计算后 ICA 获得 $SK_{ICA}=\phi\delta\dfrac{r+\alpha}{\mu+\eta}\delta$，而 CSP 获得 $SK_{CSP}=1/\kappa\delta$。CSP 和 ICA 把计算所得的子私钥传递向认证用户。

（4）$SK_u\leftarrow IKeyGen(R_u,S)$，来访用户得到 ICA 的认证后，ICA 为认证用户的每个属性随机分发 $r_j\in_R Z_p^*$，$j\in S$，计算 SK_u 为

$$SK_u=(\forall j\in S:D_j=g^r\cdot H(i)^{r_j},D_j'=g^{r_j}) \tag{4.36}$$

计算完成后发送给认证用户。

（5）$SK\leftarrow KeyIssue(SK_u,SK_{ICA},SK_{CSP})$，用户将所有用的 SK_u，SK_{ICA}，SK_{CSP} 作为输入，按照如下方式计算完整私钥 SK：

$$SK=(D=g^{SK_{ICA}^{SK_{CSP}}}=g^{(r+a)/\beta},\forall j\in S:D_j=g^r\cdot H(i)^{r_j},D_j'=g^{r_j}) \tag{4.37}$$

3. *Encrypt*

$(CT)\leftarrow Encrypt(PK_{ICA},PK_{CSP},M,T)$，以 PK_{ICA}、PK_{CSP}、M 及 T 作为输入，转换成密文 CT。加密算法利用访问树 T 给消息 M 进行加密。对树 T 内的所有节点 x 选取多项式 $q(x)$。且它的阶为 d_x，并满足 $d_x=k_x-1$。采用先序遍历对树 T 进行遍历。为根节点 R 随机选取 $s\in Z_p$，满足 $q_R(0)=s$，其系数随机选取；对于树中的其他孩子节点 x，设 $q_x(0)=q_{parent(x)}(index(x))$，其系数随机选取；如果 Y 是 T 中全部叶节点的聚合，则计算密文 CT 为

$$CT=(T,\widetilde{C}=Me(g,g)^{as},C=h^s,\forall y\in Y:C_y=g^{q_y(0)},C_y'=H(att(y))^{q_y(0)})$$
$$\tag{4.38}$$

4. *Decrypt*

$(M)\leftarrow Decrypt(CT,SK)$，输入第一步中所得的 CT 和第二步中所得的 SK，采取递归的方式从访问树 T 的树叶到父亲的方向依次反转密文。

定义递归函数 $DecryptNode(CT,SK,x)$，用来对用户所提供的属性集与访问控制树 T 中的任意节点做对比，并判定用户的访问权限。当 x 为叶节点时，令该处对应的元素为 i，满足 $i=att(x)$。则有

$$DecryptNode(CT,SK,x)=\begin{cases}\dfrac{e(D_i,C_x)}{e(D_i',C_x')}=\dfrac{e(g^r\cdot H(i)^{r_i},h^{q_x(0)})}{e(g^{r_i},H(i)^{q_x(0)})}=e(g,g)^{rq_x(0)},i\in S\\ \bot,\text{其他}\end{cases}$$
$$\tag{4.39}$$

当 x 为内节点时，其子节点用 z 标识，S_x 指代任意 k_x 个 $F_z\neq\bot$ 的聚合，且 $i=$

$index(z)$，则 $F_z = DecryptNode(CT, SK, z)$ 的计算为

$$
\begin{aligned}
F_x &= \prod_{z \in S_x} F_z^{\Delta_i, s'_x(0)} \\
&= \prod_{z \in S_x} (e(g, g)^{r \cdot q_z(0)})^{\Delta_i, s'_x(0)} \\
&= \prod_{z \in S_x} (e(g, g)^{r \cdot q_{parent(z)}(index(z))})^{\Delta_i, s'_x(0)} \\
&= \prod_{z \in S_x} (e(g, g)^{r \cdot q_x(i) \cdot \Delta_i, s'_x(0)}) \\
&= e(g, g)^{r \cdot q_x(0)}
\end{aligned}
\tag{4.40}
$$

如果用户所提供的的属性集被判定满足访问控制结构树 T，令

$$
A = DecryptNode(CT, SK, R) = e(g, g)^{r \cdot q_R(0)} = e(g, g)^{rs} \tag{4.41}
$$

并进行解密运算，即

$$
\widetilde{C}/(e(C, D')/A) = M \cdot e(g, g)^{as}/(e(g^{\beta})^s, g^{(a+r)/\beta})/e(g, g)^{rs} = M \tag{4.42}
$$

4.3.4　安全分析

1. ξ 同态加密算法的安全性

定理 4.1　假如 DCRP 判定性问题是多项式时间难解的，那么 ξ 同态加密算法在 IND - CPA（不可区分性选择明文）下无法区分，能够抵抗 IND - CPA。

证明： DCRP 挑战者的工作方法如下：

（1）运行密钥生成算法 $Key\text{-}Gen$ 获得密钥 $(\upsilon, 1+\upsilon)$。

（2）选取一个不为 "0" 的随机数数 k，满足 $k \in Z_n$，并计算

$$g_k = (1+\upsilon)^k \bmod \upsilon^2$$

（3）随机的选取 $\partial \in \{0, 1\}$。

（4）当 $\partial = 0$ 时，置 $N = (N_1, N_2) = (r_1^n \bmod \upsilon^2, r_2^n \bmod \upsilon^2)$；反之，当 $\partial = 1$ 时，置 $N = L = (L_1, L_2)$。

（5）将消息 $(\upsilon, 1+\upsilon, (Q_1 q_k^m \bmod \upsilon^2, Q_2 q_k \bmod \upsilon^2), Q)$ 传送给攻击者。

对于同态加密算法 $\xi(Key\text{-}Gen, Enc, Dec)$，假定 A 属于概率多项式时间攻击者，攻击者 A 在 $Game AC_{B,\xi}^{IND\text{-}CPA}(\upsilon)$ 游戏中的压倒对方的有利形势，记作 $Advanced_A(\upsilon)$。

用于解决 DCRP 的算法 B 可以如下设计：

（1）接收来自 DRSA 挑战者发送过来的 $(\upsilon, 1+\upsilon, (\upsilon, L), N)$，敌手无法区分 (υ, L) 来自 Q_{ran} 和 Q_ξ 中的哪个分布。

（2）令 $K_{pub} = (\upsilon, 1+\upsilon)$，并将系统初始化参数 1^υ 与 K_{pub} 同时传递向攻击者 A。

（3）接收来自 A 的两个长度相等的消息 m_0 与 m_1。

（4）随机选择 $\omega \in \{0, 1\}$。

（5）令 $c^* = (N_1 g_k^m \bmod n^2, N_2 g_k \bmod \upsilon^2)$ 并将 c^* 发送给攻击者 A。

（6）用 ω' 表示攻击者 A 对 ω 的猜测结果。

（7）假如 $\omega = \omega'$，则令 $\partial' = 0$，并将其输出；假如 $\omega \neq \omega'$，则令 $\partial' = 1$，并将其输出。

使用贝叶斯公式可以求解概率多项式时间算法 B 赢得 DCRP 安全游戏的概率，即

$$\Pr[\partial=\partial']=\Pr[\partial=0]\Pr[\partial=\partial'|\partial=0]+\Pr[\partial=1]\Pr[\partial=\partial'|\partial=1]$$

$$=\frac{1}{2}\Pr[\partial'=0|\partial=0]+\frac{1}{2}\Pr[\partial'=1|\partial=1]$$

$$=\frac{1}{2}\Pr[\omega=\omega'|\partial=0]+\frac{1}{2}\Pr[\omega\neq\omega'|\partial=1] \tag{4.43}$$

如果 $\partial=0$，则 DCRP 挑战者置 $N=(N_1,N_2)=(r_1^\upsilon\mathrm{mod}\upsilon^2,r_2^\upsilon\mathrm{mod}\upsilon^2)$。而此时，因为算法 B 提交给算法 A 的视角与实际中 A 攻击 ξ 的 $GameAC_{B,\xi}^{IND\text{-}CPA}(\upsilon)$ 游戏中的视角是不可区分的，所以当 $\partial=0$ 时，$\omega=\omega'$ 的概率与攻击者 A 赢得游戏 $GameAC_{B,\xi}^{IND\text{-}CPA}(\upsilon)$ 的概率相同，即

$$\Pr[\omega=\omega'|\partial=0]=\frac{1}{2}+Advanced_A(\upsilon) \tag{4.44}$$

如果 $\partial=1$，DRSA 挑战者就置 $N=L=(L_1,L_2)$。由于 L 在 Z_υ 上分布是均匀的，则 $(L_1g_k^m\mathrm{mod}\upsilon^2,L_2g_k\mathrm{mod}\upsilon^2)$ 在 $(Z_{\upsilon^2}^*,Z_{\upsilon^2}^*)$ 上的分布也是均匀的，同时独立于 υ，m_0，m_1 和 ω。又由于随机变量 υ，g_k，$L_1g_k^m\mathrm{mod}\upsilon^2$，$L_2g_k\mathrm{mod}\upsilon^2$ 与 ω 是彼此互斥的，所以公钥 K_{pub} 和密文 c^* 并没有泄露与 ω 相关的任何有用信息，由此可知：ω'（由攻击者 A 输出的对 ω 的命中值）与 ω 显然是彼此互斥的。又由于 $\omega=0$ 与 $\omega=1$ 两个事件是等概率时间，所以有

$$\Pr[\omega=\omega'|\partial=1]=\frac{1}{2} \tag{4.45}$$

$$\Pr[\partial=\partial']=\frac{1}{2}\left(\frac{1}{2}+Advanced_A(\upsilon)\right)+\frac{1}{2}\times\frac{1}{2}=\frac{1}{2}+\frac{1}{2}Advanced_A(\upsilon) \tag{4.46}$$

算法 B 赢得 DCRP 安全游戏的有利形势为

$$|\Pr[\partial=\partial']-\Pr[\partial\neq\partial']|=\left|\Pr\left[GameAC_{B,\xi}^{INC\text{-}CPA}(\upsilon)=1-\frac{1}{2}\right]\right|$$

$$=\frac{1}{2}Advanced_A(\upsilon) \tag{4.47}$$

由 DCRP 假设可知，算法 **B** 赢得安全游戏 DCRP 的有利形势微乎其微，因此 $\frac{1}{2}Advanced_A(\upsilon)$ 无穷小，由此可以推出 $Advanced_A(\upsilon)$ 也无穷小，所以攻击者 A 在游戏 $GameAC_{A,\xi}^{IND\text{-}CPA}$ 中只能以微乎其微的有利形势 $Advanced_A(\upsilon)$ 赢得游戏。因此加密方案 ξ 是 IND - CPA 安全的。

而安全两点直线的密钥发布协议是基于此构建的，所以同样具备能够抵抗 IND - CPA。

2. 密钥发布协议的安全性

在安全多方计算中通信模型[10]有密码学模型和信息论模型两种。在密码学模型中，挑战者具有概率多项式时间的攻击能力，通信者之间传递的所有信息均能被其得知，但这些传递信息无法被篡改。在信息论模型中，挑战者具有超级计算能力，通信方之间的所有通信都是基于安全信道传输的。在认证用户私钥发布的过程中，是在密码学模型下完成了 ICA 和 CSP 之间的同态加密计算协议的交互。因此，从密码学模型的层面上对发布协议的保密性进行了深入研究。在该密钥发布协议中，在半诚实模型下基于 ξ 同态加密运算

的，当 ICA 与 CSP 交互时，构建了两个模拟器，符合预备知识中保密计算的安全性；ICA 将自己的密文坐标（$c_{x\text{ICA}}$，$c_{x\text{ICA}}$）作为输入；CSP 将自己密文坐标（$c_{x\text{CSP}}$，$c_{y\text{CSP}}$）作为输入。

将 ICA 在进行协议 Ψ 时的视角记作视角（$Visual-Angle$），即

$Visual-Angle_{\text{ICA}}^{\Psi}(ICA,CSP)$

$=Visual-Angle_{\text{ICA}}^{\Psi}\big[ICA,K_{\text{pub}},K_{\text{pri}},c_{x\text{ICA}},c_{y\text{ICA}},\varphi,CSP,k_{x1},k_{y1},(c_{x\text{ICA}})^{k_{x1}}\bmod n^2,$

$(c_{y\text{ICA}})^{k_{y1}}\bmod n^2,c_{k_{y2}},\cdots,c_{k_{yl}}),(k_{x2},\cdots,k_{xl}),(k_{y2},\cdots,k_{yl}),(g_2,\cdots g_l),$

$c_{x\text{CSP}},c_{y\text{CSP}},(c_{k_{y1}\Delta y},c_{k_{y2}},\cdots,c_{k_{yl}}),(c_{k_{x1}\Delta x},c_{k_{x2}},\cdots,c_{k_{xl}})\big]$

输出记作

$\varphi=Outpu_{\text{ICA}}^{\Psi}(ICA,CSP)\big[ICA,K_{\text{pub}},K_{\text{pri}},c_{x\text{ICA}},c_{y\text{ICA}},\varphi,CSP,(k_{x1},\cdots,k_{xl}),$

$(k_{y1},\cdots,k_{yl}),(c_{x\text{ICA}})^{k_{x1}}\bmod n^2,c_{x\text{CSP}},c_{y\text{CSP}},(c_{y\text{ICA}})^{k_{y1}}\bmod n^2,(g_2,\cdots,g_l),$

$(c_{k_{y1}\Delta y},c_{k_{y2}},\cdots,c_{k_{yl}}),(c_{k_{x1}\Delta x},c_{k_{x2}},\cdots,c_{k_{xl}})\big]$

构造模拟 ICA 视角的模拟器 $Simulator_1$，且输入为

$Simulator_1(ICA,f_1(ICA,CSP),f_2(ICA,CSP))$

$=\{ICA,K_{\text{pub}},K_{\text{pri}},\varphi,f_1(ICA,K_{\text{pub}},c_{x\text{ICA}},c_{y\text{ICA}}),CSP,(c_{y1},\cdots,c_{yl}),(c_{x1},\cdots,c_{xl}),$

$f_2(K_{\text{pri}},(c_{y1},\cdots,c_{yl}),(c_{x1},\cdots,c_{xl})),\varphi\}$

其中，（$c_{x\text{ICA}}$，$c_{y\text{ICA}}$）和（$c_{x1},\cdots,x_{xl}$）与（$c_{y1},\cdots,x_{yl}$）分别存在分量满足

$$c'_{y\text{ICA}}=c_{y\text{CSP}}\bullet(c_{yi})^{(k_{yl})^{-1}},c'_{x\text{ICA}}=c_{x\text{CSP}}\bullet(c_{xi})^{(k_{xl})^{-1}}$$

因为 ξ 同态加密在 n 次剩余困难假设下是语义安全的，所以（$c_{y1},\cdots,c_{yl}$）和（$c_{x1},\cdots,c_{xl}$）的各自的分量间都是不可计算区分的，那么 $c'_{y\text{ICA}}\stackrel{c}{\equiv}c_{yi}$，$c'_{x\text{ICA}}\stackrel{c}{\equiv}c_{xi}$ 其中 $1\leqslant i\leqslant l$。

那么（$c'_{y\text{ICA}},c_{y1},\cdots,c_{yl}$），（$c'_{x\text{ICA}},c_{x1},\cdots,c_{xl}$）这两个元组的各自分量间满足多项式电路计算不可区分，模拟器 $Simulator_1$ 按照协议执行进程计算 φ。

假定

$Simulator_1(ICA,f_1(ICA,CSP))$

$=(ICA,K_{\text{pub}},K_{\text{pri}},c_{x\text{ICA}},c_{y\text{ICA}},\varphi,CSP,(k_{y1},\cdots,k_{y(l+2)}),(k_{x1},\cdots,k_{x(l+1)}),$

$(c_{y1},\cdots,c_{yl}),(c_{x1},\cdots,x_{xl}))$

则模拟器有

$Simulator_1(ICA,f_1(ICA,CSP),f_2(ICA,CSP))$

$=\{ICA,K_{\text{pub}},K_{\text{pri}},c_{x\text{ICA}},c_{y\text{ICA}},\phi,CSP,(c_{y1},\cdots,c_{yl}),(c_{x1},\cdots,c_{xl}),$

$(k_{x1},\cdots,k_{x(l+2)}),(k_{y1},\cdots,k_{y(l+2)}))=\varphi$

那么视角为

$\{Visual-Angle_{\text{ICA}}^{\Psi}(ICA,CSP),Output_{\text{ICA}}^{\Psi}(ICA,CSP)\}$

$=\{(ICA,K_{\text{pub}},K_{\text{pri}},c_{x\text{ICA}},c_{y\text{ICA}}\varphi,CSP,(k_{x1},\cdots,k_{x(l+2)}),(c_{y1},\cdots,c_{yl}),$

$(k_{x1},\cdots,k_{x(l+2)}),(c_{y1},\cdots,c_{yl})\}$

所以能够构造模拟器 $Simulator_1$，满足

$\{Simulator_1(ICA,f_1(ICA,CSP),f_2(ICA,CSP))\}$

$\stackrel{c}{\equiv}\{Visual-Angle_{\text{ICA}}^{\Psi}(ICA,CSP),Output_{\text{CSP}}^{\Psi}(ICA,CSP)\}_{\text{ICA},\text{CSP}}$

其中，$Output_{\text{CSP}}^{\Psi}(ICA,CSP)$ 完全由 $Visual-Angle_{\text{ICA}}^{\Psi}(ICA,CSP)$ 决定。

同理也可以构造模拟器 $Simulator_2$，满足

$$\{f_1(ICA,CSP),Simulator_2(ICA,f_2(ICA,CSP))\}$$

$$\overset{c}{\equiv}\{Output_{\text{ICA}}^{\Psi}(ICA,CSP),Visual-Angle_{\text{CSP}}^{\Psi}(ICA,CSP)\}_{ICA,CSP}$$

其中，$Output_{\text{ICA}}^{\Psi}(ICA,CSP)$ 是由 $Visual-Angle_{\text{CSP}}^{\Psi}(ICA,CSP)$ 决定的。

因此，在半诚实模型下，该计算协议安全。

4.3.5　效率分析

在 HE－CPABES 方案中，假定所使用的模数为 n，单次模乘运算的计算开销记作 $(O(lb^2n))$，且 $g_k=(1+n)^k \bmod n^2=1+kn$，又 $1+kn$ 的计算开销为 $(O(lb^2n))$，那么所采用的同态加密算法的计算开销为 $(O(lb^3n+lb^2n))$，同时解密算法的计算开销为 $(O(lb^3n))$。在执行 HE－CPABES 方案设计的用户私钥发布协议进程中，需要进行 $2l$ 次加密和 l 次密文反转操作。又由于云服务提供商 CSP 拥有超级计算能力，所以在设计私钥发布协议时将绝大部分的计算量交给了云服务提供商，从而极大降低了身份认证中心的计算负荷。

在通信复杂度方面，在进行用户私钥发布协议的进程中，ICA 与 CSP 首先进行了一次安全两方计算，而一次安全两方计算的通信复杂度为 $2m$ 及轮复杂度为 m，但是该计算只有在系统运行之初时进行一次，此后的每个用户来访时就不需再次执行，在执行同态加密运算时，ICA 与 CSP 之间只有 2 次通信，其轮复杂度为 1。通信复杂度对比如图 4.5 所示，通信交互轮数对比如图 4.6 所示。

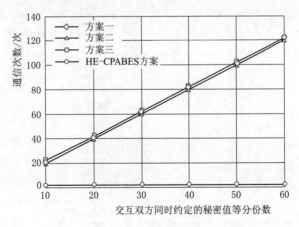

图 4.5　通信复杂度对比

如图 4.5 及图 4.6 所呈现的那样，HE－CPABES 的通信开销要远低于其他现有方案。极大地减少了通信交互次数和通信交互轮数，有效降低了双方的隐私和通信泄露的风险。

就私钥存储开销而言，不同之处在于生成的每个相关数据的长度。假定循环群 G_0，G_1 中的数据长度分别为 L_{G_0}，L_{G_1}；访问控制树 T 的长度为 L_T，且 T 中所含有的属性

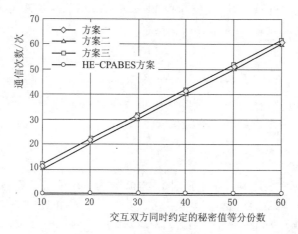

图 4.6　通信交互轮数对比

数为 n；私钥中所含有的属性数为 k。那么，不同方案的数据长度对比见表 4.4。

表 4.4　　　　　　　　　　数据长度对比（HE‐CPABES）

方　　案	密文长度	私钥长度	公钥长度
方案一	$(2n+1)+L_{G_0}+L_{G_1}+L_T$	$(2k+1)L_{G_0}$	$L_{G_0}+L_{G_1}$
方案二	$(2n+1)+L_{G_0}+L_{G_1}+L_T$	$(2k+1)L_{G_0}$	$L_{G_0}+L_{G_1}$
方案三	$(2n+1)+L_{G_0}+L_{G_1}+L_T$	$(2k+1)L_{G_0}$	$(k+1)L_{G_0}+L_{G_1}$
HE‐CPABES 方案	$(2n+1)+L_{G_0}+L_{G_1}+L_T$	$(2k+1)L_{G_0}$	$L_{G_0}+L_{G_1}$

　　从表 4.4 可以看出，HE‐CPABES 方案与方案一、方案二相同，并且优于方案三。

　　就计算成本而言，以幂运算操作为单位进行分析，并且忽略通信传输计算成本和相对可忽略的相关散列操作。从表 4.5 可以看出，不同方案的计算成本基本相同，同时大大降低了通信复杂性。

表 4.5　　　　　　　　　　计算成本对比（HE‐CPABES）

方　　案	ICA	CSP	USER
方案一	$(2k+2)\exp.inG_0$	$1\exp.inG_0$	$1\exp.inG_0$
方案二	$(2k+2)\exp.inG_0$	$1\exp.inG_0$	$1add$
方案三	$2\exp.inG_0+1\exp.inG_1$	$(n+k+3)\exp.inG_0$	—
HE‐CPABES 方案	$(2k+2)\exp.inG_0$	$1\exp.inG_0$	$1\exp.inG_0$

　　在进行仿真实验时，所采用的硬件平台是 Intel(R)Core(TM)i3‐3100‐3.0GHz 的处理器、8G 内存的 Dell‐3010 计算机；运行环境是 Window10 操作系统下的 JRE。

　　采用 CP‐ABE 和 JPBC（java Pairing‐Based Cryptography Library）工具包来模拟该方案，并进行模拟分析。选择基于 $y^2=x^3+x$ 的 160 位椭圆曲线组用于实现 80 位安全量级。根据乘法循环组中 G_0，G_1 的配对情况，使用幂来分析计算成本，不包括通信传输成本，同时丢弃了相对能够忽略的其他操作（例如散列操作），并且所有取值都是 20 次仿真终值的均值。在模拟过程中，生成私钥的属性的数量分别为 10、20、30、40、50 和 60。用户私钥生成时间对比如图 4.7 所示，在私钥的时间开销中，HE - CPABES 基本上与方案一、方案二相同，但低于方案三。

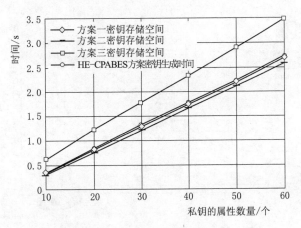

图 4.7 用户私钥生成时间对比

4.4 基于 CP - ABE 的属性变更机制

在现有的属性加密系统中，通过用户的属性集合来描述身份从而得到相应的访问权限，不仅扩展了访问控制策略的表达方式，更将每个用户所对应的属性组与自己的私钥结合起来，使访问结构变得更加的灵活。推广而言，单一用户可以拥有多个属性，同样的单一属性也可以被多个用户所拥有。本节将构建一种支持细粒度属性变更的云访问控制方案，在 CP - ABE 基础上，为用户组生成组密钥对密文数据进行重加密，在保障数据安全的前提下实现了细粒度属性变更的需求。

目前在大多数支持属性变更的 CP - ABE 方案研究中，主要从用户存储和系统效率两方面进行优化。在用户存储方面；由于属性变更方案中需要对密文进行重加密，这就需要用户在保存私钥的同时，还需要保存重加密密文的解密密钥。根据加密机制的原理，存储开销通常会随着系统内属性数量的增加而呈线性增长，由于当下的云环境日益复杂化，使得用户需要存储更多的密钥以供使用。在系统的效率方面，加密机制通常会针对系统的属性集合中每一个属性创建一个密钥（通常称为组密钥），在解密时用户需要根据自身的属性集合对每一个属性进行一次双线性配对运算，致使系统的解密效率低下。

针对上述两个优化方向，本章在密文策略属性基加密机制（CP - ABE）上提出了一种支持属性灵活变更的云访问控制方案（ALKEK - CPABE）。该方案利用闫玺玺等在属性撤销机制中对 KEK 树的应用和韩司对 LKH 算法[14]的优化思想，在系统与用户之间通过构建逻辑二叉树 τ 将所有用户逻辑连接起来，依据其组密钥分发机制原理从而实现在保障云数据安全的前提下实现细粒度属性变更。方案中包括 5 个实体参与方，即数据拥有者 Owner、半可信（即能够按照指令提供相应的服务，但对数据具有窥测之意）的第三方管理机构 Manager、权威的授权机构（Trust Authority，TA）、云服务提供商（Cloud Service Provider，CSP）和数据使用者（User），ALKEK－CPABE 方案流程图如图 4.8 所示。

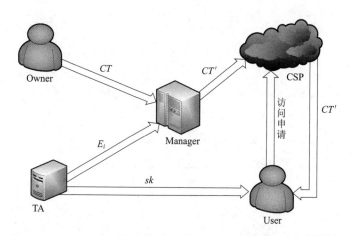

图 4.8　ALKEK－CPABE 方案流程图

Manager 负责对管理密文存储、重加密和云服务提供商（Cloud Service Provider，CSP）之间的数据传输工作，TA 负责管理逻辑二叉树和生成用户私钥和密文加密等工作。首先 Owner 根据自身的访问控制策略树 T 对明文数据加密生成密文 CT 上传到 Manager 中，TA 根据逻辑二叉树生成相应的重加密密钥 E_i 并通过安全信道上传给 Manager，Manager 将密文重加密后存储到 CSP 中。当用户需要访问时，向 CSP 发出访问申请，CSP 反馈给 User 重加密密文 CT'，User 根据私钥解密得到明文数据 m。

4.4.1　算法定义

方案主要由 7 个算法组成包括系统初始化（$Setup$）、私钥生成（$KeyGen$）、明文加密（$Encrypt$）、属性组密钥生成 $GKeyGen$、密文重加密（$reEncrypt$）、私钥更新（$upGKeyGen$）和密文解密（$Decrypt$）。

（1）初始化 $Setup(1^k)$：TA 利用系统安全参数 k 进行初始化运算，计算得到公钥 pk 和主密钥 mk。

（2）私钥生成 $KeyGen(pk,mk,\omega)$：TA 将 pk、mk 和 User 的属性集合 ω 作为算法输入项，得出私钥 sk 并通过安全信道反馈给 User。

（3）明文加密 $Encrypt(pk,m,T)$：Owner 利用 pk 和自身所定义的访问控制策略 T 对明文消息 m 进行加密运算得到密文 CT。

（4）组密钥生成 $GKeyGen(\omega_1,\cdots,\omega_n)$：Manager 根据属性集合 $\omega=\{\omega_1,\omega_2,\cdots,\omega_n\}$，利用逻辑二叉树 τ 运算得到组密钥 $E_i(1\leqslant i\leqslant n)$，由 User 保留。

（5）密文重加密 $reEncrypt(E_i,CT)$：Manager 继续根据（4）中的 $E_i(1\leqslant i\leqslant n)$ 对 CT 进行重加密得到 CT'，随后上传到 CSP 中进行存储。

（6）私钥的更新 $upGKeyGen(E_i,sk)$：User 对自身的私钥 E_i 对自身的私钥 sk 更新

得到新私钥 sk'。

（7）密文解密 $Decrypt(sk', CT')$：User 根据 sk' 对 CSP 反馈回来的 CT' 进行解密，当 $\omega \in T$ 时，与 ω 相关联的 sk' 方能顺利解密得到 m，否则将其定义为非法访问，解密失败。

4.4.2　ALKEK - CPABE 安全模型

构建攻击-挑战游戏，分为敌手 A 和挑战者 B 交互证明 ALKEK - CPABE 满足选择明文攻击安全（Indistingu ishability under Chosen - Plaintext Attack，IND - CPA）。

准备阶段：A 向 B 首先声明要攻击的访问控制策略树 T^*。

初始化：B 利用系统公开参数 k 计算公钥 pk 和主密钥 mk，随后将 pk 公开，mk 由自己保留。

阶段 1：首先 A 向 B 提交自身的属性集合 ω^* 且满足 $\omega^* \notin T^*$，其次 B 将 ω^* 作为输入项通过 $KeyGen$ 和 $upGKeyGen$ 算法计算与其对应的私钥 sk_ω 和组密钥 E_ω，最后 B 将两者作为反馈信息通过安全信道传送给 A。

挑战阶段：A 向 B 提交两段等长的明文消息 m_0 和 m_1，B 在其中选择随机一段明文 $m_u (u \in \{0,1\})$，利用 T^* 对其进行 $Encrypt$ 和 $reEncrypt$ 计算得到重加密密文 CT'_u。

阶段 2：与阶段 1 原理相同，A 继续向 B 发送询问报文。

猜测阶段：A 对随机数 u 的取值 $u' (u' \in \{0,1\})$ 进行猜测，那么 A 取得攻击-挑战游戏胜利的优势为 $Adv_{\text{IND-CPA}}(A) = \left| \Pr[u' = u] - \dfrac{1}{2} \right|$。

如果 A 利用某个时间多项式时间算法攻克攻击-挑战游戏的优势能够被忽略，那么称 ALKEK - CPABE 方案满足 IND - CPA 安全。

4.4.3　基本构造

1. $Setup$

系统初始化 $Setup$：$k \rightarrow (pk, msk)$，将系统的随机公开参数 k 作为算法输入项，计算得出系统的公钥 pk 和主密钥 msk。

（1）定义一个阶为 p，以 g 为生成元的双线性映射群：$e : G_0 \times G_0 \rightarrow G_1$。

（2）选择随机参数 α，$\beta \in Z_p^*$，计算 $h = g^\beta$ 和 $\Phi = e(g,g)^\alpha$。TA 自己保留系统主密钥 $msk = \{h, g^\alpha\}$ 对外发布公钥 $pk = \{G_1, g, h, \Phi\}$。

2. $KeyGen$

私钥生成 $KeyGen$：$(msk, \omega_i, pk) \rightarrow sk$，将系统的主密钥 msk、某一合法用户的属性结合 ω_j 和系统公钥 pk 作为算法输入项。

（1）选择一个随机数 $r \in Z_p^*$，计算 $D = g^{(\alpha+r)/\beta}$。

（2）对于系统中合法属性域中的属性 $\omega_j (\omega_j \in \omega)$ 选择一个随机数 $r_j \in Z_q^*$，计算 $D_j = g^r \cdot H(\omega(j))^{r_j}$，$D'_j = g^{r_j}$。运算得到私钥 $sk = \{D, \forall \omega_j \in \omega : D_j, D'_j\}$。

3. $Encrypt$

数据加密 $Encrypt$：$(pk, m, T) \rightarrow CT$，将系统公钥 pk、明文数据 m 和访问控制策略

树 T 作为输入项，通过递归运算输出密文 CT。

（1）从根节点 R 开始为每个 T 中的节点 x 生成相应的多项式 q_x 和 q_R。

（2）令 $d_x = k_x - 1$，其中 d_x 为多项式 q_x 的阶数，k_x 为相应的门限值，在大素数群 Z_p^* 中随机选择一个数 $s \in Z_p^*$，则有 $q_R(0) = s$ 且满足 $q_x(0) = q_{parent(x)}(index(x))$，并利用 s 计算 $C' = m \cdot e(g,g)^{a \cdot s}$ 和 $C = h^s$。

（3）令 Y 为 T 上叶节点集合，计算每一个节点 $y \in Y$ 与之对应的 $C_y = g^{q_y(0)}$ 和 $C'_y = H(\omega(y))^{q_y(0)}$。则密文为：$CT = \{T, C', C, \forall y \in Y : C_y, C'_y\}$。

4. GKeyGen

组密钥生成 $GKeyGen$：$(\omega_i, \tau, U_i) \to E_i$，组密钥的更新方法在前节中进行了详细的介绍，在此不再描述。

5. reEncrypt

密文重加密 $reEncrypt$：$(E_i, CT) \to CT'$，输入组密钥 E_i 和相应的密文数据，计算得出重加密密文 CT'。

Manager 利用 E_i 对 CT 进行重加密，计算 C''_y，即 $C''_y = (C'_y)^{E_i} = (H(\omega(y))^{q_y(0)})^{E_i}$。那么重加密密文 $CT' = \{T, C', C, \forall y \in Y : C_y, C''_y\}$。

6. upGKeyGen

密钥更新 $upGKeyGen$：$(E_i, sk) \to sk'$，将组密钥 E_i 和用户私钥 sk 作为算法输入项进行更新，计算得到用户新私钥 sk'。

（1）CSP 针对于 User 的访问申请反馈回相应的重加密密文 CT'，并将 E_j 定义为 $(s, 2)$ 秘密共享，即通过两组数据即可恢复还原出属性的组密钥 E_j，且 U_j 是公开的随机参数，那么 User 可以通过 τ 利用 Lagrange 插值还原出 E_j 为

$$E_j = f(0) = \sum_{m=1}^{2} f(x_m) \prod_{l=1, l \neq m}^{2} \frac{-x_l}{x_m - x_l} \tag{4.48}$$

（2）User 将 E_j 作为加密参数作为算法输入项，计算 $D''_j = D'^{1/E_j}_j = (g^{r_j})^{1/E_j}$，那么用户的私钥定义为 $sk' = \{D, \forall \omega_j \in \omega : D_j, D''_j\}$。

7. Decrypt

密文解密 $Decrypt$：$(sk', CT', T) \to m$，User 利用更新后的私钥 sk' 和访问策略树 T 对重加密密文 CT' 进行解密运算；当属性组满足 $\omega_j \in T$ 时，即 $T(\omega) = 1$，那么能够解密得到 m。否则，定义为非法访问，输出 $\perp$。

当 x 是 T 的叶子节点时，则进行递归运算 $DecryptNode(CT, sk, x)$，即

$$DecryptNode(CT, sk, x) = \begin{cases} \dfrac{e(D_j, C_x)}{e(D''_j, C''_x)} & (\omega_j \in \omega) \\ \perp & (\text{其他}) \end{cases} \tag{4.49}$$

$$\frac{e(D_j, C_x)}{e(D''_j, C''_x)} = \frac{e(g^r \cdot H(\omega(j)^{r_j}), g^{q_x(0)})}{e((g^{r_j})^{1/E_j}, (H(\omega(j))^{q_x(0)})^{E_j})} = e(g, g)^{r \cdot q_x(0)} \tag{4.50}$$

当 x 是 T 的非叶子节点时，则定义 S_x 是节点 x 大小为 k_x 的节点集合，则继续运算递归运算。令 $\begin{cases} i = index(t) \\ S'_x = \{index(z) | z \in S_x\} \end{cases}$ 计算为

$$F_x = \prod_{z \in S_x} F_z^{\Delta_{i,s'_x(0)}}$$

$$= \prod_{z \in S_x} (e(g,g)^{s \cdot q_z(0)})^{\Delta_{i,s'_x(0)}}$$

$$= \prod_{z \in S_x} (e(g,g)^{r \cdot q_{parent(z)}(index(z))})^{\Delta_{i,s'_x(0)}}$$

$$= \prod_{z \in S_x} e(g,g)^{r \cdot q_x(i) \cdot \Delta_{i,s'_x(0)}}$$

$$= e(g,g)^{r \cdot q_x(0)} \tag{4.51}$$

当 $\omega \in T$ 时，即 $T_R(\omega) = 1$ 时，则计算 $m = C'/(e(C,D')/A)$，其中 A 定义为

$$A = \text{Decrypt}(CT, sk, R) = e(g,g)^{r \cdot q_R(0)} = e(g,g)^{r \cdot s} \tag{4.52}$$

4.4.4　属性变更

当属性组中发生用户变化时，系统将会根据更新后的用户情况寻找最大覆盖子树，并分别由 TA 和 Manager 分别运行 $GKeyGen$ 和 $UpGKeyGen$ 完成对属性的变更。

1. 属性加入

属性加入如图 4.9 所示。假设属性域中的某属性 ω_i 所拥有的属性组为用户集合 $\{P_1, P_2, P_3, P_4, P_7\}$，容易看出能最小覆盖子树的根节点为 V_2 和 V_{14}，那么此时与之对应的组密钥由三部分数据组成，即 $E_i = \{V_2 \| V_{14} \| U_i\}$，其中 U_i 为系统产生的公开随机数。此时当用户 P_8 加入，那么将原有的根节点 (V_2, V_{14}) 更新为 (V_2, V_7)，TA 需要更新随机公开参数 U'_i 并生成新的组密钥 $E'_i = \{V_2 \| V_7 \| U'_i\}$。

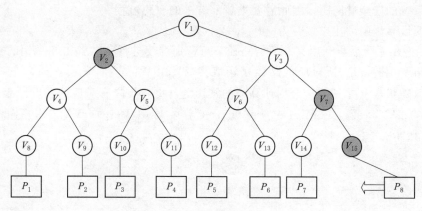

图 4.9　属性加入

2. 属性撤销

属性撤销如图 4.10 所示。假设属性 ω_j 现有的用户集合是 $\{P_1, P_2, P_5, P_6, P_7, P_8\}$，与属性变更同理，此时 ω_j 的组密钥为 $E'_i = \{V_4 \| V_6 \| V_7 \| U_j\}$，当用户 P_8 从用户组中撤出时，原有的根节点 (V_4, V_6, V_7) 更新为 (V_4, V_6, V_{14})，TA 重新生成随机公开参数 U'_j，那么定义更新后的组密钥为 $E'_j = \{V_4 \| V_6 \| V_{14} \| U'_j\}$。

User 利用 E'_i 运行 $upGKeyGen$ 对自身的私钥进行更新。重新选取随机数 $s' \in Z_p^*$ 运行 $reEncrypt$ 算法，计算 $C' = me(g,g)^{\alpha(s+s')}$ 和 $C = h^{s+s'}$；针对于发生变更的属性结合

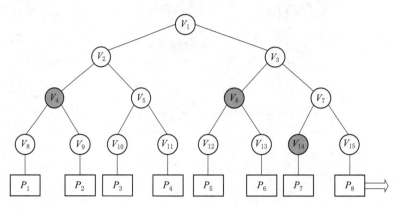

图 4.10 属性撤销

$\{f\}$ 计算 $C_y = g^{q_i(0)+s'}$，$C'_y = (H(\omega(y))^{q_i(0)+s'})^{E'_i}$，而未发生变更的属性组 $\forall y \in Y/$ $\{f\}$ 则保持不变，计算 $\overline{C}_y = g^{q_y(0)+s'}$，$\overline{C}'_y = (H(\omega(y))^{q_y(0)+s'})^{E'_i}$。那么 Manager 将新的重加密密文定义为

$$CT' = \begin{cases} T, C', C, C_y, C'_y \\ \forall y \in Y/\{f\} : \overline{C}_y, \overline{C}'_y \end{cases}$$

3. 用户变更

用户的整体变更可由属性变更推广得到，这里主要分为两种情况：一是用户加入系统（即为新用户分配属性）；二是用户从系统中注销（即撤销该用户的所有属性）。然而这里需要注意系统的安全性问题，因此需要重新部署 τ 的变化过程。

（1）假设系统中的用户集合为 $\{P_1, P_2, P_3, P_4, P_5, P_6, P_7, P_8\}$，为了保证用户 P_8 在撤出系统后再利用其掌握的路径节点密钥继续进行密文解密和私钥的更新，需要更换整条密钥链，P_8 所对应的路径密钥链为 $\{V_1, V_3, V_7, V_{14}\}$，那么 Manager 需要从新选取随机数 $V_{tmp} \in Z_p^*$ 分别计算新的密钥链，更新与之有对应的左叶子节点 $\{V_8, V_{12}, V_{14}\}$，即 $V'_8 = V_{tmp}\,xor\,V_8$；$V'_{12} = V_{tmp}\,xor\,V_{12}$；$V'_{14} = V_{tmp}\,xor\,V_{14}$。用户撤销示意图如图 4.11 所示。

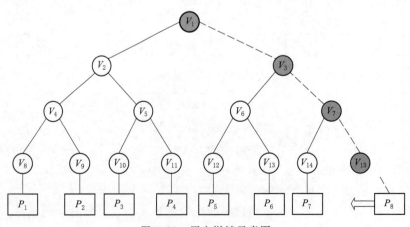

图 4.11 用户撤销示意图

（2）通过 τ 的构建原理，即利用 $hash$ 函数计算父节点密钥，计算更新路径节点密钥链 $\{V_1,V_3,V_7\}$，即

$$V'_8 \xrightarrow{hash} V'_4 \xrightarrow{hash} V'_2 \xrightarrow{hash} V'_1$$

$$V'_{12} \xrightarrow{hash} V'_6 \xrightarrow{hash} V'_3$$

$$V'_{14} \xrightarrow{hash} V'_7$$

（3）将更新之后的 τ 中虚拟节点密钥通过广播加密的方式发送给相应的用户，至此完成用户的整体变更。此变更过程中，大部分的计算开销例如节点密钥的更新、组密钥的生成等都是通过 TA 完成，降低了用户的计算压力。

4.4.5　安全性证明

ALKEK – CPABE 模型的安全性是在随机预言机模型下应用 DBDH（判定双线性 Diffie – Hellman）困难问题假设进行证明满足中选择明文攻击安全：系统随机选择元组 (g,g^a,g^b,g^c,Z)，其中常数 a，b，c，$\theta \in Z_p^*$，$Z=e(g,g)^\theta$，计算 $e(g,g)^{abc}$。数学困难问题假设能够被某多项式算法 Q 以优势为 ε 求解，即满足

$$\Pr[Q(g,g^a,g^b,g^c,e(g,g)^{abc})=1]-\Pr[Q(g,g^a,g^b,g^c,e(g,g)^\theta)=1]\geqslant\varepsilon \quad (4.53)$$

定理 4.2　如果 A 利用某个时间多项式时间算法解决 DBDH 数学困难问题，假设的优势是能够被忽略的，则称 ALKEK – CPABE 方案满足 IND – CPA 安全。

证明：定义敌手为 A、挑战者为 B，两个角色完成攻击游戏，若存在 A 能够利用多项式算法 Q 可以赢得这次游戏，即 A 攻破数学困难问题，输入 $(g,g^a,g^b,g^c,Z=e(g,g)^\theta)$，$Q$ 决定等式 $Z=e(g,g)^{abc}$ 是否成立。A 与 B 在游戏过程中的交互如下：

初始化：A 向 B 首先声明要攻击的访问控制策略树 T^*。

系统设置：B 产生随机常数 α'，β'，a，$b\in Z_p^*$，并执行 $Setup(1^k)$ 算法，将计算得出的公钥 $pk=\{g,h=g^{\beta'},e(g,g)^{\alpha'}\}$ 反馈回 A，保留主密钥 $mk=\{g^{\beta'},g^{\alpha'}\}$。

阶段1，主要过程如下：

（1）B 首先运行 $KeyGen$ 算法。生成随机参数 r，$r_j\in Z_p^*$。令 $r=br'-ab$，$r_j=br'_j$。针对于属性域的每一个属性 $\omega_j\in\omega^*$，为 A 计算其私钥元组：$D=g^{(\alpha'+r)/\beta'}=g^{(ab+br'-ab)/\beta'}$。$D_j=g^r\cdot H(\omega(j))^{r_j}=g^{br'-ab}\cdot H(\omega(j))^{r_j}$；$D'_j=g^{r_j}=g^{br'_j}$。

（2）运行得 $upGKeyGen$ 到 ω^* 的组密钥 E_{ω^*}。

（3）B 计算 ω^*（即 A 向 B 询问的属性集合）的私钥 $sk=\{D,\forall\omega_j\in\omega^*,D_j,D'_j\}$，随后将 sk 和 E_{ω^*} 反馈回 A。

挑战阶段，主要过程如下：

（1）A 向 B 提交两段等长的明文消息 m_0 和 m_1，B 在其中选择随机其中一段明文 $m_u(u\in\{0,1\})$ 利用 T^* 对其进行 $Encrypt$ 和 $reEncrypt$ 计算得到重加密密文 CT'_u。生成一个随机数 $s_1\in Z_p^*$，并分别计算重加密密文元组：$C'=m_u\cdot e(g,g)^{\alpha'\cdot s_1}$；$C=g^{\beta'\cdot s_1}$；$C'_y=H(\omega(y))^{q_y(0)}$；$C_y=g^{q_y(0)}$。

（2）B 利用 *reEncrypt* 算法将 C'_y 更新为 $C''_y = H(\omega(y))^{q_y(0) \cdot E_j}$，定义重加密密文为 $CT'_u = \{T, C', C, \forall y \in Y, C_y, C''_y\}$，随后 B 将 CT'_u 反馈回 A。

阶段 2：与阶段 1 原理相同，A 继续向 B 发送询问报文。

猜测阶段：A 对随机数 u 的取值 $u'(u' \in \{0,1\})$ 进行猜测。

（1）若 $u = u'$，那么 $Z = e(g,g)^{abc}$，即 A 解密成功。则 A 取得攻击-挑战游戏的优势定义为：$\Pr[u = u' | Z = e(g,g)^{abc}] = 1/2 + \varepsilon$。

（2）若 $u \neq u'$，那么 $Z = e(g,g)^{\theta}$，即 A 解密失败无法获得任何明文信息。则优势为 $\Pr[u \neq u' | Z = e(g,g)^{\theta}] = 1/2$。因此 $\Pr[Q(g,g^a,g^b,g^c,e(g,g)^{abc}) = 1] - \Pr[Q(g,g^a,g^b,g^c,e(g,g)^{\theta}) = 1] \geqslant \varepsilon$ 成立。

如果 A 利用某个时间多项式时间算法攻克攻击-挑战游戏的优势是能够被忽略的，则称 ALKEK - CPABE 方案满足 IND - CPA 安全。

4.4.6　方案对比分析

1. 复杂性对比

不同方案的复杂性对比，见表 4.6。

表 4.6　　　　　　　　　　　　不同方案的复杂性对比表

方　　案	计 算 复 杂 度			存储量
	初始化	用户变更	属性变更	
方案四（文献 [15]）	$O(3)$	$O(3)$	—	3
方案五（文献 [16]）	$O(t+n)$	$O(t+n)$	$O(t+n)$	$t+n$
方案六（文献 [17]）	$O(n+1)$	$O(n+1)$	$O(2n)$	n
ALKEK - CPABE 方案	$O(\log_2 n)$	$O(1)$	$O(\log_2 n)$	$O(1+\log_2 n)$

为方便计算假定 τ 为满二叉树，主要从用户角度上的计算复杂度和用户存储量两个方面进行参数对比分析，其中 n 为属性组中用户的数量，文献 [16] 中的 IKE 方案则运用 (n, t) 门限秘密共享机制。

ALKEK - CPABE 方案通过引入逻辑二叉树 τ 使其属性初始化、属性变更和用户存储量呈对数增长，大大减少了在这三方面的开销。

在计算复杂度的对比分析更加细化为初始化、用户变更和属性变更三个方面，具体如下：

（1）该方案将 τ 作为密钥分发的核心机制，在初始化阶段，由于之前假定了 τ 为满二叉树，因此复杂度会随着用户数量（即叶子节点的数量）呈对数增加，因此用户的计算开销为 $O(\log_2 n)$。

（2）用户变更即属性组中的用户加入和用户撤销，在此过程中 User 的开销在于利用 Manager 生成的随机参数 V_{tmp} 对私钥进行更新，因此复杂度为 1，即 $O(1)$。

（3）当属性发生变更时，User 需要计算从相应的叶子节点到解密用到的最大覆盖子树根节点，因此开销也会成指数增长，即 $O(\log_2 n)$。

在用户存储压力方面，由于每个用户都需要存储与其对应的路径密钥链上所有节点密钥，即为 τ 的度（即逻辑二叉树的层数 d），依据 τ 的构建原理可知 $d = 1 + \log_2 n$，用户的存储量即为 $O(1 + \log_2 n)$。表 4.6 中，本章提出的 ALKEK－CPABE 方案在计算复杂度和用户存储压力这两方面都要优于传统的属性撤销机制。

2. 参数对比

属性撤销机制参数对比，见表 4.7。

表 4.7　　　　　　　　　　　　属性撤销机制参数对比

方　　案	密文长度	私钥长度	公钥长度	访问策略
方案七（文献 [18]）	$2t + 3r + 1$	$2k + 1$	$2l + 2n + 2$	LSSS
ALKEK－CPABE 方案	$2t1 + O\,(r)$	$k\log_2 n$	$3\log_2 n + O\,(n)$	访问树

在现有的属性变更机制研究中主要有两种访问策略，一是 LSSS 线性访问结构，二是方案中所应用到的访问树。因此表 4.7 给出与王鹏翮基于 LSSS 的方案的在密文长度、私钥长度和公钥长度三方面的参数对比，其中：l 表示系统中所包含属性的总量；r 表示 l 中参与变更的属性数量；n 表示系统中用户的数量，k 表示用户所拥有的属性个数。从表 4.7 中可知，ALKEK－CPABE 方案随着系统用户数量的增长，密文、私钥和公钥长度的增长速度都要慢于文献 [18]，因此 ALKEK－CPABE 方案相比 LSSS 方案更适用于大的云环境中。

3. 安全性分析

定理 4.3　方案具有向前向后安全性。

证明：方案中当属性组撤销某用户权限时，根据组密钥分发机制原理，Manager 依次运算 GKeyGen 和 upGKeyGen 算法为 User 计算出更新后的组密钥 E'_i 和私钥 sk'。利用 $hash$ 函数的不可逆性，即能从孩子节点计算得出父节点，而已知父节点密钥无法回推出子节点，从而保证了撤出用户无法继续计算得出组密钥。同理，新用户也无法计算出加入之前的系统数据，因此 ALKEK－CPABE 方案能够满足向前向后安全性。

定理 4.4　方案具有抗串谋攻击性。

证明：多个非法用户进行属性的结合形成合法属性组生成有效的解密密钥即被称为抗串谋攻击。在 ALKEK－CPABE 方案中，$KeyGen$ 算法可知每次对属性组生成密钥时，都会产生不同随机数 r，进而会计算得到不同的私钥元组 $D_j = g^r \cdot H(\omega(j))^{r_j}$ 和 $D'_j = g^{r_j}$，每个非法用户仅能得到相应的节点值，即 $e(g, g)^{r q_x(0)}$，无法推出 $e(g, g)^{rs}$，因此只有整体的合法属性组得到的密钥有效，而拼凑出的属性组则依然无法获得正确的解密密钥。

4. 仿真实验对比

通过与两个传统的属性变更方案（方案五、方案七）在系统初始化、属性变更和密文解密三个方面的效率进行仿真实验对比分析。实验环境搭建在 VMware Workstation 虚拟机，实验代码来自于 cp－abe－0.11 代码库。将配置为 IntelCore2 Duo 2.92GHz，2GB 内存且操作系统为 Ubuntu12.04 虚拟机当做 ALKEK－CPABE 方案中的可信授权机构服务器 TA，将若干台配置为 IntelCore2 Duo 800GHz，1GB 且操作系统为 Window7 的虚拟机当做云用户端。在仿真实验中通过记录客户端的延迟时间来反映系统的效率。系统初始化时间对比如图 4.12 所示。

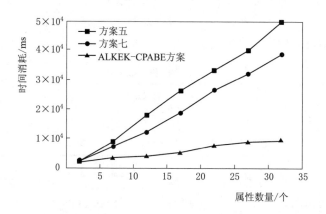

图 4.12　系统初始化时间对比

（1）系统初始化。随着属性数量的增加，三种系统初始化方案的时间消耗趋势分析：方案五中由于应用到对称加密技术，因此在初始化过程中用户需要与系统管理机构进行加解密密钥的协商，因此时间消耗也是最多的；而方案七是建立在合数阶双线性映射群的基础上的，在初始化的过程中会额外产生用于二元运算的随机数，因此该方案的开销依然高于 ALKEK - CPABE 方案。

（2）属性变更。从图 4.13 中可以看出，在属性变更方面对比中，方案五随着属性数量的增加基本持平，但延迟处于较高的水平，其原因为方案五中在组密钥的更新中无需再次进行密钥协商。方案七与 ALKEK - CPABE 方案的效率在前期基本持平，由于前者将属性列表与用户列表关联，每一次属性的变更都会牵扯用户，因此前者的开销会随着属性数量的增长呈线性增长；而后者通过引入逻辑二叉树，计算复杂度取决于树的层数，因此用户的开销与属性数量的增加呈对数增长。从长远看，ALKEK - CPABE 方案要优于其他两个方案。属性变更时间对比如图 4.13 所示。

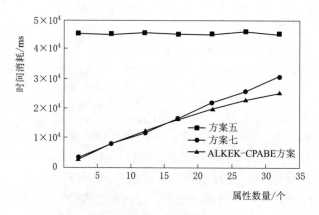

图 4.13　属性变更时间对比

（3）密文解密。从图 4.14 可以看出，方案五与方案七解密原理大体相同，即每一次解密都需要利用线性秘密重构（LSSS）将分割的秘密部分进行还原得出明文，因此开销会相对较大，ALKEK‑CPABE 方案将属性与逻辑二叉树相关联，且在解密时仅需多进行一步双线性映射，因此效率整体要高于方案五与方案七且增长率偏低。密文解密时间对比如图 4.14 所示。

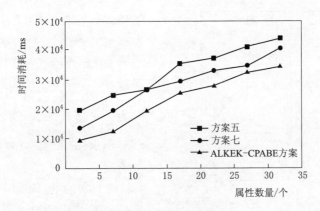

图 4.14　密文解密时间对比

针对于上述的三个仿真实验，ALKEK‑CPABE 方案由于引入了逻辑二叉树的组密钥分发机制，因此系统中属性数量的增加对计算开销影响相对较小，因此 ALKEK‑CPABE 方案在未来云环境中的推广和应用方面具有一定优势。

4.5　基于 CP‑ABE 扩展模型的细粒度属性变更机制

目前的属性撤销研究大多是基于某单一模型，随着云计算的发展，单一模型逐渐难以满足多元化的应用场景。例如在付费电视应用实例中，利用基于密钥策略的属性加密（Key‑Policy ABE，KP‑ABE）方案，广播台即加密者能够直接有效地控制视频的属性集合，更好地控制访问者的访问证书的权限。2009 年 Attrapadung 等结合 KP‑ABE 和 CP‑ABE 基本模型，首次提出双策略（Dual‑Policy Attribute Based Encryption，DP‑ABE）的加密方案，其核心思想是将密文策略与密钥策略两者的属性组和访问控制策略相结合，一方面，加密者可以将数据与相对应的客体属性组和主体访问控制结构同时关联得出密文；另一方面，用户通过与自身的主体属性组和客体访问控制结构关联计算出私钥，当且仅当主体和客体两对属性组和访问控制结构同时匹配时，方能解密得出明文。现有基于 DP‑ABE 的属性撤销研究相对偏少，较为经典的方案是 Rao 等提出的通过利用单调的线性秘密共享访问结构（LSSS）缩短了密文长度从而降低了撤销时延，然而加长的 LSSS 使分享矩阵行数增加，在秘密分享过程中对系统造成一定的开销。

针对于现有研究中存在的应用局限性以及属性撤销不灵活等缺陷，提出一种支持撤销的双策略属性基加密方案（ALKEK‑DPABE）。

4.5.1　DP - ABE 模型

基于属性的双策略加密（DP - ABE）是结合 CP - ABE 和 KP - ABE 所形成的，DP - ABE 加解密模型如图 4.15 所示。其中，CP - ABE 对应的访问控制结构和属性集定义为 $(C_T，\psi)$，KP - ABE 对应一组客体访问结构和属性集 $(K_T，\omega)$，明文 C 与 C_T 和属性组 ω 相关联生成密文 CT，主密钥与 K_T 和属性组 ψ 相关联生成 User 私钥。仅当 $\psi \in C_T$，$\omega \in K_T$ 时，方能得到明文。

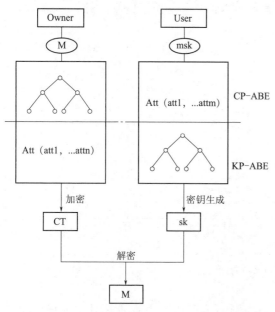

图 4.15　DP - ABE 加解密模型

组 ω 与 C 相关联，输出与之对应的密文 CT。

4.5.2　算法定义

ALKEK - DPABE 方案由以下算法构成：

（1）初始化 Setup：TA 输入随机生成安全参数，计算系统的公钥 pk 主密钥 msk。

（2）数据加密 Encrypt：TA 输入明文消息 C 和 pk，利用控制结构 C_T 和属性组 ω 与 C 相关联，输出与之对应的密文 CT。

（3）私钥生成 KeyGen：User 输入 pk 和 msk，利用访问控制结构 K_T 和属性组 ψ 与之关联计算出用户的私钥 sk。

（4）组密钥生成 GKeyGen：Manager 利用逻辑二叉树 τ 为系统中属性集合 $\psi = \{\psi_1, \psi_2, \cdots, \psi_n\}$ 分别推算出组密钥 E_k（$1 \leqslant k \leqslant n$）并由 User 保存。

（5）密文重加密 reEncrypt：Manager 将属性组密钥 E_k（$1 \leqslant k \leqslant n$）对 CT 进行重加密，得出重加密密文 CT'。

（6）私钥更新 UpKeyGen：User 将 E_k 与自己的私钥 sk' 关联更新运算得到新私钥 sk'。

（7）密文解密 Decrypt：User 用私钥 sk' 解密密文 CT'，当且仅当 $\psi \in C_T$，$\omega \in K_T$ 同时满足时能够成功解密得到明文消息 C，否则解密失败。

4.5.3　ALKEK - DPABE 安全模型

ALKEK - DPABE 方案分别设计敌手 A 和挑战者 B，并利用选择明文攻击安全模型进行证明。

准备阶段：A 声明其要攻击的访问控制结构 C_T^* 以及属性集合 ω^*。

系统初始化：B 利用安全参数对初始化系统，计算 pk 和 msk，将 pk 发送给 A，自己保留 msk。

阶段 1：A 首先声明一组属性集合和访问结构 $(\psi^*，K_T^*)$ 并且满足 $\omega^* \notin K_T^*$，$\psi^* \notin C_T^*$，发送与之对应的私钥 $sk'_{(\psi^*，K_T^*)}$ 的询问报文给 B。B 先后运行算法 KeyGen 和

$upKeyGen$，将 ψ^* 作为输入项，运算得到属性集合 ψ^* 所对应私钥 $sk'_{(\psi^*,O^*)}$ 和组密钥 E_{ψ^*} 并将二者提交给 A。

挑战阶段：A 返还两个长度相等的明文消息 C_0 和 C_1，B 随机选取 $u \in \{0,1\}$，并利用 A 所公布的 (C_T^*, ω^*) 计算 $Encrypt$ 和 $reEncrypt$ 得到 C_u，将的密文 CT'_u 发布给 A。

阶段 2：与阶段 1 相似，A 继续 B 发送询问报文。

猜测阶段：A 猜测 u 的值 u'，则 A 取胜优势定义为 $Adv(A) = \left| \Pr[u'=u] - \dfrac{1}{2} \right|$。

若有概率多项式时间内 $Adv(A)$ 能被忽略，则 ALKEK - DPABE 方案满足 IND - CPA 安全。

4.5.4　双策略属性撤销机制实现

方案基于的 DP - ABE 模型是由 CP - ABE 和 KP - ABE 模型通过组合所形成，通过线性秘密共享方案（LSSS）实现共享秘密的分割与重构。令矩阵（M，p）指代访问控制结构 C_T，矩阵（N，π）指代访问控制结构 K_T，ρ 在模型中作为内设函数；定义 m，n 分别为属性集 ψ 和属性集 ω 的最大域，且 $l_{C,\max}$ 为 C_T 所对应矩阵 M 的最大行数；指定 U_ψ，U_ω 分别为系统中 ψ 和 ω 属性全域。

1. $Setup$

初始化 $Setup$：设乘法循环群 G 的阶为 q，生成元为 g。在乘法循环群 G 众定义两个函数，即

$$F_C(x) = r_1^x \cdot r_2^{x^2} \cdots \cdot r_{m+l_{c,\max}}^{x^{m+l_{c,\max}}} \tag{4.54}$$

$$F_K(x) = t_1 \cdot t_2^{x^2} \cdots \cdot t_n^{x^n} \tag{4.55}$$

分别在系统中生成两个公开参数 α，$\beta \in Z_q$，和两组随机数 $r = \{r_1, r_2, \cdots, r_{m+l_{C,\max}}\}$ 和 $t = \{t_1, t_2, \cdots t_n\}$。得出系统公开参数 $pk = (g, e(g,g)^\alpha, g^\beta, r, t)$ 和主密钥 $msk = (\alpha, \beta)$。

2. $Encrypt$

数据加密 $Encrypt$：令 M 为 $l_C \times k_C$ 矩阵且 M_i 为矩阵 M 的第 i 行，选择一组随机数 $s, y_2, \cdots, y_{k_C} \in Z_q$ 组成向量 $u = (s, y_2, \cdots, y_{k_C})$。计算：$D = C \cdot e(g,g)^{as}$；$\overline{D} = g^s$；其中 $\lambda_i = M_i \cdot u (1 \le i \le l_C)$；$D'_x = [F_C(x)]^s$。得出密文 $CT = (D, \overline{D}, \{D_i\}_{i=1,\cdots,l_C}, \{D'_x\}_{x \in \omega})$。

3. $KeyGen$

私钥生成 $KeyGen$：N 为 $l_K \times k_K$ 矩阵，选择一组随机数 $r, z_2, \cdots, z_{k_K} \in Z_p$ 组成向量 $v = (\alpha + ar, z_2, \cdots, z_{k_K})$，令 $\delta_i = N_i \cdot v (1 \le i \le l_K)$，其中 N_i 为 N 的第 i 行。重新生成一组随机数 $r_1, \cdots, r_{l_K} \in Z_p$，计算 $K'_i = g^{r_i}$，$\overline{K_i} = [g \cdot F_K(\pi(i))]^{-r_i \delta_i}$，$K_x = F_K(x)^r$，$K = g^r$，得出与之关联的用户私钥为 $sk = (K, \{K_x\}_{x \in \psi}, \{\overline{K_i}, K'_i\}_{i=1,\cdots,l_K})$。

4. $GKeyGen$

组密钥生成 $GKeyGen$：计算组密钥组 E_k 密钥的更新方法在前文中进行了详细的介绍，在此不再介绍。

5. $reEncrypt$

密文重加密 $reEncrypt$：通过 $GKeyGen$ 得出的组密钥 E_k 对 CT 进行重加密，计算

$D_i^* = (D_i)^{E_k} = g^{\alpha\lambda_i} F_C(\rho(i))^{-sE_k}$，那么得出重加密密文 $CT' = \{D, \overline{D}, D_i^*, \{D_x'\}_{x\in\omega}\}$ 并存储在 CSP 中。

6. $upKeyGen$

私钥更新 $upKeyGen$：根据 (k, t) 秘密共享原理，CSP 将 E_k 通过 $(k, 2)$ 进行分割，其中 U_k 为随机公开参数，那么通过 Lagrange 重构将 E_k 计算得出

$$E_k = f(0) = \sum_{m=1}^2 f(x_m) \prod_{l=1, l\neq m}^2 \frac{-x_l}{x_m - x_l} \tag{4.56}$$

User 利用 E_k 计算 $K_x^* = (K_x)^{E_k} = F_K(x)^{rE_k}$，那么可以计算得出更新后的私钥 $sk' = (K, K_x^*, \{\overline{K_i}, K_i'\}_{i=1,\cdots l_K})$。

7. $Encrypt$

密文解密 $Encrypt$：User 从 CSP 下载 CT' 并利用 sk' 解密，当满足 $\psi\in C_T$，$\omega\in K_T$ 时，则能够输出明文消息 M，否则解密失败。令 $I_C = \{i\,|\,p(i)\in\psi\}$，$I_K = \{i\,|\,\pi(i)\in\omega\}$，解密算法如下：

分贝令随机数 $i\in I_C$，$j\in I_K$ 计算为

$$\begin{aligned}P &= \prod_{i\in I_C} [e(D_i^*, K) \cdot e(\overline{D}, K_{\rho(i)}^*)]^{\mu_i}\\ &= \prod_{i\in I_C} [e(g^{\alpha\lambda_i} F_C(x)^{-sE_k}, g^r) \cdot e(g^s, F_C(x)^{rE_k})]^{\mu_i}\\ &= \prod_{i\in I_C} e(g^{\alpha\lambda_i}, gr)^{\mu_i}\end{aligned} \tag{4.57}$$

$$\begin{aligned}Q &= \prod_{j\in I_K} [e(\overline{K_j}, \overline{D}) \cdot e(K_j', D_{\pi(j)}')]^{v_j}\\ &= \prod_{j\in I_K} [e(g^{\delta_j} F_K(\pi(j)^{-r_j}, g^s) \cdot e(g^{r_j}, F_K\pi(j)^s))]^{v_j}\\ &= \prod_{j\in I_K} e(g^{\delta_j}, g^s)^{v_j}\end{aligned} \tag{4.58}$$

则解密算法为

$$D \cdot \frac{P}{Q} = C \cdot e(g,g)^{\alpha s} \cdot \frac{1}{e(g,g)^{\alpha s}} = C \tag{4.59}$$

在某用户属性撤销过程中，Manager 在 τ 中重新寻找其最小子树的根节点运行 $GKeyGen$ 和 $UpKeyGen$ 算法完成组密钥的更新。

设某属性 ψ_k 所对应的用户组为 $\{U_1, U_2, U_5, U_6, U_7, U_8\}$，如图 4.16 所示，同理，$E_k = \{V_4 \parallel V_3 \parallel U_k\}$，当撤销 P_8 属性 ψ_k 时，Manager 将最大覆盖子树根节点集合由

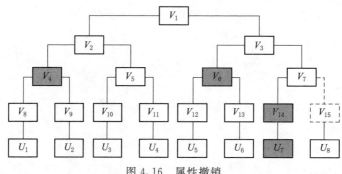

图 4.16 属性撤销

$\{V_4, V_3\}$ 调整为 $\{V_4, V_6, V_{14}\}$，因此属性撤销后更新的组密钥为 $E'_k = \{V_4 \parallel V_6 \parallel V_{14} \parallel P_k\}$。利用新组密钥进行私钥更新算法 UpKeyGen。选择随机数 $s' \in Z_p$ 对密文重加密，计算：$D^\# = me(g,g)^{\alpha(s+s')}$，$\overline{D^\#} = g^{s+s'}$。令 $\{f\}$ 为发生撤销的属性集合，运行 GKeyGen 算法，$\forall k \in \psi/\{f\}$ 算法对组密钥更新生成 E'_k，设未发生用户变化的属性组无需更换，计算 $D_i^\# = g^{\alpha\lambda_i} F_s(\rho(i))^{-(s+s')E'_k}$。得到更新密文：$CT' = \{D^\#, \overline{D^\#}, \forall k \in \psi/\{f\}: D_i^\#, \{D'_x\}_{x \in \omega}\}$。

4.5.5　方案分析

1. 安全性证明

ALKEK - DPABE 方案在预言机模型下基于 q - DBHE 困难假设进行安全性证明：模型利用乘法循环群的生成元 g 定义一组矢量 $(g, h, g^\alpha, g^{(\alpha^2)}, \cdots, g^{(\alpha^q)}, g^{(\alpha^{q+2})}, \cdots, g^{(\alpha^{2q})}, Z) \in G^{2q+1} \times G_T$ 其中 $g_i = g^{(\alpha^i)} \in G$，$y_{g,\alpha,q} = (g_1, \cdots, g_q, g_{q+2}, \cdots, g_{2q})$ 计算 $Z = e(g, h)^{(\alpha^{q+1})} \in G_T$。$q$ - DBHE 假设能够被某一个概率多项式时间算法 Q 以优势为 ε 求解，当且仅当满足

$$|\Pr[Q(g, h, y_{g,\alpha,q}, e(g_{q+1}, h)) = 0] - \Pr[Q(g, h, y_{g,\alpha,q}, Z) = 0]| \geqslant \varepsilon$$

定理 4.5　假设 q - DBHE 成立，如果有攻击者能够在多项式得出的时间内，以可被忽略优势 ε 的情况下假设，那么该方案满足 IND - CPA。

证明：若存在攻击者 A 能够用算法 Q 以优势为 ε 赢得这次游戏，即攻破密钥解密得到明文。输入 $(g, h, y_{g,\alpha,q}, Z)$，算法 Q 决定等式 $Z = e(g_{q+1}, h)$ 是否成立。攻击者 A 和挑战者 B 在模拟器上执行挑战游戏，具体如下：

准备阶段：A 首先声明要攻击一组访问结构和属性集合 (C_T^*, ω^*)。

初始化：运行 Setup 算法；设 g 为乘法循环群 G 的生成元，随机选取两个随机数 $\alpha, \beta \in Z_q$，并在 G 中选取两个参数组 $r = \{r_1, r_2, \cdots, r_{m+l_{C,\max}}\}$ 和 $t = \{t_1, t_2, \cdots, t_n\}$。那么生成并公开系统的公开参数 $pk = (g, e(g,g)^\alpha, g^\beta, r, t)$，保留主密钥 $msk = (\alpha, \beta)$。

阶段 1：A 首先宣布攻击对象，即一组访问控制策略和属性集合 (ψ^*, K_T^*)，假设自身无法直接解密得到明文，即 A 所拥有的 (ω^*, C_T^*) 满足 $\omega^* \notin K_T^*$，$\psi^* \notin C_T^*$。随后向 B 发送与私钥 $sk'_{(\psi^*, K_T^*)}$ 相应的询问报文。B 先后运行 KeyGen 算法和 UpKeyGen 算法。

（1）KeyGen：A 中的访问结构 K_T^* 由 (N, π) 表示，其中 N 为 $l_K \times k_K$ 矩阵，N_i 为 N 的第 i 行，π 为矩阵的内设函数。模拟器选择一组随机数 $r, z_2, \cdots, z_{k_K} \in Z_p$ 组成向量 $v = (\alpha + ar, z_2, \cdots, z_{k_K})$，由于 $\omega^* \notin K_T^*$，因此在这里分为两部分分析：①对于满足访问结构 K_T^* 的部分属性 x，即 $x \in K_T^*$，B 产生随机数 $r_i \in Z_q$，计算得出 $K'_i = g^{r_i}$，$\overline{K_i} = [g \cdot F_K(\pi(i))]^{-r_i\delta_i}$；②对于不满足访问结构 K_T^* 的部分属性 y，即 $y \notin K_T^*$，B 产生随机数 $r'_i \in Z_q$，$r'_i = r_i + N_i \cdot \beta$，由于 $\omega^* \notin K_T^*$，因此 $N_i \cdot \beta = 0$。

综上所述，根据 $K'_i = g^{r_i}$，$\overline{K_i} = [g \cdot F_K(\pi(i))]^{-r_i\delta_i}$，$K_x = F_K(x)^r$，$K = g^r$ 可以得出与 (ω^*, C_T^*) 所对应的私钥为 $sk = (K, \{K_x\}_{x \in \psi^*}, \{\overline{K_i}, K'_i\}_{i=1,\cdots,l_K})$。

（2）upKeyGen：模拟器根据密钥更新算法，通过 Lagrange 重构将 E_k 计算得出，即

$$E_k = f(0) = \sum_{m=1}^{2} f(x_m) \prod_{l=1, l \neq m}^{2} \frac{-x_l}{x_m - x_l} \tag{4.60}$$

模拟器利用组密钥 E_k 计算 $K_x^* = (K_x)^{E_k} = F_K(x)^{rE_k}$，则 A 更新后的私钥 $sk'_{\omega^*} = (K, K_x^*, \{\overline{K_i}, K'_i\}_{i=1, \cdots l_K})$。挑战者 B 将新私钥 sk'_{ω^*} 和组密钥 E_k 反馈给 A。

挑战阶段：在该阶段中攻击者 A 定义两个等长明文数据 C_0 和 C_1，并发送给 B，B 通过投掷硬币的原理选取 $u \in \{0,1\}$。模拟器运行加密算法加密数据 C_u。选择一组随机数 $s, y_2, \cdots, y_{k_C} \in Z_p$ 组成向量 $u = (s, y_2, \cdots, y_{k_C})$。对于 $x \in \omega^*$ 的属性满足 $f(x) = 0$ 那么可以计算密文的元组：$D = Me(g,g)^{as}$；$\overline{D} = g^s$；$D_i = [g \cdot F_C(\rho(i))]^{-sa\lambda_i}$，其中 $\lambda_i = M_i \cdot u (1 \leq i \leq l_C)$；$D'_x = [F_C(x)]^s$。得出 $CT = (D, \overline{D}, \{D_i\}_{i=1, \cdots, l_C}, \{D'_x\}_{x \in \omega^*})$。

继续运行 $reEncrypt$ 运算，利用逻辑二叉树 τ 原理生成的组密钥 E_k 更新密文：$D_i^* = (D_i)^{E_k} = [g \cdot F_C(\rho(i))]^{-sa\lambda_i E_k}$，得出重加密密文 $CT' = (D, \overline{D}, \{D_i\}_{i=1, \cdots l_C}, \{D'_x\}_{x \in \omega^*})$。

阶段 2：与阶段 1 步骤相似，A 继续向 B 发送询问报文。

猜测阶段：A 输出 $u' \in \{0,1\}$。

(1) 若 $u = u'$，那么 $Z = e(g_{q+1}, h)$ 成立，即 A 获得真实的密文。则 A 的优势定义为

$$\Pr[u = u' | Z = e(g_{q+1}, h)] = 1/2 + \varepsilon$$

(2) 若 $u \neq u'$，$Z = e(g,h)^{a^{q+1}}$，即 A 无法获得任何明文信息，则 $\Pr[u \neq u' | Z = e(g,h)^{a^{q+1}}] = 1/2$。因此，将 A 取胜的优势 $Adv_{q\text{-}DBHE}(A)$ 定义为 $Adv_{q\text{-}DBHE} = |\Pr[Q(g, h, y_{g,a,q}, e(g_{q+1}, h)) = 0] - \Pr[Q(g, h, y_{g,a,q}, e(g,h)^{a^{q+1}}) = 0]|$ 成立。

在上述的挑战过程中如果没有挑战者能够以不可忽略的优势在多项式时间内完成，那么 ALKEK-DPABE 方案在随机预言机模型下符合选择明文攻击（IND-CPA）安全。

2. 复杂性分析

本节与 Okamoto 等提出的 DP-ABE 方案在计算消耗和参数对比两方面进行分析，计算消耗对比分析见表 4.8、方案参数对比分析见表 4.9。

表 4.8　　　　　　　　　　　　　计 算 消 耗 对 比 分 析

方案	解 密 开 销		
	Ex_G	Ex_{GT}	双线性映射对
文献 [21]	—	$|I_K| + |I_K|$	$|I_K| + |I_C| + 1$
作者方案	$O(I_K + |W_K|)$	$|I_K|$	$|I_K| + 2$

表 4.9　　　　　　　　　　　　　方 案 参 数 对 比 分 析

方案	密钥长度	密文长度	假设模型
文献 [21]	$O(l_K + |L_C|)B_G$	$(7L_C + 7|W_K| + 8)B_G + B_{GT}$	DLIN
作者方案	$O(l_K + |L_C|)B_G$	$(L_C + |W_K| + 1)B_G + B_{GT}$	q-DBHE

其中：$B_G(B_{GT})$ 表示系统循环群 $G(G_T)$ 中所包含的元素数量；$Ex_G(Ex_{GT})$ 表示循环群 $G(G_T)$ 的阶数；I_C 表示用户私钥中包含的 ψ 属性组；$l_K(l_C)$ 表示 $K_T(C_T)$ 访问控制结构对应的线性秘密共享矩阵中的行数；W_K 表示密文中所包含的 ω 属性组中的属性数量；$I_K(I_C)$ 表示用于解密的最小属性数量。

算法复杂度与双线性映射对的数量线性相关，在表 4.8 中可以看出文献 [21] 的映射对的数量为 $|I_K|+|I_C|+1$ 个，作者方案仅有 $|I_K|+2$ 个，因此在增长率方面前者要高于后者；在表 4.9 的对比中对比方案的密文长度要明显高于作者方案。

4.6 基于 CP - ABE 的属性撤销优化技术

CP - ABE 由于其自身特性适合于分布式环境下解密方不固定的情况，加密方加密信息时无需考虑解密方信息，而解密方只需拥有对应属性即可满足解密条件；并且 CP - AB 的加密算法中包含访问控制结构，密文访问控制中频繁出现的密钥分发代价在 CP - ABE 方案中得以解决。故目前对 CP - ABE 的研究主要集中与 CP - ABE 在云计算环境下的自身问题，如细粒度的访问控制、用户属性撤销、多授权中心方案等方面。

针对上述问题，结合现有属性撤销方案和多授权中心方案，提出一种支持细粒度属性撤销的多授权方案（Re - encrypt Mulit - authority CiphertextPolicy - ABE，RMCP - ABE)，优化了三个方面：①属性撤销所带来的大量计算开销和通信开销；②属性撤销的细粒度、灵活性和安全问题；③大量用户规模下授权中心的安全性与效率问题。

4.6.1 方案思想

本方案通过构造属性重加密算法实现细粒度的属性撤销，同时将重加密工作交给云服务器（CSP）完成，大大降低了数据属主的计算开销，由于 CSP 具有强大的计算能力，使得重加密工作在极短时间内完成，保证了属性撤销的时效性；通过引入 Shamir 秘密共享方案和覆盖整个用户集合的逻辑二叉树，当发生用户属性撤销时，其他共享属性的合法用户无需与授权中心交互便可顺利获得新的重加密密钥，降低了通信开销并确保属性撤销的细粒度；将传统单授权中心功能拆分为多个授权中心协同完成，保证授权中心在大量用户规模的云环境下能够安全、高效地工作。

4.6.2 相关定义

定义 4.4 令 $\Lambda=\{\lambda_1,\lambda_2,\cdots,\lambda_q\}$ 为属性集合。其中，q 为群 G_1 的阶，λ_i 个指代某个属性。

定义 4.5 令 $AA=\{AA_1,AA_2,\cdots,AA_n\}$ 为属性授权中心集合。其中，n 为属性授权中心的数量，AA_i 为一个属性授权中心。

定义 4.6 令 $U=\{u_1,u_2,\cdots,u_n\}$ 为合法用户集合。其中，n 为用户个数。

定义 4.7 令任意属性 λ_i 的重加密密钥为 δ_i，则有集合 $\delta_\Lambda=\{\delta_1,\delta_2,\cdots,\delta_n\}$ 为所有属性重加密集合。

定义 4.8 令一棵能覆盖所有系统用户的有根二叉树为满用户二叉树，如图 4.17 所示，其中菱形代表二叉树节点，矩形代表用户。图中的二叉树为满二叉树，此二叉树共有四层，其中节点 V_1 是根节点，节点 $V_8 \sim V_{15}$ 均为叶子节点；所有的非叶子节点均有左右两个子节点，二叉树中每层的节点数从左到右依次递增，用于区分左右两个子节点；每个叶子节点均连接一个用户。

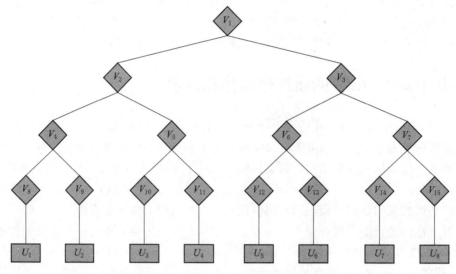

图 4.17 满用户二叉树

由满二叉树的特性可知，叶子节点连接的用户数量为偶数个。当用户数量为奇数个时，二叉树结构如图 4.18 所示，用户数量共有 7 个，与图 4.17 中二叉树结构相比去掉了用户 u_8 和节点 V_{15}。值得注意的是无论用户数量为奇为偶，用户二叉树中的叶子节点均需在同一层。从图 4.18 中看出，虽然多出一个非叶子节点 V_7，但这种规定是有必要的，其必要性会在下面的定义 7 中体现。

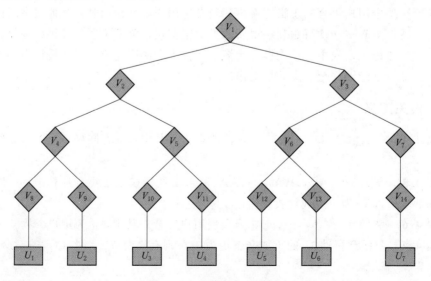

图 4.18 奇数用户二叉树

定义 4.9　在覆盖全部用户集合的用户二叉树中，针对每个用户 u 选取从叶子节点到根节点路径的所有节点定义这些节点集合为用户的路径密钥 RK（Route Key）。以图 4.19 为例，用户 u_1 的路径秘钥为图中用户二叉树的蓝色节点，即 $RK_1 = \{V_1, V_2, V_4, V_8\}$。

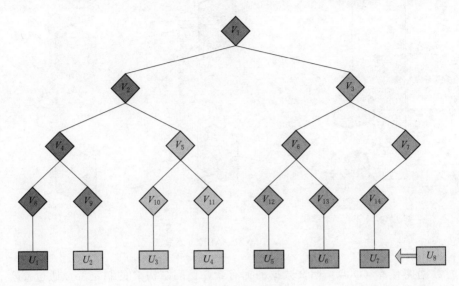

图 4.19 满用户二叉树

定义 4.10　在覆盖全部用户集合的用户二叉树中，针对任意属性 λ_i 的用户集合 U_1，生成该属性 λ_i 的子二叉树。在子二叉树中，选取尽可能少的节点组成一个集合，有且只有 U_1 中的所有用户与集合中的节点相连。选取节点的集合称为最小覆盖子树 MS（Minimalcover subtree）。

假设现有属性 λ_1 的用户集合为 $U_1 = \{u_5, u_6, u_7\}$ 则其子二叉树如图 4.19 所示。则属性 λ_1 的最小覆盖子树应为 $MS(\lambda_1) = \{V_6, V_{14}\}$。对于节点 V_6 而言，其子节点覆盖的用户只有 u_5 和 u_6，而刚好覆盖用户 u_7 的节点有 V_7 和 V_{14}，若选择节点 V_7 为 $MS(\lambda_1)$，当有新用户 u_8 加入系统时，无论 u_8 是否属于集合 U_1，用户 u_8 均可通过自己的 RK 获知节点 V_7，当 u_8 不属于 U_1 时，知晓 $MS(\lambda_1)$ 中的节点会影响数据的安全性，因此 $MS(\lambda_1)$ 中的节点只能是 V_6 和 V_{14}。

定义 4.11　多授权机构模型中，假设共有 n 个授权中心，其中 m 个已被恶意攻破，攻击者所获得的密钥仍无法解密密文，然而攻击者攻破 $m+1$ 个授权中心所获得的密钥可以解密密文，则认为该系统能够抵挡 m 个合谋攻击。

4.6.3　PMCP - ABE 方案概述

整个方案主要由数据拥有者、用户、云服务器和多授权中心四个部分组成，其中多授权机构由两个管理中心和众多属性授权中心构成。云服务器具有强大的计算能力和丰富的计算资源。方案内各部分成员均通过互联网连接。PMCP - ABE 方案模型如图 4.20 所示，每个实体具有以下作用与特性：

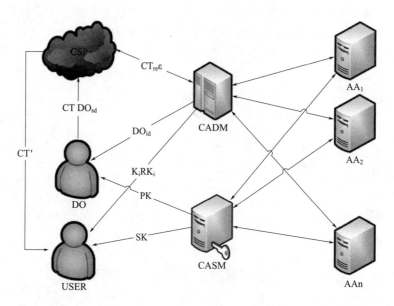

图 4.20 PMCP - ABE 方案模型

（1）数据拥有者（DO）：明文数据的拥有者，访问结构 Γ 的制定者，通过 $CP - ABE$ 算法加密明文数据为密文 CT 并上传至云服务器；在加密前需向数据授权中心注册自己的数据属主身份（DO_{id}）并通过安全信道传输至云服务器。

（2）用户（USER，u）：数据的访问者，当 u∈U 时，用户 u 可以通过云服务器访问密文数据，有且只有用户 u 的属性集合满足访问结构 Γ 时，用户 u 才能解密密文数据。

（3）云服务器（CSP）：云服务器一般负责存储从数据拥有者上传的密文数据和响应用户的访问请求，其中，云服务器只响应合法用户的访问请求。在 RMCP - ABE 方案中云服务器还需完成重加密计算工作，并与数据授权中心协商安全参数 ε。云服务器会诚实地执行系统中的合法任务，并从原则上保护数据不被泄露，但云服务器中仍有某些漏洞会导致数据被云服务器内部人员或外部人员非法盗取。

（4）数据授权中心（CADM）：多授权模型中的管理中心之一，在方案初始化中，CADM 首先生成覆盖所有用户集合的逻辑二叉树，根据最小覆盖子树算法生成每个属性的最小覆盖子树 MS；根据用户路径密钥算法生成每个用户的路径密钥 RK 并发送给用户。在重加密工作中负责重加密密钥的收集与发送，CADM 通过属性授权中心获得每个属性的重加密密钥 δ_i，然后与云服务器协商安全参数 ε，最后 CADM 将 DO_{id} 和 ε 组成对称加密密钥并加密所有属性的重加密密钥和最小覆盖子树。

（5）密钥授权中心（CASM）：多授权模型中的管理中心之一，负责方案初始化中，公钥 PK 和主密钥 MK 的生成；响应用户的私钥请求并与属性授权中心共同生成用户私钥 SK。

（6）属性授权中心（AA）：属性授权中心的数量与数据拥有者定义的属性数量成正比，在本方案中，每一个属性授权中心负责一个属性的私钥和重加密密钥的生成。

4.6.3.1　RMCP - ABE 方案基本步骤

整个方案基本步骤如下：

（1）加密：①数据拥有者定制访问结构 $\varGamma$，DO 通过传统 CP - ABE 算法将明文数据加密为密文 CT，其中 CT 包含访问结构 $\varGamma$，DO 向 CADM 注册 DO_{id}，并其与密文一同上传至 CSP；②AA_i 产生对应属性的重加密密钥 δ_i 和最小覆盖子树 MS_i 并一同发送至 CADM；③CADM 为每个属性产生选取一个公开参数 K_i，并将 MS_i 和安全交给 CSP，同时将 K_i 公布出去；④CSP 运行重加密算法将密文 CT 重加密为 CT'，并将重加密密钥 δ_i 进行 Shamir 秘密共享，完毕后删除 δ_i。

（2）文件访问：①用户通过 CASM 获得私钥 SK；②用户通过 CADM 获得用户路径密钥 RK；③用户向 CSP 申请访问；④用户利用 RK 和公开参数 K_i 并通过 Shamir 秘密共享还原重加密密钥 δ_i；⑤用户通过重加密密钥 δ_i 将自己的私钥更新为 SK' 并解密密文 CT'。

（3）用户撤销：①由对应的属性授权中心 AA_i 负责产生新的属性重加密密钥 δ'_i 和最小覆盖子树 MS' 并上传至 CADM；②CADM 收集完毕后上传至 CSP；③CSP 运行重加密算法更新密文并将 δ'_i 进行 Shamir 秘密共享。

4.6.3.2　RMCP - ABE 方案算法定义与实现

整体算法可分为三个部分，分别为初始化、重加密和解密。

1. 初始化

（1）初始化 $Setup$：系统初始化算法，由 $CASM$ 运行，输入安全参数 k，输出系统主密钥 MK 和系统公钥 PK。

CASM 随机选择两个参数，$\alpha\beta\in Z_q^*$，计算 $h=g^\beta$ 与 $e(g,g)^\alpha$，产生系统公钥 PK 和主密钥 MK 如下，其中 PK 属于公开参数，MK 由 CADM 自行保密，即

$$PK=\{G_1,g,h=g\beta,e(g,g)\alpha\},MK=\{\beta,g\alpha\} \tag{4.61}$$

（2）加密 $Encrypt$：算法由 DO 运行，DO 需先定制访问结构 $\varGamma$，然后将公钥 PK、明文数据 m 以及访问结构 $\varGamma$ 作为输入，输出密文 CT。在加密前 DO 必须向 CADM 注册身份证明 DO_{id}，并将 DO_{id} 随密文 CT 一同上传至 CSP。

访问结构 $\varGamma$ 是一个根节点为 R 的访问控制树 T，且 T 中的节点分为叶子节点和非叶子节点。对于非叶子节点，DO 首先从根节点 R 开始由上而下为 T 中的每一个节点 x 产生一个多项式 q_x；针对多项式 q_x 定义阶数 d_x 和门限值 k_x 的关系为 $d_x=k_x-1$；根节点 R 的多项式 q_R 中的常数项 $s\in Z_q^*$ 是随机选取的，则有 $q_R(0)=s$，计算 $C'=m\cdot e(g,g)\alpha\cdot s,C=h^s$，且 q_R 在其他 d_R 个点是随机生成的；对于继续向下的节点 x，其常数项的值由函数 $q_x(0)=q_{parent(x)}(index(x))$ 生成，其他 d_x 个点同样是随机生成的。

对于叶子节点，令 Y 为 T 的所有叶子节点的集合，计算每个叶子节点 $y\in Y$ 对应的 $C_y=g^{qy(0)}$ 和 $C'_y=H(attr(y))^{qy(0)}$。则密文 CT 为

$$CT=\{T,C'=m\cdot e(g,g)^{a\cdot s},C=h^s,\forall y\in Y:C_y=g^{qy(0)},C'_y=H(attr(y))^{qy(0)}\} \tag{4.62}$$

（3）私钥产生 $KeyGen$：由 CASM 和 AA_i 共同运行，算法输入属性集合 $\varLambda$，主密钥 MK 和系统公钥 PK，输出用户的私钥 S，并将用户的私钥通过安全信道发送给用户。

CASM 随机选择 $r \in Z_q^*$，计算 $D = g^{(\alpha+r)/\beta}$；AAj 对所管理的属性 $\lambda_j \in \Lambda$ 选择一个随机数 $r_j \in Z_q^*$，计算 $D_j = g^r \cdot H(j)^{r_j}$，$D_j' = g^{r_j}$，则私钥 SK 为

$$SK = \{ D = g^{(\alpha+r)/\beta}, \forall \lambda_j \in \Lambda : D_j = g^r \cdot H(j)^{r_j}, D_j' = g^{r_j} \} \qquad (4.63)$$

2. 重加密

（1）路径密钥产生 $RKeyGen$：CADM 通过用户二叉树，为每位用户生成从叶子节点到根节点的集合，即 CADM 根据定义 6 为每位用户生成一个路径密钥 RK，并通过安全信道发送给用户。

（2）最小覆盖子树产生 $MSGen$：AA_i 通过 CADM 获知用户二叉树和对应属性 λ_i 的用户集合，根据用户集合生成对应属性的子二叉树，选取子二叉树中的节点作为属性 λ_i 的最小覆盖子树 $MS(\lambda_i)$，最后上传至 CADM。

（3）重加密 $ReKeyGen$：算法由属性授权中心 AA、数据授权中心 CADM 和云服务器 CSP 共同参与，整体算法分为以下步骤：

1）数据收集，AA_i 随机选取参数 $\delta_i \in Z_P^*$ 作为属性重加密密钥，并将 δ_i 和 $MS(\lambda_i)$ 交给 CADM；CADM 为每个属性随机生成公开参数 $K_i \in Z_P^*$ 并将其公开发布出去；CADM 向所有属性授权中心收集对应的 δ_i 和 $MS(\lambda_i)$，产生属性重加密密钥集合 δ_Λ 和属性最小覆盖子树集合 $MS(\Lambda)$。

2）安全传输，CADM 和 CSP 通过加密信道协商随机参数 ε；CADM 通过对称加密算法将 δ_Λ 和 $MS(\Lambda)$ 加密，生成密文 CT_{re} 并上传至 CSP，其密钥由 DO_{id} 和 ε 组成。由于 CSP 同样知晓 DO_{id} 和 ε，故可解密 CT_{re} 得到 δ_Λ 和 $MS(\Lambda)$。

3）重加密计算，由于 CSP 同样知晓 DO_{id} 和 ε，故可解密 CT_{re} 得到 δ_Λ 和 $MS(\Lambda)$；CSP 利用 δ_Λ 对密文进行重加密操作，计算 $C_y'' = (C_y')^{\delta_i} = H((attr(y))^{q_y(0)})^{\delta_i}$，则重加密密文 CT' 为

$$CT' = \{ T, C' = m \cdot e(g,g)^{\alpha \cdot s}, C = h^s, \forall y \in Y : C_y = g^{q_y(0)}, C_y'' = H((attr(y))^{q_y(0)})^{\delta_i} \}$$

$$(4.64)$$

4）重加密密钥共享，CSP 通过 Shamir 门限方案，将属性重加密密钥 δ_i 进行秘密共享，其门限设置为 $(2, n)$，即只需得知 n 个子密钥中的两个的便可还原 δ_i，而这 n 个子密钥由 $MS(\lambda_i)$ 和 K_i 组成。

（4）私钥密钥更新 $UpGKeyGen$：用户向 CSP 提交数据访问申请，CSP 将 CT' 发送给用户。由 MS 定义可知，任意合法用户 u_i 可通过自己的路径密钥 RK_i 得知 $MS(\lambda_i)$ 中的一个元素。所以合法用户只需通过 RK_i 并结合 K_i 就能够恢复出属性重加密密钥 δ_i，利用 Lagrange 插值公式计算为

$$\delta_i = f(0) = \sum_{r=1}^{2} f(x_r) \prod_{l=1, l \neq r}^{2} \frac{-x_1}{x_r - x_1} \qquad (4.65)$$

用户得到 δ_i 之后，计算 $D' = D_{\delta_i} = g^{(\alpha+r+\delta_i)/\beta}$ 和 $D_j' = D_j^{\delta_i} = g^{r+\delta_i} \cdot H(j)^{r_j \delta_i}$，则新的用户私钥 SK' 为

$$SK' = \{ D' = g^{(\alpha+r+\delta_i)/\beta}, \forall \lambda_j \in \Lambda : D_j' = g^{r+\delta_i} \cdot H(j)^{r_j \delta_i}, D_j'' = g^{r_j} \} \qquad (4.66)$$

3. 解密

密文解密 $Decrypt$：算法由用户执行，用户对访问控制树 T 进行递归运算，输入

CT' 和 SK'，若用户属性集合 ω 满足 T，即 $T(\omega)=1$ 时，用户可以解密 CT' 获得明文 m；否则解密失败输出 $\perp$。

定义递归函数运算 DecryptNode $(CT，SK，x)$，若节点 x 是 T 的叶子节点，则有

$$DecryptNode(CT,SK,x)=\frac{e(D_i,C_x)}{e(D'_i,C'_x)}=\frac{e(g^{r+\delta_i}\cdot H(i)^{r_i\delta_i},g^{q_x(0)})}{e(g^{r_i},H(i)^{q_x(0)\delta_i})}=e(g,g)^{(r+\delta_i)q_x(0)}$$

$$(4.67)$$

若 x 是 T 的非叶子节点，则对节点 x 的所有子节点 z 调用 DecryptNode(CT,SK,z)，其函数输出值集合为 F_z；令子节点 z 中的所有 k_x 大小的集合为 I_x，当且仅当 $F_z \neq \perp$ 时，继续计算为

$$F_x=\prod_{z\in\Lambda_x}F_z^{\Delta_i,\Lambda'_x(0)},i=index(z),I'_x=\{index(z)\mid z\in I_x\}$$

$$=\prod_{z\in\Lambda_x}(e(g,g)^{(r+\delta_i)q_z(0)})^{\Delta_i,\Lambda'_x(0)}$$

$$=\prod_{z\in\Lambda_x}(e(g,g)^{(r+\delta_i)q_{proent(z)}(index(z))})^{\Delta_i,\Lambda'_x(0)}$$

$$=\prod_{z\in\Lambda_x}(e(g,g)^{(r+\delta_i)q_x(i)})^{\Delta_i,\Lambda'_x(0)}$$

$$=e(g,g)^{r+\delta_iq_x(0)}$$

$$(4.68)$$

其中，$index(z)$ 当为子节点 z 针对节点 x 的唯一索引值。

4.6.4　方案属性撤销

属性撤销从撤销对象而言可分为用户属性撤销和策略撤销，将用户的所有属性撤销可视为注销用户，也称为用户撤销。

1. 用户属性撤销

用户属性撤销如图 4.21 示，假设现有某属性 λ_2 其用户组为 $U_2=\{u_1,u_2,u_3,u_4,u_7\}$，则其最小覆盖子树为 $MS(\lambda_2)=\{V_2,V_{14}\}$，此时用户 u_1 要退出 属性 λ_2。CADM 需要生成新的最小覆盖子树 $MS'(\lambda_2)=\{V_9,V_5,V_{14}\}$，同时通知对应的授权中心 AA_i 生成新的属性重加密密钥 $\delta'_i\in Z_P^*$，CADM 将 δ'_i 和 $MS'(\lambda_2)$ 加密为 CT_{re} 发送给 CSP，由 CSP 完成密文的重加密更新和新的 $(2，n)$ 秘密共享方案。

对于用户 u_1 而言，由于更新了属性重加密密钥 δ'_i，且新的最小覆盖子树 $MS'(\lambda_2)$ 中没有 u_1 知道的节点，故 u_1 不能解密 CT'，而合法用户 u_2，u_3，u_4，u_7 均可通过各自的路径密钥 RKi 获知 $MS'(\lambda_2)$ 中的某个节点 V_i，因此可结合公开参数 K_2 获得新的属性重加密密钥 δ'_i 进而解密密文 CT'。

用户撤销可视为用户退出所有属性组，故需要对用户的所有属性重复上述步骤。

2. 策略撤销

策略属性撤销是指 DO 在制定访问结构「 后，需要撤销其中某个属性的情况。此动作需要 AA_i、CADM 和 CSP 共同完成。

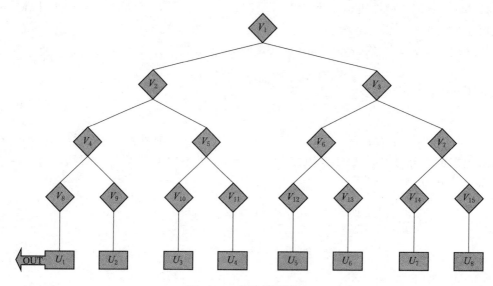

图 4.21　用户属性撤销

假设现有某属性 λ_3 其用户组为 $U_3 = \{u_2, u_3, u_4, u_6, u_8\}$，则由图 4.18 可知其最小覆盖子树为 $MS(\lambda_3) = \{V_9, V_5, V_{13}, V_{15}\}$，此时将属性 λ_3 撤销，对应的授权中心 AA$_3$ 则生成一个新的属性重加密密钥 δ'_3 和公开参数 K'_3 并上传至 CADM，但 CADM 会保留公开参数 K'_3，CADM 将 δ'_3 和 K'_3 加密为密文 CT_{re} 并上传至 CSP，CSP 更新密文 CT'，并对 δ'_3 进行新的（2, n）门限秘密共享，由于公开参数 K'_3 被 CADM 保留，因此用户 u_2，u_3，u_4，u_6，u_8 无法解密新的 CT'，属性 λ_3 被撤销。当需要恢复被撤销的属性 λ_3 时，只需 CADM 将公开参数 K'_3 公布出去即可。

假设现有某属性 λ_3 其用户组为 $U_3 = \{u_2, u_3, u_4, u_6, u_8\}$，则由图 4.18 可知其最小覆盖子树为 $MS(\lambda_3) = \{V_9, V_5, V_{13}, V_{15}\}$，此时将属性 λ_3 撤销，对应的授权中心 AA$_3$ 则生成一个新的属性重加密密钥 δ'_3 和公开参数 K'_3 并上传至 CADM，但 CADM 会保留公开参数 K'_3，CADM 将 δ'_3 和 K'_3 加密为密文 CT_{re} 并上传至 CSP，CSP 更新密文 CT'，并对 δ'_3 进行新的（2, n）门限秘密共享，由于公开参数 K'_3 被 CADM 保留，因此用户 u_2、u_3、u_4、u_6、u_8 无法解密新的 CT'，属性 λ_3 被撤销。当需要恢复被撤销的属性 λ_3 时，只需 CADM 将公开参数 K'_3 公布出去即可。

4.6.5　安全性分析

1. 用户属性撤销

由于文献［26］已证明 CP - ABE 的安全性，RMCP - ABE 方案虽然在 CP - ABE 算法基础上增加了重加密步骤，但算法安全性并没有降低。

定义 4.12　原 CP - ABE 算法是安全的。

结论　RMCP - ABE 案算法不低于原 CP - ABE 算法。

证明　由于传统的 CP - ABE 算法已被证明安全性，而 RMCP - ABE 方案中在原有的 CP - ABE 算法基础上增加了重加密密钥 δ_i，增加该参数并没影响本方案算法的安全性。

对于 CT'，令 $q_y(0)_1 = q_y(0)\delta_i$，由于 $q_y(0)$ 和 δ_i 均为随机数，故 $q_y(0)_1$ 也是随机数，则

$$C'_{y1} = C'_y = H(att(y))^{q_y(0)_1}, CT_1 = (T, C', C, C_y, C'_{y1}) \tag{4.69}$$

对于 SK'，令 $r_1 = r + \delta_i$，$r_{j1} = r_j\delta_i$，由于 r，r_j，δ_i 均为随机数，故 r_1，r_{j1} 也是随机数，则

$$D_1 = D = g^{(a+r+\delta_i)/\beta} = g^{(a+r_1)/\beta}, D_{j1} = D_j = g^{r+\delta_i}H(j)^{r_j\delta_i} = g^{r1}H(j)^{rj1} \tag{4.70}$$

$$SK_1 = D_1, D_{j1}, D'_j$$

由上述证明可知，重加密密文 CT' 和 CP - ABE 密文 CT 的数学形式相同，同理更新后的私钥 SK' 与原有私钥 SK 数学形式也相同，故 RMCP - ABE 方案安全性不低于 CP - ABE 算法。

2. 多授权模型安全分析

RMCP - ABE 方案的多授权中心可分为两类子授权中心，由 CASM 和 AA_i 组成的用户私钥授权中心和由 CADM 和 AA_i 组成的重加密密钥授权中心。对于私钥授权中心而言，AA_i 和 CASM 只负责产生私钥的一部分，虽然 CASM 负责发送用户私钥，但对于重加密密文 CT' 而言，CASM 即使拥有完整用户私钥也无法解密密文，因为 CASM 无法从 CADM 和 AA_i 获得重加密密钥；对于重加密密钥授权中心而言，CADM 虽然会获得全部属性重加密密钥，但对于密文 CT 而言，CADM 无法从 CASM 获得用户私钥，故 CADM 也无法解密密文。

3. 属性撤销安全分析

由于属性撤销整个动作完成需要一定的时间，用户在这个时间段进行访问会造成数据的安全泄露问题，这个问题被称为数据的前向安全性和后向安全性。PMCP - ABE 方案说明了如何解决前向和后向安全问题。

由于 PMCP - ABE 方案使用即时属性撤销方法，当出现属性撤销情况时，CADM 只需收集并传送新的重加密密钥 δ'_i，而 δ'_i 的生成是对应 AA_i 随机选取的。整个计算和传输开销极小，并且 CSP 在完成重加密工作之前不会响应任何访问请求。所以被撤销用户无法通过属性撤销的时间间隙来访问数据，从而保证了数据的前向安全性。

因为重加密的计算工作是由运算能力强大的 CSP 完成，所以计算耗时极短且 CSP 在完成重加密工作之前不会进行新的 $(2, n)$ 秘密共享，故新加入的用户无法通过密钥解密重加密之前的数据，保证了数据的后向安全性。

4. 合谋攻击安全性分析

假设 DO 针对其数据设置的访问结构共有 n 个属性，则对应的属性授权中心 AA 共有 n 个，为了得到全部的明文数据，攻击者必须攻破这 n 个 AA 和 CADM，其中任意一个 AA_i 或者 CASM 不参与合谋则无法解密整个密文。因此，本方案至多能抵御 $n+1$ 个授权中心的合谋攻击。

当有不同权限的用户进行合谋攻击时，由于同一属性的重加密密钥 δ_i 对于拥有其属性的用户而言是相同的，故合谋攻击可以将 CT' 还原为 CT。但若要得到明文数据，必须

恢复 $e(g,g)^{rs}$ 的值。因此攻击者需要提供足够的属性来满足访问结构 Γ，而每个私钥在产生时所选取的随机数不同，所以在解密密文 CT 时无法满足多项式插值，无法获得明文。因此本方案可以抵御不同用户的合谋攻击。

4.6.6　性能分析

1. 理论分析

算法复杂性主要体现在初始化和属性撤销这两个过程中，为了直观对比，表 4.10 所列出的方案应用的二叉树均为完全二叉树，每个属性所拥有的用户量为 n。

表 4.10　　　　　　　　　　　　　复 杂 性 对 比

方案	计 算 复 杂 性		
	初始化	用户撤销	策略撤销
方案八	$O(3)$	$O(n)$	—
方案九	$O(t+n)$	$O(n)$	$O(t+n)$
方案十	$O(1+n)$	$O(n)$	$O(1+n)$
RMCP-ABE 方案	$O(\log_2 n)$	$O(1)$	$O(\log_2 n)$

初始化方面，方案八中，用户需通过两次解密操作分别获得组播密钥和层次密钥，故复杂度为 $O(3)$；方案九通过 (t, n) 门限共享分发密钥，故复杂性为 $O(t+n)$；方案十中，用户除了解密组播密钥外，还需与相邻用户协商加密密钥，故复杂性为 $O(1+n)$；而在本方案中由于引入了逻辑二叉树，用户仅需要解密节点密钥即可，故计算复杂度为 $O(\log_2 n)$。

用户撤销方面，各方案均存在重分发机制，当出现用户撤销或有用户新加入时，所有用户都需要利用私钥重新解密出更新密钥，故其复杂度均为 $O(n)$，针对上述情况，本系统需要为该属性生成一个新的属性重加密密钥 δ'_i，而其他合法用户仅需一次更新密钥，因此，用户撤销的计算复杂度为 $O(1)$。策略撤销方面，当出现策略撤销时，用户需要重新解密节点密钥，故计算复杂度均与初始化相同。

综上所述，在算法复杂性方面，RMCP-ABE 方案低于其他相比较方案，尤其是在用户数量巨大的情况下本方案优势更加明显。

2. 仿真实验

本方案通过与方案九、方案十模型在系统初始化、数据解密、属性撤销三个方面进行实验分析。仿真实验环境搭建在硬件配为 IntelCorei7-58203.30GHz 的 VMware 虚拟机上，实验代码基于 cpabe-0.11 库编写而成。授权中心由虚拟服务器模拟，其操作系统为 UbantuKylin，配置为 4 核心 8GB 内存，用户由虚拟 PC 模拟，操作系统为 Windows7，配置为 2 核心 4GB 内存。

系统初始化如图 4.22 所示，随着密文属性数量增加三个方案的初始用均呈一定的线性增长，由于三个方案均涉及重加密，故在属性数量为 5 时，消耗时间基本相同。但方案九在加密时多出 l 个 G 上的指数运算，其中，l 为密文属性个数，因此随着属性数量的增加，方案九系统初始化开销远高于其他方案。RMCP - ABE 方案与方案十则无太大区别。

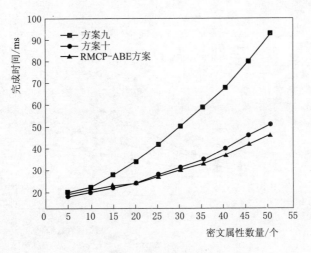

图 4.22　系统初始化

数据加密如图 4.23 所示。方案九重加密密钥保存至密文头部且用户绑定，解密时需要线性秘密重构；方案十中，用户需要加密两棵访问控制树，而在本方案只需加密一颗，故加密开销低于方案九、方案十；RMCP - ABE 方案将属性与二叉树关联，解密开销增长量低于属性增长量，属性数量越多，RMCP - ABE 方案优势越明显。

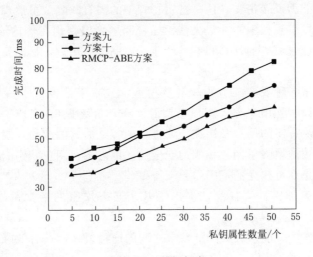

图 4.23　数据加密

属性撤销如图 4.24 所示，在不考虑计算资源的情况下，由于 RMCP - ABE 方案中每个 AA 对应单个属性，撤销单个属性和撤销多个属性只会影响 CADM 在计算 RK 时间的多少，而重加密工作在三个方案中均由 CSP 完成，随着属性数量增加的时间可以忽略不计。在方案九中，第三方还需运行子集差分算法，并需要与用户进行通信开销，故撤销效率最低；方案十在重加密中引入了用户撤销列表，属性撤销还会引起用户列表更新。故 RMCP - ABE 方案在属性撤销方面开销最低。

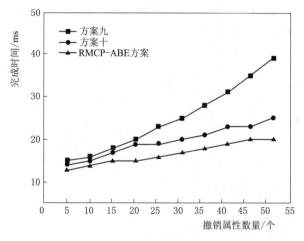

图 4.24　属性撤销

4.7　本章小结

基于 CP - ABE 的加密方案因其高效率、动态性、灵活性和隐私性而被广泛使用。但是，大多数 CP - ABE 算法采用的是一个受信任的权威机构来独立的操作密钥。它能够生成完整的私钥并有能力反转密文，这是密钥托管中的固有缺陷。虽然现有的一些方案提议加入第三方以消除可信授权中心并解决密钥托管问题，但密钥在传输给用户时如果被盗，那么盗取者就能够经过简单的计算和推测就能获得完整的用户，从而解密密文，这给用户带来了麻烦。

本章首先提出了一种安全三方乘积计算模型，并基于此设计了一种 STPC - CPABE 无代理密钥发布协议，让用户介入用户密钥的发布，最终提出 STPC - CPABE 方案。该方案消除了现有解决方案的用户私钥在传输过程中容易泄露的威胁，同时消除了单个密钥生成中心，从而有效地增强了用户私钥的安全性。该方案在用户私钥的安全性和计算负载之间进行折中，但是在可接受的范围内。

本章基于 ξ 同态加密计算模型，提出了基于同态加密的密文策略的属性加密方案 HE - CPABES。

使用同态加密方法，能够大大降低双方之间的通信复杂性，有效降低双方之间信息泄露的风险。

结合现有的属性变更的研究背景，在原有的 CP - ABE 的基础模型上通过引入逻辑二叉树的组密钥分发机制提出了一种能够支持细粒度属性变更的云访问控制方案 ALKEK - CPABE。首先给出了方案中各实体之间的交互关系、定义了方案中的 7 个算法的具体实现方法；其次对属性变更（包括用户的属性加入、属性撤销和用户的整体变更这三种情况）进行了详细的介绍；最后对方案进行安全性分析和与其他方案的对比表明，本章提出的方案的计算复杂度低，在系统整体的加解密效率方面具有优势。

针对于目前云数据访问控制研究中存在单一策略属性基加密的应用局限性和属性撤销不够灵活等问题，本章提出了一种支持撤销的双策略属性基加密方案。首先对属性撤销中的密文策略和密钥策略的综合应用进行定义并给出安全模型；其次构建逻辑二叉树，利用哈希函数不可逆的性质，从每个用户对应的叶子节点开始自下往上地进行哈希运算得到父节点直到根节点，使其计算方向单一。利用每个属性对应的最大覆盖子树的根节点所生成的组密钥对密文和私钥进行更新，从而能够保证组密钥能够被合法用户获得；最后通过参数对比表明，该方案满足选择明文攻击安全且优化了现有方案的计算复杂度。

本章对 RMCP - ABE 方案进行了性能分析，主要从理论分析和实验分析入手。理论分析是对方案的初始化、用户属性撤销和策略属性撤销三个方面进行数学量化，通过数学公式的分析得出本方案最优；实验分析是系统初始化、数据加密和属性撤销三个过程进行模拟，衡量标准是完成耗时，通过分析数学图像得出本方案随着属性数量的增加，计算优势越明显。

参 考 文 献

[1] 夏鹏真，陈建华. 基于椭圆曲线密码的多服务器环境下三因子认证协议 [J]. 计算机应用研究，2017 (10)：3061 - 3067.

[2] Paillier P. Public - key cryptosystems based on composite degree residuosity classes [J]. Advances in Cryptology lEUROCRYPT99, 1999：223 - 238.

[3] 葛永. 若干安全多方数值计算基础协议的设计 [D]. 合肥：安徽大学，2017.

[4] Zhao Q, Zhang Y, Zhang G, et al. Ciphertext - Policy Attribute Based Encryption Supporting Any Monotone Access Structures Without Escrow [J]. 电子学报（英文），2017, 26 (3)：640 - 646.

[5] Ardehali M. Quantum oblivious transfer and bit commitment protocols based on two non - orthogonal states coding [J]. Computer Science, 2017, 41 (12)：2445 - 2454.

[6] Belenkiy M, Chase M, Kohlweiss M, et al. P - signatures and Noninteractive Anonymous Credentials [A]//Theory of Cryptography, Fifth Theory of Crypto - graphy Conference [C]. TCC 2008, New York, USA, March. New York：DBLP, 2008：356 - 374.

[7] Chow S S M. Removing Escrow from Identity - Based Encryption [A]//Public Key Cryptography - PKC 2009, 12th International Conference on Practice and Theory in Public Key Cryptography [C]. Irvine, CA, USA, March 18 - 20, 2009. USA：Proceedings. DBLP, 2009：256 - 276.

[8] Junbeom Hur, Dong Kun Noh. Attribute - based access control with efficient revocation in data outsourcing systems [J]. IEEE Trans on Parallel and Distributed Systems, 2011, 22 (7)：1214 - 1221.

[9] 王静宇，涂春岩，谭跃生，等. 一种无可信第三方的密文策略属性加密方案 [J]. 控制与决策，2015 (9)：1630 - 1634.

[10] 郑强. 不同模型下若干安全多方计算问题的研究 [D]. 北京：北京邮电大学，2010.

[11] Ibraimi L, Tang Q, Hartel P, et al. Efficient and Provable Secure Ciphertext - Policy Attribute - Based Encryption Schemes [A]//Information Security Practice and Experience, International Conference [C]. Xi'an：ISPEC, 2009：1 - 12.

[12] 闫玺玺，汤永利. 数据外包环境下一种支持撤销的属性基加密方案 [J]. 通信学报，2015, 36 (10)：92 - 100.

[13]　闫玺玺，孟慧．支持直接撤销的密文策略属性基加密方案［J］．通信学报，2016，37（5）：44-50.

[14]　韩司．基于云存储的数据安全共享关键技术研究［D］．北京：北京邮电大学，2015.

[15]　Banihashemian S，Bafghi A G. Centralized Key Management Scheme in Wireless Sensor Networks［J］. Wireless Personal Communications，2011，60（3）：463-474.

[16]　Jolly G，et al. A low-energy key management protocol for Wireless Sensor Networks［A］//Eighth IEEE International Symposium on Computers and Communication［C］. Hong Kong：IEEE Computer Society，2003：335-340.

[17]　Bethencourt J. Sahai A，et al. Advanced Crypto Software Collection：the Cpabe Toolkit［EB/OL］. (2011-04-01)．

[18]　王鹏翩，冯登国，张立武．一种支持完全细粒度属性撤销的 CP-ABE 方案［J］．软件学报，2012，23（10）：2805-2816.

[19]　Attrapadung N，Imai H. Dual-Policy Attribute Based Encryption［M］. Pairs：Applied Cryptography and Network Security. 2009：168-185.

[20]　Rao Y S，Dutta R. Computationally Efficient Dual-Policy Attribute Based Encryption with Short Ciphertext［A］//International Conference on Provable Security［C］. Berlin Heidelberg：Springer-Verlag，2013：288-308.

[21]　Okamoto T，Takashima K. Fully Secure Functional Encryption with General Relations from the Decisional Linear Assumption［A］//CRYPTO［C］. Berlin Heidelberg：Springer-Verlag，2010：191-208.

[22]　Hur J，Noh D K. Attribute-Based Access Control with Efficient Revocation in Data Outsourcing Systems［J］. IEEE Transactions on Parallel & Distributed Systems，2011，22（7）：1214-1221.

[23]　陈燕俐，宋玲玲，杨庚．基于 CP-ABE 和 SD 的高效云计算访问控制方案［J］．计算机科学，2014，41（9）：152-157.

[24]　关志涛，杨亭亭，徐茹枝，等．面向云存储的基于属性加密的多授权中心访问控制方案［J］．通信学报，2015，36（6）：116-126.

[25]　Li M，Yu S，Zheng Y，et al. Scalable and Secure Sharing of Personal Health Records in Cloud Computing Using Attribute-Based Encryption［J］. IEEE Transactions on Parallel & Distributed Systems，2013，24（1）：131-143.

[26]　Bethencourt J，Sahai A，Waters B. Ciphertext-Policy Attribute-Based Encryption［J］. 2007，2008（4）：321-334.

[27]　Banihashemian S，Bafghi A G. Centralized Key Management Scheme in Wireless Sensor Networks［J］. Wireless Personal Communications，2011，60（3）：463-474.

[28]　陈燕俐，宋玲玲，杨庚．基于 CP-ABE 和 SD 的高效云计算访问控制方案［J］．计算机科学，2014，41（9）：152-157.

[29]　Li M，Yu S，Zheng Y，et al. Scalable and Secure Sharing of Personal Health Records in Cloud Computing Using Attribute-Based Encryption［J］. IEEE Transactions on Parallel & Distributed Systems，2013，24（1）：131-143.

基于随机策略更新的大数据
隐私保护访问控制

5.1　大数据隐私保护风险

由于物联网技术和移动计算技术的发展普及，使得大数据技术不断发展，几乎所有人都意识到大数据技术已经渗入到生活的方方面面，人们的日常生产和生活已经离不开大数据技术。众所周知，数据信息并不是无缘无故产生的，它往往是伴随着个人或者组织而产生。数据中往往包含了个人或组织的一些敏感信息，例如身份、住址等。人们平常所接触的数据信息是不包含隐私的，但如果这些数据信息与个人或组织发生联系，并能标识出个人或组织的敏感信息时，隐私便应运而生。本章文献［1］已经明确指出数据要成为隐私必须同时具备三个条件：①数据产生的主体必须是个人或者组织；②数据作用的客体必须是个人或者组织的信息；③数据内容必须是个人或者组织不愿意透露的私密信息。只要同时满足这三个条件，那么数据信息便成为了隐私。

5.1.1　隐私定义

对于社会中的每个人或者集体来说，隐私是一个比较主观、广泛的观点，它会因人或者集体的差异而不同，即使是同一个人的隐私也会随着时间、环境等外部因素的改变而发生变化。在人们的日常生活中，隐私往往是变化的，而不是一成不变的。因此，很难给隐私下一个比较明确的、确定不变的概念和定义。在本书中所指的隐私是"个人或集体不愿意被其他一些确定的个人或者集体所知晓的能够识别自己身份的、私密的信息数据，例如姓名、电话、邮箱、爱好、身体状况等信息"。

5.1.2　隐私保护技术

为了从大数据中获得收益，数据拥有者有时需要共享自己的数据，然而这些数据中经常会包含一些用户的敏感信息（例如姓名、电话等身份信息），云服务器在数据共享之前会对这些数据进行处理，隐藏其中能标识用户身份信息的数据，使用户的隐私信息避免泄露。此时，保证用户的隐私不被恶意的敌手获取是极其重要的。一般而言，用户更希望第三方的攻击者无法从这些数据中识别出自身，更不用说盗取自身的隐私信息，其中最重要的思想之一就是匿名技术。

Samarati P 和 Sweeney L 在 1998 年的 ACM 大会上首次提出匿名化的概念。数据发布匿名是在确保所发布的信息数据公开可用的前提下，隐藏被共享的数据记录与特定个人之间的对应联系，从而保护个人隐私。开始，云服务器仅仅删除数据表中有关身份的属性作为匿名实现方案。然而，经过无数次的实验验证可知，仅删除部分属性的匿名方案无法满足现实要求。敌手能从其他渠道获得包含用户标识的数据集，并根据准标识符连接多个数据集，重新建立用户与数据集之间的关系，这种攻击称为链接攻击。

为了抵御链接攻击，常见的静态匿名技术有 k-匿名、l-diversity 匿名、t-closeness 匿名以及以它们为核心的多种匿名技术组合的匿名策略。随着科技的不断进步，这些匿名策略不断地完善与更新，保护隐私信息的能力也在不断加强。然而，由这些常见的匿名技术组成的匿名策略往往是以损失信息数据为代价来换取部分信息的安全性，这对大数据时代的信息数据挖掘和信息分析非常不利。鉴于此，研究者提出了基于功能性和实用性的匿名策略，这些匿名策略会根据用户的要求给予每条信息以不同级别的匿名保护，减少非必要性的信息损失和浪费，在一定程度上对大数据环境下的信息安全有一定的促进作用。

5.2　现有大数据隐私保护方案

5.2.1　属性基加密研究背景

在现有的基于属性加密的隐私保护方案中，用户可以通过属性权威从他们自身属性的多个权限获取密钥。此外，还可以从一些敏感属性中提取用户的隐私数据。因此，现有的保护方法不能完全保护用户的私密信息，因为多个权限可以通过收集和分析属性来协作识别用户，致使隐私信息泄露。基于密文策略 ABE（CP-ABE）是一种更有效的公钥加密技术，其中加密器可以选择灵活的访问结构来加密消息。因此，具有挑战性和重要的工作是构建基于属性加密的方案，这也成为大数据时代的热门课题之一。

目前的属性集加密方案中面临以下问题：

（1）向前安全性：能够保障用户在退出用户组之后，无法再得到传送的信息。

（2）向后安全性：与向前安全性相反，即在新用户加入用户组的用户无法获得其加入之前的明文信息。

（3）抗串谋攻击：非法用户的属性组可能满足其中一个或多个访问控制策略，多个非法用户可能会将自身满足策略的属性进行拼凑组合形成符合策略的属性集合，从而可以合谋窃取用户组传输的数据。

（4）计算复杂度：计算复杂度通常包括密钥生产、密文分发和密钥更新等方面，由于访问策略更新通常在云服务器中进行，因此会增加服务器的负荷。

针对现有方案存在的上述四个问题，本节就算法原理重点介绍分散式密文策略的属性集加密方案（DCP-ABE）存在的不足，并集合方案的优势，提出更适合大数据环境下隐私保护的访问控制方案。

5.2.2 DCP - ABE 方案

5.2.2.1 方案介绍

在分散式密文策略的属性集加密方案中，提出了一种不需要中央权限的隐私保护的方法，其中，并且每个权威机构可以独立工作而无需任何合作。值得注意的是，每个权限都可以动态地加入或离开系统，即当权限加入或离开系统时，其他权限不需要更改其密钥并重新初始化系统。每个权限监视一组属性并相应地向用户发布密钥。为了抵抗串谋攻击，用户的密钥与他的 GID 相关联。特别地，用户可以从多个权限获得他的属性的秘密密钥，而他们不知道关于他的 GID 和属性的任何信息。因此，与之前仅保护 GID 的 PPMA - ABE 方案相比，所提出的 PPDCP - ABE 方案可以提供更强的隐私保护。当加密消息时，加密器可以为每个权限选择访问结构，并在所选择的访问策略下加密数据，如果用户的属性与访问策略匹配时，则用户可以根据密钥解密出被加密的数据。

5.2.2.2 方案结构

（1）$GlobalSetup(1^k) \rightarrow params$。该算法将安全参数 1^k 作为输入，输出一个映射组 $GG(1^k) \rightarrow (e, p, G, G_T)$。设 g、h、n 为 G 的生成元，假设有 N 个权限 $U = \{A_1, A_2, \cdots, A_N\}$，并且每个权限 A_i 视为一个属性 $A_i = \{a_{i,1}, a_{i,2}, \cdots, a_{i,q_i}\}$，其中 $a_{i,j} \in Z_p (i, j = 1, 2, \cdots, N)$。每个用户 U 具有唯一的全局标识符 GID_U 并且拥有一组属性 $\overline{U}$。公共参数为

$$PP = (g, h, n, e, p, G, G_T) \tag{5.1}$$

（2）$AuthoritySetup(1^k) \rightarrow (SK_i, PK_i)$。每个权限 A_i 选择 $\alpha_i, x_i, \beta_i, \gamma_i \leftarrow Z_p$，并计算等式

$$H_i = e(g, g)^{\alpha_i} \quad A_i = g^{x_i} \quad B_i = n^{\beta_i} \quad \Gamma_i^1 = g^{\gamma_i} \quad \Gamma_i^2 = g^{\gamma_i} \tag{5.2}$$

其中，$i = , 1, 2, \cdots, N$。对于每个属性 $a_{i,j} \in A_i$，A 选择 $z_{i,j} \leftarrow Z_p$，即

$$Z_{i,j} = g^{z_{i,j}} \quad T_{i,j} = h^{z_{i,j}} g^{\frac{1}{\gamma_i + a_{i,j}}} \tag{5.3}$$

接着，权限 A_i 生成公钥为

$$PK_i = \{H_i, A_i, B_i(\Gamma_i^1, \Gamma_i^2), (T_{i,j}, Z_{i,j})_{a_i \in A_i}\} \tag{5.4}$$

将主密钥保存为私钥，即

$$SK_i = (\alpha_i, a_i, \beta_i, \gamma_i (z_{i,j})_{a_{i,j} \in A_i}) \tag{5.5}$$

（3）$Encrypt(params, M, (M_i, \rho_i, PK_i)_{i \in I}) \rightarrow CT$。设 I 为一个属性集合，包括选择属性以加密 M 的权限的索引。对于 $j \in I$，算法首先选择一个访问策略 (M_j, ρ_j) 和一个向量 $\vec{v}_j = (s_j, v_{j,2}, \cdots, v_{j,n_j})$，其中 $(s_j, v_{j,2}, \cdots, v_{j,n_j} \leftarrow Z_p)$ 且 M_j 是一个 $l_j \times n_j$ 的矩阵，计算等式

$$\lambda_{j,i} = M_j^i \vec{v}_j \tag{5.6}$$

其中，M_j^i 是 M_j 对应的第 i 行。最后，算法选择 $r_{j,1}, r_{j,2}, \cdots, r_{j,l_j} \leftarrow Z_p$，并且计算出

$$C_0 = M \cdot \prod_{j \in I} e(g, g)^{\alpha_j s_j}, \{X_j = g^{s_j}, Y_j = n^{s_j}, E_j = B_j^{s_j}\}_{j \in I}$$

$$((C_{j,1} = g^{x_j \lambda_{j,1}} Z_{\rho_j(1)}^{-r_{j,1}}, D_{j,1} = g^{r_{j,1}}), \cdots, (C_{j,l_j} = g^{x_j \lambda_{j,l_j}} Z_{\rho_j(l_j)}^{-r_{j,l_j}}, D_{j,l_j} = g^{r_{j,l_j}}))_{j \in I}$$

$$\tag{5.7}$$

则，加密后的密文为

$$CT = \{C_0, (X_j, Y_j, E_j, (C_{j,1}, D_{j,1}), \cdots, (C_{j,l_j}, D_{j,l_j}))_{j \in I}\} \tag{5.8}$$

（4）$KeyGen(params, SK_i, GID_U, \overline{U} \cap \overline{A_i}) \rightarrow SK_U^i$。将公共参数 $params$、密钥 SK、用户 GID、属性-权限集 $(\overline{U} \cap \overline{A_i})$ 作为输入，通过密钥生产算法输出用户的专属密钥 SK_U^i。

为具有 GID_u 和一组属性 $U \cap A_i$ 的用户 U 生成密钥，A_i 选择 $t_{U,i}, w_{U,i} \leftarrow Z_P$，计算等式

$$K_i = g^{\alpha_i} g^{x_i w_{U,i}} n^{t_{U,i}} n^{\frac{\beta_i + \mu}{t_{U,i}}} \tag{5.9}$$

$$P_i = g^{w_{U,i}} \quad L_i = g^{t_{U,i}} \quad L'_i = h^{t_{U,i}} \quad R_i = g^{\frac{1}{t_{U,i}}} \quad R'_i = g^{\frac{1}{t_{U,i}}} \tag{5.10}$$

$$(F_x = Z_x^{w_{U,i}})_{a_x \in U \cap A_i} \tag{5.11}$$

则，用户 U 的密钥为

$$SK_U^i = \{K_i, P_i, L_i, L'_i, R_i, R'_i, (F_x)_{a_x \in U \cap A_i}\} \tag{5.12}$$

（5）$Decrypt(params, GID, (SK_U^i)_{i \in I}, CT) \rightarrow M$。为了解密密文 CT，计算公式

$$\frac{C_0 \cdot \prod_{j \in I} e(L_j, X_j) \cdot e(R_j, E_j) \cdot e(R_j, Y_j) \cdot \prod_{j \in I} \prod_{i=1}^{l_j} (e(C_{j,i}, P_j) \cdot e(D_{j,i}, F_{\rho_i(i)}))^{w_{j,i}}}{\prod_{j \in I} e(K_j, Y_j)} = M$$

其中，$\{w_{j,i} \in Z_p\}_{i=1}^{l_j}$ 是一组常数，根据访问结构 (M_j, ρ_j)，如果 $\{\lambda_{j,i}\}_{i=1}^{l_j}$ 是秘密值 s_j 的有效份额，则使得 $\sum_{i=1}^{l_j} w_{j,i} \cdot \lambda_{j,i} = s_j$。

如果分散的基于密文密钥策略属性的加密（DCP-ABE）是正确的，那么有如下等式成立：

$$\Pr \left\langle \begin{array}{l} Decrypt(params, \\ GID, (SK_U^i)_{i \in I}, \\ CT) \rightarrow M \end{array} \middle| \begin{array}{l} GlobalSetup(1^k) \rightarrow params; \\ AuthoritySetup(1^k) \rightarrow (SK_i, PK_i); \\ Encrypt(params, M, (M_i, \rho_i, PK_i)_{i \in I}) \\ KeyGen(params, SK_i, GID_U, \overline{U} \cap \overline{A_i}) \rightarrow SK_U^i \end{array} \right\rangle = 1 \tag{5.13}$$

其中，概率 Pr 是对方案中所有算法消耗的随机比特的标记。

5.2.2.3 安全模型

敌手 A 提交一个已损坏的权限列表 $U = \{A_i\}_{i \in I}$ 和一组访问结构 $A = \{M_i^*, \rho_i^*\}_{i \in I^*}$ 其中 $I \subseteq \{1, 2, \cdots, N\}$，$I^* = \{1, 2, \cdots, N\}$。至少存在一个访问策略 $\{M_i, \rho_i\} \in A$，使其敌手 A 选择的属性不能与查询密钥和监控属性相匹配。

$GlobalSetup$：挑战者运行 $GlobalSetup$ 算法生成公共参数 $params$，并且将公共参数发送给敌手 A。

$AuthoritySetup$：这包含以下情况：

（1）对于 $\overline{A_i} \subseteq U$，挑战者运行 $AuthoritySetup$ 算法生产公私钥对 (SK_i, PK_i)，并且将公私钥对 (SK_i, PK_i) 发送给敌手 A。

（2）对于 $\overline{A_i} \not\subset U$，挑战者运行 $AuthoritySetup$ 算法生产公私钥对 (SK_i, PK_i)，并

且将公钥（PK_i）发送给敌手 A。

　　阶段 1：敌手 A 可以查询具有标识符 GID_U 和一组属性 $\overline{U}$ 的用户 U 的密钥。挑战者运行 $KeyGen$ 算法生成一组密钥 SK_U，并将密钥发送给敌手 A 该查询可以自适应的重复进行。

　　挑战阶段：敌手 A 上传长度相同的信息 M_0 和 M_1。挑战者用 {0，1} 翻转无偏硬币，得到一个比特 $b \in \{0,1\}$。然后，挑战者运行 $Encrypt(params, M_b, (M_i^*, \rho^*, PK_i)_{i \in I^*})$ 算法来生成挑战的密文 CT^*，并将挑战密文 CT^* 发送给敌手 A。

　　阶段 2：重复阶段 1 的工作。

　　猜想阶段：敌手 A 在 b 的基础上展示它的猜想 b'，如果 $b'=b$，则此次对战，敌手 A 取得胜利。

5.3　基于随机策略更新的隐私保护访问控制方案

5.3.1　系统模型

　　本节定义了大数据访问控制方案及其安全模型。系统由四个实体组成，即云服务器、属性权威、数据使用者和数据拥有者，系统模型如图 5.1 所示。

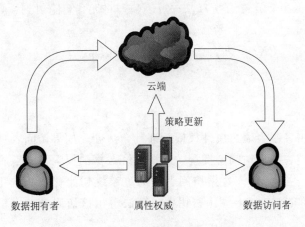

图 5.1　系统模型

　　（1）云端：云端用于存储，共享和处理系统中的大数据信息，包括视频、图片等。数据拥有者将加密后的密文连同访问结构一起上传至服务器，供其他用户访问并使用这些数据。

　　（2）属性权威：属性权威是整个系统的核心部分，是完全可信的，它负责管理系统中数据拥有者制定访问策略所需的所有属性，并且负责属性的分配以及权限的授予，因此系统各个阶段所运行的算法以及密钥的生成也在系统权威中运行。多个属性权威同时工作，防止因某个部分被攻击而造成系统瘫痪。属性权威同时负责访问策略的动态更新。

（3）数据拥有者：数据拥有者是系统数据信息的提供者，负责制定访问策略，加密数据信息，并将数据信息上传到云端。

（4）数据访问者：是系统数据的访问者，根据数据拥有者制定的访问策略，查询自身的属性是否符合要求，来确定自己是否可以访问数据信息。然而，数据访问者可以联合其他用户一起满足属性策略来达到访问数据的目的。

（5）策略更新：用户访问云端数据时，云服务器会属性权威的指令将访问策略动态更新，使用户每次访问资源时的策略矩阵都发生改变。

该系统模型的构建是基于密文策略属性的加密且可以应用到其他具有线性秘密共享结构的方案中。具体包括五个阶段：初始化阶段，密钥生成阶段，策略更新阶段，数据加密阶段和数据解密阶段。

1. 初始化阶段

在系统初始化阶段，属性权威调用 $Setup$ 算法。设 U 表示系统中的属性集合，设 G 和 G_T 为素数阶 p 的循环乘法集合，$e: G_0 \times G_0 \rightarrow G_T$ 是双线性映射。设 L_A 是系统中属性空间中属性的大小，L_{RN} 为访问矩阵的行数的长度。设 L_{ABF} 是属性布隆过滤器的位数组的大小，k 为与 ABF 相关的散列函数的数量。

$$Setup(1^\lambda) \rightarrow (PK, MSK)$$

属性权威随机选择一个生成器 $g \in G$，$a, \alpha \in Z_p^*$，从属性空间中随机选取一组元素 $h_1 \cdots h_U \in G$，并生成 k 个哈希函数 $H_1() \cdots H_k()$，将元素 e 隐射到 $[1, L_{ABF}]$ 范围内的位置，则公钥为

$$PK = <g, e(g,g)^a, g^\alpha, L_A, L_{RN}, L_{ABF}> \tag{5.14}$$

主密钥为

$$MSK = g^\alpha \tag{5.15}$$

2. 密钥生成阶段

每一个数据使用者都会通过属性权威验证其合法性。如果访问者身份不合法，则中止访问。如果合法，则表示该访问者拥有访问该系统数据的权限。随后属性权威从属性集合 U 中选择一组属性 S 分配给该数据访问者。通过系统初始化产生的主密钥 MSK、公钥 PK 以及数据使用者的属性 S，调用密钥生成算法解出该访问者的密钥 SK。密钥生成算法为

$$GenKey(S, PK, MSK) \rightarrow SK$$

计算式为

$$K = g^\alpha g^{at}, L = g^t, \{K_x = h_x^t\}_{x \in S}, t \in Z_p^* \tag{5.16}$$

密钥为

$$SK = \langle K, L, \{K_x\}_{x \in S}, S \rangle \tag{5.17}$$

3. 策略更新阶段

$Update((M, \rho)) \rightarrow (M'', \rho')$ 访问策略动态更新如图 5.2 所示。随机序列生成算法见表 5.1。

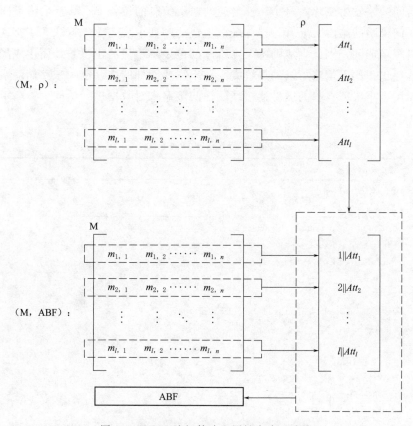

图 5.2　LSSS 访问策略和属性布隆过滤器

表 5.1	随机序列生成算法（算法 5.1）

算法 5.1　随机序列生成算法

输入：长度为 n 的正整数序列

输出：生成长度为 n 的非重复随机数序列

1　Declare and initialize two int arrays a, b
2　for i=0 to i=n
3　　a[i]=i
4　Declare and initialize Random sequence
5　int end=n−1
6　for i=0 to i=n
7　　int num=random. Next(0, end+1)
8　　b[i]=a[num]
9　　a[num]=a[end]
10　　end−−
11　return b

　　当用户访问云中数据时，首先根据访问指令，服务器调用策略更新程序，将访问策略动态的更新。图 5.2 中，M 是一个 $l \times n$ 的矩阵，对矩阵的每一行中的每个元素按照随机生成的序列进行变换位置，之后每一列元素也按照随机生成的序列进行变换。生成的新访问矩阵的访问策略发生变化，每个属性对应的索引信息的位置 $h_i(x)$ 也将不同，这使得敌手破译访问策略的难度又上升一层。随机生成的序列由表 5.1 中算法 5.1 实现。由于该算法是随机等可能的，因此生成的每个随机序列也是不重复的正整数，而生成随机序列所需的时间消耗也正比于策略矩阵的规模大小，不需要额外的内存空间来存储随机序列。随后，数据使用者再根据自身的属性通过新的访问策略来对数据进行访问。策略更新算法见表 5.2。

表 5.2　　　　　　　　　　策略更新算法（算法 5.2）

算法 5.2　策略更新算法

输入：LSSS 访问策略 $(M，\rho)$

输出：访问策略 $(M''，\rho')$

1　H_i＝the position of random number sequence f
2　L_i＝row of matrix M where i∈l
3　N_j＝column of matrix M where j∈n
4　　for i＝0 to i＝l
5　　　for each e∈L_i(i∈l) do
6　　　　e_i＝H_i(e) Δ Each element is in the order of f
7　　generate a new matrix M′
8　　for j＝0 to j＝n
9　　　for each e∈N_j(j∈n) do
10　　　　　e_j＝H_j(e)
11　　generate a useful matrix M″
12　Every row of matrix M′ is a att then
13　generate a new mapping function ρ'
14　finally generate a new access policy(M″,ρ')

4. 数据加密阶段

在数据发布到云服务器之前，数据拥有者会将自己的私密数据进行加密。在数据加密过程中，会分为两个阶段：一是将明文信息数据加密为密文数据；二是构建属性布隆过滤器。

$$Encypt(PK，m，(M''，\rho'))\to CT$$

M 是一个 $l\times n$ 的矩阵，并且内射函数 ρ 将矩阵 M 的行映射到属性，如图 5.2 所示。该算法首先随机选择秘密 $s\in Z_p^*$，以及随机向量 $v＝(s，y_2\cdots y_n)$，其中 $(y_2\cdots y_n)$ 用于共享秘密 s。对于 $i=1,2,\cdots,l$，计算 $\lambda_i＝M_i\cdot v$，其中 M_i 是矩阵 M 的第 i 行向量。随机选择 $q_1\cdots q_l\in Z_p$，计算 $C_0＝m\cdot e(g,g)^{as}$、$C_1＝g^s$，对于所有的 $a_{ij}\in A$，有 $C_i＝g^{a\lambda_i}h_{p(i)}^{-s}$，其中 $i\in(1\cdots l)$，则密文为

$$CT＝\langle C_0，C_1，(C_i＝g^{a\lambda_i}h_{p(i)}^{-s})_{i=1\cdots I}\rangle \tag{5.18}$$

在传统的基于属性的加密方案中，访问策略 $(M，\rho)$ 将会以明文形式附加到密文 CT 上。这就可能导致数据拥有者的私人信息发生泄露。因此，为了防止意外发生，本方案中，直接将属性映射函数 ρ 删除，不使其出现在密文中。然而，如果没有函数 ρ，访问者无法判断自己的属性是否符合访问策略，这就给解密带来困难。针对这个问题，在数据

拥有者对数据信息完成加密时，利用布隆过滤器来定位属性的具体位置，从而达到判断自身属性是否符合访问策略的目的。将布隆过滤器的位数组设置为 $\lambda -bit$ 数组，其中 λ 是安全参数，与系统初始化阶段的公共参数保持一致，这样设置的优点在于降低构建布隆过滤器的过程中的误报概率。因为误报率不仅取决于字符串匹配速度，还取决于散列函数的碰撞概率。

为了精确定位属性在访问矩阵中的位置，运用 $\lambda - bit$ 位的字符串作为特定元素，ABF 中 λ 位的元素如图 5.3 所示，该元素由两个固定长度的字符串组成：第一个字符串表示行号 $L_{RN}-bit$，另一个字符串表示属性大小 L_A-bit，其中 $L_{RN}+L_A=\lambda$。

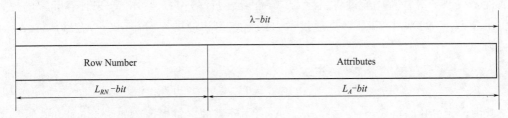

图 5.3 ABF 中 λ 位的元素

$BuildABF(M'',\rho')\rightarrow ABF$

该算法输入访问策略 (M'',ρ')。首先，将访问策略中涉及的属性及其对应的行号绑定在访问矩阵 M 中，并获得一组元素 $S_e=\{i\parallel att_e\}_{i\in[1,l]}$，其中，访问矩阵的第 i 行映射到属性 $att=\rho(i)$。然后，通过在字符串的左侧填充零，将行号 i 和属性 att 两者扩展到最大位长度。将元素集 S_e 作为输入，可以调用布隆过滤器构建算法来构造属性布隆过滤器。为了将集合 S_e 中的元素 e 添加到 ABF 中，必须通过随机生成 $k-1$ 个 $\lambda - bit$ 的字符串 $r_{1,e},r_{2,e},\cdots,r_{k-1,e}$ 来共享 (k,k) 秘密共享方案的元素 e，定义 $r_{k,e}=r_{1,e}\oplus r_{2,e}\cdots\oplus r_{k-1,e}\oplus e$。最后，它与元素 e 相关联的属性组成具有 k 个独立且统一的散列函数 $H_1()\cdots H_k()$，并且得到 $H_1(att_e),H_2(att_e)\cdots H_k(att_e)$，其中 $H_i(att_e)_{(i\in[1,k])}$ 代表 ABF 中位置的索引。

构建 ABF 如图 5.4 所示，继续向 ABF 添加元素时，某些位置 $j=H_i(e)$ 可能已被元素占用。如果发生这种情况，将现有元素作为一个新的元素，元素 e_2 的位置 $H_j(att_{e_2})$ 与元素 e_1 的位置 $H_j(att_{e_1})$ 相同。因为该位置已经被 r_{i,e_1} 占用，此时 $r_{j,e_2}=r_{i,e_1}$，而不是随机添加其他的字符串。如果用另一个字符串改变这个位置，之前插入的元素不能被收

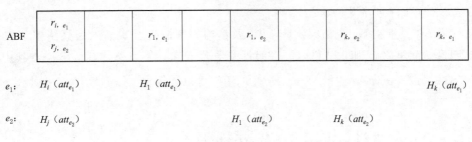

图 5.4 构建 ABF

回。最后，数据拥有者将以数据形式将（CT，M，ABF）发送到云服务器。

5. 数据解密阶段

当数据使用者访问存储在云中的数据时，在访问的过程中，会涉及到数据信息的解密过程，只有访问者自身属性符合数据拥有者定义的访问策略（M，ρ）时，才能通过密钥来解密被加密的数据信息，从而获得所需信息。鉴于此，首先通过数据加密阶段生成的布隆过滤器来检查数据访问者的属性是否符合访问策略的要求。

$QueryABF(S,ABF,PK) \rightarrow \rho'$

算法将属性集 S、属性布隆过滤器 ABF 和公钥 PK 输入。对于数据使用者拥有的每个属性 $att \in S$，算法首先通过将属性 att 哈希函数 $H_1()\cdots H_k()$ 一起来计算元素的位置索引函数 $H_i(att_e)(i \in [1,k])$，通过索引函数取出相应的字符串 $r_{i,e}$。之后，将元素 e 重构为

$$e = r_{1,e} \oplus r_{2,e} \oplus r_{3,e} \cdots \oplus r_{k-1,e} \oplus r_{k,e}$$
$$= r_{1,e} \oplus r_{2,e} \oplus r_{3,e} \cdots \oplus r_{k-1,e} \oplus r_{1,e} \oplus r_{2,e} \oplus r_{3,e} \cdots \oplus r_{k-1,e} \oplus e \quad (5.19)$$

其中，元素 e 的格式为 $e = i \| att_e$，ABF 中元素的字符串抽象如图 5.5 所示。取字符串 e 的最后一个 L_A 位，并删除字符串左边的所有零位获得属性值。接着，从字符串 e 中获取第一个 L_{RN} 位，删除左边的所有零位来获取相应的行号。如果 att_e 与属性 att 相同，则该属性 att 在访问矩阵中；否则，att_e 与属性不同，这意味着访问策略中不存在属性 att。将行号和属性组合成属性映射为

$$\rho' = \{(row,att)\}_{att \in S} \quad (5.20)$$

其中，att 表示属性，row 表示属性 att 在在访问策略中的行号。当获得访问策略（M，ρ）时，数据使用者可以运行数据解密子程序解密密文。

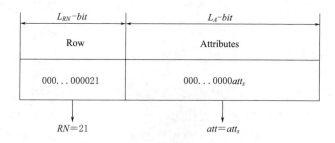

图 5.5　ABF 中元素的字符串抽象

$Dec(SK,CT,(M,\rho')) \rightarrow m/\times$

将密钥 SK、密文 CT、访问矩阵 M 以及重构的属性映射 ρ' 输入到算法中。如果属性能够满足访问策略，则可以利用拉格朗日差值公式来计算系数 $\{c_i | i \in I\}$，其中 $I = \{\rho(i) \in S\} \subset \{1,2,\cdots,l\}$，使得 $\sum_{i \in I} c_i \lambda_i = s$，用户可以计算出

$$\frac{e(C',K)}{\prod\limits_{i \in I} (e(C_i,L) \cdot e(C',K_{\rho'(i)}))^{c_i}} = e(g,g)^{as} \quad (5.21)$$

计算出明文信息为

$$m = \frac{C}{e(g,g)^{\alpha s}} \tag{5.22}$$

如果用户自身的属性不满足数据访问策略时，则输出×，表示该解密过程失败，用户无法得到明文信息。

5.3.2　安全性证明

定理 5.1　假设 q-BDHE 成立，没有多项式时间对手可以选择性地破坏具有 $l \times n$ 访问矩阵的大数据访问控制方案。

证明：本方案是基于属性的加密方案的基础上构建的，证明了在决策 q-BDHE 假设下对选择的明文攻击具有选择性安全性。假设对手 A 在选择性安全的竞赛中存在具有不容忽视的优点 $\varepsilon = Adv_A$ 时，则肯定存在模拟器 B，这解决了具有不容忽视的优点的决策 q-BDHE 问题。

同样，为了证明本方案的安全性，那么证明如果在选择性安全游戏中存在具有不可忽视的优势 $\varepsilon = Adv_A$ 的对手 A，可以构建一个模拟器 B，它也解决了决策 q-BDHE 问题具有不可忽视的优势。B 的构造类似于文献中的模拟器 B。B' 中的 Init 阶段与 B 中的初始阶段相同。在 *Setup* 阶段，除了 B 的步骤外，B' 还选择一些随机数作为 *Bloom Filter* 哈希函数。密钥查询阶段也是相同的，这意味着 B' 的阶段 1 和阶段 2 与 B 的相同。差异在挑战阶段：B' 中的加密算法由两个子程序组成。为了模拟 *ABF* 构建子程序，模拟器 B' 从 *BuildABF* 查询开始。至于数据加密子程序，B 与 B' 加密一致。因为挑战矩阵是在初始阶段之前由对手选择的，所以无论选择哪个明文进行加密，构造的 *ABF* 都是相同的，这意味着 *ABF* 不会增加对手 A 在安全游戏中的优势。与文献中的证明类似，我们可以证明 B' 在 q-BDHE 问题上具有不可忽略的优势。

定理 5.2　本方案是在安全参数 λ 中以多项式时间保护隐私。

证明：在本方案中只有拥有属性的数据使用者才能从属性空间 U 中获取属性字符串。不了解属性字符串的攻击者无法启动暴力攻击在多项式时间内猜测属性字符串。因此，无法从包含矩阵 M 和属性布隆过滤器 ABF 的访问策略中获取私人信息。

仅允许数据使用者检查其拥有的属性是否在访问策略中。除非数据使用者具有属性空间的所有属性或多个数据使用者串联在一起，否则无法检查系统中属性空间的所有属性。由于 ABF 由布隆过滤器构成，其中 λ-bit 字符串嵌入到布隆过滤器中，所以 ABF 的误检概率可以减少到 $1/2^\lambda$。

定理 5.3　方案中多个授权中心可以协同工作。

证明：用户在访问云端数据时，由属性权威充当授权中心，根据用户的属性授予不同的访问权限。当系统的访问量过大时，多个属性权威可以协同工作，使整个系统可以负载均衡。例如，当属性权威的工作量达到某个阈值时，其他属性权威可以进入工作状态，分担压力，所有的属性权威都是保持一致的，可以实现数据信息共享，包括属性集、所运行的算法以及加解密流程等。协同工作的优势就是可以让整个系统处于安全稳定的状态，避免单个属性权威的破坏而造成系统的损坏，使整个访问过程瘫痪，造成信息泄露。

5.3.3　安全性分析

定理 5.4　方案具有向前向后安全性。

向前安全性：用户无法获得加入之前的系统数据。

向后安全性：用户退出系统之后无法再继续获得系统数据。

证明：在本方案中，当数据使用者访问云中数据时，属性权威会使其运行策略更新算法，由于随机序列是唯一且不重复的，保证每次访问时的策略矩阵都是不同的。因此，本方案满足向前向后安全性。

定理 5.5　方案具有抗串谋攻击性。

证明：由于数据拥有者制定访问控制策略，因此，只有数据使用者的属性 $x \in S$ 时才能计算出 $e(g,g)^\alpha$。假设多个未授权用户的属性集合并在一起组成的新属性集满足 S，根据 $GenKey$ 算法可知不同的用户之间对应的随机数 α 不同，则产生互不相同的 $K = g^\alpha g^{at}$，$L = g^t$，$\{K_x = h_x^t\}_{x \in S}$，$t \in Z_p^*$，生成的密钥 SK 也不同。非法用户只能计算与其对应的 $e(g,g)^\beta$，无法推出 $e(g,g)^\alpha$，因此无法解密密文 CT。由此可证，本方案满足抗串谋攻击。

5.3.4　实验分析

5.3.4.1　理论分析

表 5.3 中，作者从多机构性、策略更新、群阶、安全模型以及私钥大小和密文长度 6 个方面来进行方案对比。其中，S 表示访问者的属性个数，D 表示中央授权机构的个数，N 表示属性权威个数，l 表示参与加密的属性个数，I_c 表示参与加密的多机构数。

表 5.3　　　　　　　　方　案　对　比

方案	功　能		安　全　性		通　信　代　价	
	多机构	策略更新	群阶	安全模型	私钥大小	密文长度
文献 [7]	√	×	素数	Standard	$S+6$	$(2l+3)I_c+1$
文献 [8]	√	×	合数	Generic Group	S	$3l+1$
文献 [9]	×	√	合数	Standard	$S+2$	$2(2l+2)$
文献 [10]	√	√	合数	Standard	$S+D(N+2)$	$2l+2$
作者方案	√	√	素数	Standard	$2S+1$	$l+2$

从表 5.3 可以看出，文献 [7] 并不支持策略更新，且密文复杂度较高，不利于计算。文献 [8] 不支持多机构，在复杂的大数据环境中，更容易遭受来自各方面的攻击，而带来数据泄露的威胁。更重要的是该方案群阶为合数的乘法群又造成了巨大的计算量。作者方案与文献 [8] 和文献 [9] 都支持多机构和策略更新，通过多授权机构来管理属性集合分发密钥，避免了单机构在被破坏的情况下，造成系统的瘫痪，在一定程度上已经领先其他方案，隐私泄露的风险会降低很多。在安全模型方面，文献 [8] 仅支持一般模型下的信息安全，而本方案和其他文献方案都支持在标准模型下的数据安全。而作者采用的匿名

分发协议，可以在很大程度上保护用户的身份信息免受泄露的危害，安全性更高。从通信代价方面比较而言，文献［7］、文献［8］、文献［10］和作者方案的用户私钥大小仅和访问者自身的属性相关，计算量和复杂度比较小；而从解密的密文长度比较看，文献［8］、文献［9］、文献［10］和作者方案的计算结果只与参与加密的属性个数相关联，与其他机构或属性无关，减轻了其他机构或授权中心的压力，而作者的密文长度仅是文献［9］的1/2左右。

5.3.4.2 仿真实验

本方案通过与文献［7］和文献［10］的方案在系统初始化、数据加密、数据解密两个方面进行仿真实验对比分析。实验环境搭载在硬件配置为 Intel Core i3 - 3240K 3.30GHz 的 VMware Workstation 虚拟机上，其实验操作系统为 Ubantu Kylin，配置为 4 核心 8GB 内存，实验代码来源于 cp - abe - 0.11 代码库，属性权威由虚拟服务器模拟，用户由虚拟 PC 模拟，操作系统为 windows 10，配置为 2 核心 12GB 内存。在仿真实验中通过记录客户端的运行时间的复杂度来反映系统的效率。

（1）系统初始化：随着属性数量的增加，三种方案的运行时间均增长，系统初始化时间复杂度对比如图 5.6 所示。文献［10］方案是建立在合数阶双线性映射群的基础上的，在初始化的过程中会额外产生用于二元运算的随机数，属性个数越多，运算时间越长；而文献［7］方案涉及的双线性映射群的阶数为素数，相比较而言，比文献［10］所消耗的时间更少；而本方案也采用双线性映射群的阶数为素数的乘法群，但初始化过程中需要与属性权威进行协商，设置属性集和布隆过滤器的初始化参数以及与过滤器相关的散列函数，因此运行时间较长的，时间复杂度介于文献［7］与文献［10］之间。

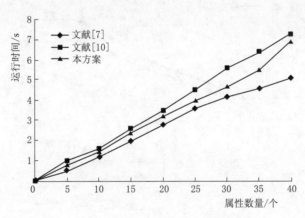

图 5.6　系统初始化时间复杂度对比

（2）数据加密：从图 5.7 中可以看出，在数据加密阶段的时间对比中，文献［7］、文献［10］和本方案的时间消化都会随着属性个数的增长而增长。但是，随着属性数量的增加，文献［7］在组密钥的更新中会进行密钥协商，因此运行时间会相对较长；文献［10］由于不支持多机构，只有一个属性权威进行授权和管理属性，并且是建立在合数阶双线性映射群的基础上的，这必然使整个系统的加密运行时间增长。而本方案，不仅支持多机构的属性权威，还是素数阶的双线性映射群，虽然加入策略更新模块，也会因为属性个数的增加，而使时间消耗增长，但从长远来看，本方案在时间复杂度方面还是优于其他两个方案。

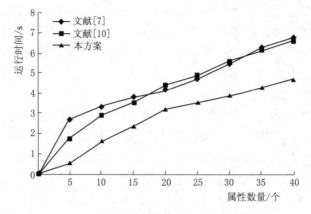

图 5.7　数据加密时间复杂度对比

（3）数据解密：解密时间复杂度对比如图 5.8 所示。文献［7］与文献［10］解密原理大体相同，即每一次解密都需要利用线性秘密重构（LSSS）将分割的秘密部分进行还原得出明文，因此开销会相对较大，本方案将属性与访问策略矩阵（M, ρ）相关联，且在解密时仅需检查用户属性是否在属性布隆过滤器中，因此效率整体要高于文献［7］和文献［10］且运行时间开销的增长率偏小。

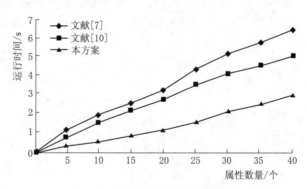

图 5.8　数据解密时间复杂度对比

5.4　本章小结

本节围绕基于随机策略更新的大数据访问控制方案展开，首先介绍了系统模型，然后从系统初始化、密钥生成、策略更新、数据加密、数据解密五部分涉及的算法详细的说明。最后，对方案进行安全性证明和分析，得出方案的实用性和合理性。针对大数据环境中数据拥有者经常需要动态地更新加密策略，提出了一种高效且细粒度的数据访问控制方案。其中，访问策略不会泄露任何隐私信息；与仅部分隐藏访问策略中的属性值的现有方法不同，基于随机策略更新的隐私保护方法可以隐藏访问策略中的整个属性（而不仅仅是其值）。在数据使用者访问数据时，更新操作都由服务器来完成，较大的节省了计算与通信开销，同时还能保护用户的隐私。为了提高效率，增加了属性布隆过滤器，用于在访问矩阵中定位属性的精确行数。

本章从功能、安全性和通信代价三个方面来对比现有隐私保护方案的优劣，通过从多机构、策略更新、群阶、安全模型、私钥大小和密文长度六个方面的对比，本方案即支持多机构的属性权威，又支持策略更新功能、还是素数群阶的双线性映射，最重要的是通信代价还相对较小，得出本方案更适合在大数据环境下保护用户的隐私。

从系统初始化、数据加密、数据解密三个方面，对比典型的文献［7］和文献［10］，通过仿真实验的折线图可以看出，基于随机策略更新的大数据隐私保护访问控制方案（作者所提出的方案）总体上相比于其他两个方案都具有明显优势。因此，作者所提出的方案的时空复杂度更低，系统整体的加解密效率比较高。

参 考 文 献

［1］ 刘雅辉，张铁嬴，靳小龙，等. 大数据时代的个人隐私保护［J］. 计算机研究与发展，2015，52（1）：229 – 247.

［2］ 杨高明，方贤进，肖亚飞. 局部差分隐私约束的链接攻击保护［J］. 计算机科学与探索，2019，13（2）：251 – 262.

［3］ Chase M. Multi – authority attribute based encryption［A］//Vadhan S P. Theory of Cryptography［C］. Berlin，Heidelberg：Springer – Verlag Berlin，2007：515 – 534.

［4］ Kim B H，Koo J H，Lee D H. Robust E – mail protocols with perfect forward secrecy［J］. IEEE Communications Letters，2006，10（6）：510 – 512.

［5］ Burmester M，Munilla J. Lightweight RFID authentication with forward and backward security［J］. ACM Transactions on Information and System Security，2011，14（1）：1 – 26.

［6］ Wang Z J，Wu M，Zhao H V，et al. Anti – collusion forensics of multimedia fingerprinting using orthogonal modulation［J］. IEEE Transactions on Image Processing，2005，14（6）：804 – 821.

［7］ Han J，Susilo W，Mu Y，et al. Improving privacy and security in decentralized ciphertext – policy attribute – based encryption［J］. IEEE Transactions on Information Forensics and Security，2017，10（3）：665 – 678.

［8］ Yang K，Jia X，Ren K. Secure and verifiable policy update outsourcing for big data access control in the cloud［J］. IEEE Transactions on Parallel and Distributed Systems，2015，26（12）：3461 – 3470.

［9］ Ying Z，Li H，Ma J，et al. Adaptively secure ciphertext – policy attribute – based encryption with dynamic policy updating［J］. Science China Information Sciences，2016，59（4）：042701.

［10］ 应作斌，马建峰，崔江涛. 支持动态策略更新的半策略隐藏属性加密方案［J］. 通信学报，2015，36（12）：178 – 189.

第 6 章

基于属性和信任的混合大数据访问控制

6.1 复合访问控制 AT−RBAC 模型

良好的云访问制机制是云资源安全的前提，其原理是依据制定的访问控制策略来约束云用户对云数据的访问权限，作者在传统访问控制模型的基础上设计了 AT−RBAC 模型。此模型与传统访问控制模型的区别是增加了属性来实现访问控制的细粒度化，增加信任值这一概念来计算访问者的信用值，用户的信任值越高，可以申请的权限就越多，以此来减少因用户的访问数据过程中的安全隐患。AT−RBAC 模型如图 6.1 所示。

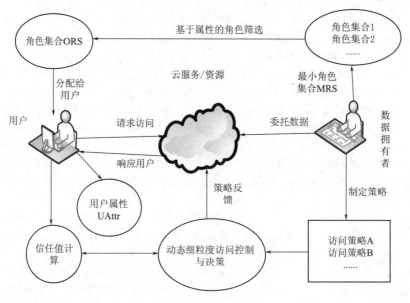

图 6.1 AT−RBAC 模型

AT−RBAC 模型的创新主要包括两个方面：最小角色集合的查找和最佳角色集合的筛选。当用户需要访问某一资源时，通过角色分配在数据拥有者处获取访问控制策略从而得到访问权限。AT−RBAC 模型在保留标准 RBAC 模型高效管理的基础上，弥补了用户数量增多时"角色爆炸"的缺点，并且动态全面的判定标准更加适合现有的云环境。

6.1.1　相关定义

AT-RBAC 模型是在云计算环境下定义的一种细粒度的，灵活授权的属性访问控制方法，能实现及其安全的访问，根据实体属性的动态变化，同步更新访问控制请求判定策略，其形式化定义如下：

定义 6.1　U，O，OP，P，R，DO 分别代表用户、客体、授权、操作、角色、数据拥有者。

定义 6.2　$P=O \times OP$ 其中 O 是资源客体的集合，OP 是读、写、执行等访问，其中

$PTA^T = P \times T \times R$　　多对多的访问规则到角色指派关系。

$RA = R \times R$　　角色到角色的多到多指派关系。

$URA^T = U \times T \times R$　　用户到角色的多到多指派关系。

定义 6.3　访问控制策略，即

$$POLICY = \langle U, R, DO, O, OP, P, T, URA^T, PRA^T, RA, UR \rangle$$

定义 6.4　访问请求（AReq）：访问者在用户端发送访问请求给数据拥有者，请求记录为 $AReq$，$AReq = \langle UR, DO, request\ index, data\ block\ index, P \rangle$，其中 $request\ index$ 表示用户的访问请求，P 表用的请求操作，$data\ block\ index$ 表示用户请求访问的数据块。

定义 6.5　属性 $att \in ATT$ 是具有指定数据类型和值域的变量，各自表达属性所属实体，包括用户 $user \in USER$、资源 $Res \in RES$ 和环境 $s \in SESSION$。

定义 6.6　属性表达式是与属性条件有关的一个判断表达式，其对属性做详尽描述或制约。

定义 6.7　信任值的计算由三部分组成，包括直接、间接以及综合信任值的计算。其中，综合信任值是直接和间接信任值的综合值。

6.1.2　AT-RBAC 模型访问过程

AT-RBAC 模型的访问过程如下：

（1）用户申请访问云资源时，需要提交自己的基本信息即用户属性。

（2）数据拥有者根据自身拥有数据属性的特点，计算出最小角色集合（MRS, Minimum Role Set）。

（3）依据用户提交的基本信息，以及当时的环境因素等计算出用户与当前云环境之间的信任值，首先判断有无之间信任值，若没有直接信任度则计算间接信任度，然后通过直接信任度和间接信任度计算出综合信任值。

（4）依据用户的属性，环境属性，综合信任值等筛选出最佳角色集合（ORS, Optimal Role Set）。

（5）把 ORS 分配给用户，从而使用户得到其所需要的访问权限。

云环境中存在巨量的数据资源，在授权时会生成很多角色，保持访问者的角色指派关系需要耗费巨量的计算和存储资源。针对这一问题，在本章节已经提出了一种 URAOA

算法，使得在云环境中能依据访问者的权限需求，得出符合其访问资源权限的最佳角色集合。

6.1.3　信任值计算模块

在复杂多变的云计算环境下，信任关系也存在复杂多样性，其主要包括租户对云的信任、云对租户的信任，租户之间的信任关系以及云内各实体间的信任等。鉴于云环境下存在繁杂的信任关系，海量的数据通过共享来实现功能，现在存在的问题对于数据拥有者来说，是在数据分享过程中，如何阻止其不信任的对象非法访问数据，这就成为一个新的研究问题和挑战，访问控制模型和传统的信任模型也应该与时俱进，确保信息资源被使用和访问时要合理合法。

具体处理步骤如下：

（1）云用户对云服务进行访问请求的同一时刻注明访问者对云服务或云资源提出的条件。

（2）确定访问者直接信任度是否存在。

（3）信任评估模块对计算云用户的要求是很严格的，首先查询要访问资源的直接信任度，如果访问者和要访问的资源之间没有直接交互，则计算间接信任度来判定总体信任度，如果间接信任值也不存在，则不允许用户进行访问。

（4）间接信任度计算结果和直接信任度计算结果，加入权重后就是云用户对云资源或云服务的总体综合信任度。

（5）把计算得到的综合信任度与之前预设的信任度阈值进行对比，根据比较的结果，再和其他属性进行访问控制决策相结合，判断接受选择的云资源是否接受用户的访问。

（6）若服务访问能成功，云资源访问者要对云服务做出评价，以此来更新云用户和云服务的直接信任度。

（7）信任评估模块根据信任度计算公式计算直接信任度。

（8）本次信任计算结束。

6.1.4　直接信任度计算

根据历史交互记录，计算是否有直接信任度，其计算式为

$$T_{\text{Direct}}^{ij} = \sum_{k=1}^{N} \frac{1}{N} H(k) T_{ij}^{k} \tag{6.1}$$

根据资源访问者和服务提供者的历史交互记录来计算资源访问者对服务提供者的信任度，其中，T_{Direct}^{ij} 的意思是经多次交互后实体对服务提供者的直接信任度，N 代表最近一次、最大交互有效历史记录次数，$H(k)$ 代表时间衰减函数，且 $0 < H(k) < 1$，其中 $H(k)$ 可以定义为

$$H(k) = \begin{cases} 1 & k = N \\ H(k-1) + \dfrac{1}{N} & 1 \leqslant k < N \end{cases} \tag{6.2}$$

为了让历史交互信任信息加权合理化更高，通常规定比较大的权重值是距离当前时间最短的交互操作。而 T_{ij}^k 代表一次交互的可信度（T_{ij}^N 表示最近发生时间最短的交互操作，T_{ij}^1 表示发生时间最长的交互操作），其结果为

$$T_{ij}^k = \sum_{h=1}^{n} w_h \left(\frac{1}{|Q_{ij}^{\text{Iter},h} - Q_h^{\text{Claim}}|} \right)^2 \tag{6.3}$$

其中，w_h 代表每个服务质量指标的权重也就是重要额的程度，它的重要程度是客观存在的，从来不会跟着人的想法的改变而改变，所以要利用信息熵的思想对权重进行客观的判定，并且要达到以下的条件

$$O \leqslant w_h \leqslant 1$$
$$\sum_{h=1}^{n} w_h = 1 \tag{6.4}$$

$Q_{ij}^{\text{Iter},h}$ 代表的是记录的交互历史记录中的第 h 个指标值，其值可以通过查询历史交互记录表得到，其记录表是经预处理量化后的。不同实体历史交互记录见表 6.1。Q_h^{Claim} 代表提供者宣称的第 h 个服务度量指标，信任度越高就代表 $Q_{ij}^{\text{Iter},h}$ 与 Q_h^{Claim} 的差值越小；反之，信任度越低。

表 6.1 不同实体历史交互记录

云用户	云服务	服务 Cost	响应时间/s	可靠性
A	CS1	2	1.5	0.5
B	CS2	3	1.8	0.3
C	CS3	4	3	0.8
D	CS4	5	4	0.9

6.1.5 间接信任度计算

在间接信任值计算之前先要判断是否有直接信任值，如果两个实体之间没有直接信任值即没有历史交互窗口，那么它的信任度计算就要通过信任的传递性，间接地进行计算。没有历史交互窗口的信任值即间接信任度计算公式为

$$T_{\text{Indirect}}^{ij} = \sum_{k=1}^{n} (W(k) * T_{\text{Direct}}^k) * \frac{1}{\sum_{i=1}^{n} W(k)} \tag{6.5}$$

其中，T_{Indirect}^{ij} 表示的是间接信任度，T_{Direct}^k 表示第 K 条路径中被评估实体的前部实体对该实体的信任度，$W(k)$ 表示第 K 条推荐路径中的权重，其定义为

$$W(k) = \prod_{i=0}^{k} T_{\text{Direct}}^i \tag{6.6}$$

T_{Direct}^{ij} 是直接信任度，表示访问实体 E_0 到要被访问实体的信任路径上第 i 个实体对下一个实体的直接信任度，并用 IDT（间接信任树）来说明信任路径上各个实体间的信任关系，IDT 树如图 6.2 所示。

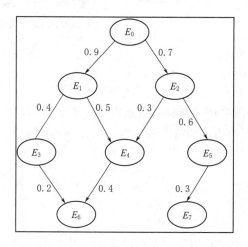

图 6.2 IDT 树

例如：计算实体 E_0 对实体 E_6 的信任度，这两个实体之间未有直接历史交互窗口，但 E_0 与 E_1 有历史交互窗口，E_1 与 E_3 和 E_4 有过历史交互窗口，E_3 和 E_4 与 E_6 有过历史交互窗口，则依据式（6.6）得到权重 $W(1)=0.9\times0.4=0.36$，$W(2)=0.9\times0.5=0.45$，根据式（6.5）可以计算出间接信任度为 $(0.36\times0.2+0.45\times0.4)/(0.36+0.45)=0.31$。

6.1.6　综合信任值计算

云服务商 i 对用户 j 的综合信任值由直接信任值和间接信任值共同组成，其计算公式为

$$T^{ij} = \alpha T^{ij}_{\text{Direct}} + \beta T^{ij}_{\text{Indirect}} \tag{6.7}$$

其中，α 和 β 分别代表 T^{ij}_{Direct} 与 T^{ij}_{Indirect} 的权重，α、β 的取值范围均为 $[0,1]$ 且两者之和为 1。若云服务商 i 与用户 j 直接进行过交易，则一般情况下，$\alpha>\beta$；若云服务商 i 与用户 j 从未进行过交易，或者很长时间内无交易记录，则可令 $\alpha=0$，$\beta=1$。

6.2　基于属性的用户-角色分配优化算法

对于 AT-RBAC 模型，我们详细地介绍了模型的结构，并给出了信任值计算的三个具体步骤，其实 AT-RBAC 模型中的核心内容是基于属性的用户-角色分配优化算法即 URAOA 算法，此融合了最小角色集合查找和基于属性的角色筛选两种方法，最小角色集合查找主要是对混杂角色层次树中的角色进行组合，使角色间不存在激活和继承关系。基于属性的角色筛选算法主要对最小角色集合进一步约束，即对用户提交的属性进行筛选已经得到的最小角色集合，从而获得最佳角色集合 ORS 分配给用户，最佳角色集合的获得不是一定的，若用户的请求是不被允许的，则最后无法匹配到最佳角色集合，也就无法得到想要访问资源的权限。

6.2.1　最小角色集合（MRS）查找

为了使得结构更加完整以及更加方便读者理解，本节对最小角色集合的查找进行了定义，具体如下：

定义 6.8　MRS 集合　定义 $S=(R,F)$ 是 AT – RBAC 模型中的角色层次树。其中，R 是角色集合，F 是节点间的关系集合。$MRS(S)=\{R_1,R_2,R_3,\cdots,R_m\}$，其中，$\emptyset \in R_i \subseteq R$，$i \in \{1,2,3,\cdots,m\}$ 在 S 的所有角色集合里。R_i 是最小且唯一的角色组合，当且仅当：$\forall R_i,R_j \in MRS(S)$，$PS(R_i) \neq PS(R_j)$，其中 i，$j \bigcup Z$，$i \neq j$。

对于 $\forall Z \subseteq Rs.tZ \notin MRS(S)$，若存在 $R' \in MRS(S)$，$PS(R')=PS(Z)$，则有 $|R'| < |Z|$ 成立；其中，$PS(R')$ 表示角色集合 R' 的权限，$|R'|$ 是 R' 中元素的个数。

根节点存在于角色层次树中。定义运算符为

$$N_1 \otimes N_2 = \{\{x_1 \bigcup x_2\} | x_1 \in N_1, x_2 \in N_2\}$$
$$N_1 \otimes N_2 \otimes \cdots N_m = \{\{x_1 \bigcup x_2 \bigcup \cdots \bigcup x_m\} | x_1 \in N_1, x_2 \in N_2, \cdots, x_m \in N_m\}$$

假设 $M=\{N_1,N_2\cdots,N_m\}$，有

$$\$M = N_1 \otimes N_2 \otimes \cdots \otimes N_m$$

最小角色集合通过最小角色集合查找算法（算法 6.1）来获得，算法 6.1 包括了三个阶段：第一阶段输入一个混合角色层次树，判断角色集合间是否有角色激活关系，去除角色集合关系得到混合角色层次树中不含角色激活关系的所有子树；第二阶段在第一阶段不含激活关系的子树的基础上，判断角色间是否有角色的继承关系，去除角色间的继承关系，得到既不含角色继承关系又不含角色激活关系的所有子树；第三阶段对操作过的各个子树得到的最后子树中的角色集合进行组合，从而得到最小角色集合。最小角色集合算法操作见表 6.1。

表 6.1　　　　　　　　　最小角色集合算法（算法 6.1）

算法 6.1　Get _ MRS 获取最小角色集合 * /

Read：S/ * 输入一个混合角色层次树 * /

Output：MRS/ * 输出混合角色层次树 S 的所有最小角色集合 MRS * /

1 Searchtemp←φ/ * 初始化所有被搜寻到的临时角色集 Searchtemp 为空 * /

2 Subtree=←φ/ * 初始化角色层次树 S 的所有子树 Subtree 为空 * /

3 Roleset←TreeNode（S）/ * 将所有角色层次关系 S 中的角色赋值给角色集 Roleset * /

4 if（s∈Roleset）

5 then

6 If（s∈P）/ * 如果节点与双亲节点存在激活关系 * /

7 Then（Subtree [i] ←TreeNode（S，s））/ * 输出以此节点为根节点的子树 * /

8 Roleset←Roleset – Subtree [i]

9 return Subtree

10　　end

/ * 第一阶段，首先输出混合角色层次树 S 的不含激活关系的所有子树 Subtree * /

1 tree=←φ/ * 初始化角色层次树 S 的所有不含继承关系的子树 tree 为空 * /

2 Subtree←Get _ Subtree（S）

3 if（Sub∈$2^{Subtree}$）/ * Sub 是 Subtree 的幂集中的一个子集 * /

4 then

5 If（|Sub|==1）/ * Sub 中的元素个数为 1 * /

算法 6.1　Get _ MRS 获取最小角色集合 * /

6　Then（tree←tree∪IH）/ * 把这个元素当做一个子集加入到 tree 中 * /

7　else

8　if（集合 Sub 中的角色存在继承关系）

9　Sub←2$^{Subtree-Sub}$

10　　else

11　　tree←tree∪Sub

12　　return tree

13　　end

/ * 第二阶段，在第一阶段的基础上输出混合角色层次树 S 的所有不含继承关系的子树 tree * /

1　MRS=←φ/ * 初始化角色层次树 S 的所有不继承关系的子树 MRS 为空 * /

2　Subtree←Get _ Subtree（S）

3　tree←Get _ tree（S）

4　if（R∈2tree）/ * R 是 tree 的幂集中的一个子集 * /

5　then

6　If（│R│==1）/ * R 中的元素个数为 1 * /

7　if（r∈R）then

8　else

9　MRS←MRS∪｛r｝

10　　Sub←2$^{Subtree-Sub}$

11　　else

12　　MRS←MRS∪ $R

13　　Return MRS

14　　end

/ * 第三阶段，输出混合角色层次树 S 的所有最小角色集合 MRS * /

对于最小角色集合的查找，本节还通过图解来更加详尽的阐述其过程，AT—RBAC 中的角色层次树如图 6.3 所示，图中的节点为角色，角色之间的虚线代表其激活关系（a - hierarchy）；实线代表其继承关系（i - hierarchy）；单箭头表示指派给角色权限；双箭头表示混杂关系（hybrid hierarchy），其表示的是同时具有继承和激活关系的角色层次。AT - RBAC 的角色分为就绪、失活、激活三种状态，且能依据访问权限互相转换。

最小角色集合可以通过以下步骤获得：

（1）在图 6.3 的角色层次树中通过清除角色间的激活关系得到 Subtree。AT - RBAC 中角色层次树的分解如图 6.4 所示，混杂角色层次树被分为 3 棵子树，三棵子树间及子树内均无角色激活关系。

（2）除去 Subtree 子树中角色间的继承关系，得到角色层次树中不含继承关系的子树 tree。并通过角色间的组合得到 MRS。在图 6.4 的 Subtree 中，子树 1 中不含继承关系的角色集合有 ｛R_1｝、｛R_4｝、｛R_5｝、｛R_6｝、｛R_5,R_6｝。以此方法计算所有子树中不含继承关系的角色集合，并任意组合这些角色集合，这些角色集合构成了混杂角色层次树的 MRS 集合。

在 AT - RBAC 模型中，通过给用户指派角色获得用户的访问权限。云环境中存在着巨量的资源，对于用户的访问控制权限，则有很多有差异性的角色匹配方法。本章提出的 MRS 规定在角色集合中，角色之间不含有激活和继承关系，从而避免角色间的权限冗余。

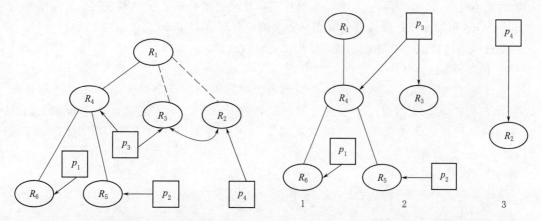

图 6.3   AT－RBAC 中的角色层次树   图 6.4   AT－RBAC 中角色层次树的分解

6.2.2   基于属性的角色筛选

最小角色集合已经获得，但是此时并不能直接分配给用户，根据用户提交的用户属性，进行基于用户属性和环境属性以及信任度的筛选，经过筛选后若用户可以获得角色，就可以获得角色所拥有的权限；若筛选过后，判断无法为用户分配角色，则表示此用户的访问为非法访问。其基本原理如图 6.5 中所示。其核心是在 AT－RBAC 模型的用户角色指派关系中，得到最小角色集合 MRS 并筛选出最适合的角色集合 ORS。

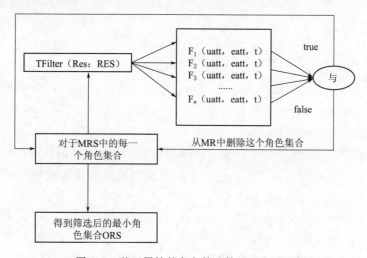

图 6.5   基于属性的角色筛选算法基本原理

通过引入筛选函数和映射函数完成基于属性的角色筛选：首先对 MRS 中的角色集合进行筛选函数的匹配，其过程需通过映射函数来完成，满足映射函数设定的资源属性要求时，才为其分配筛选函数，对于 MRS 中的每个角色集合均进行此操作；其次，设定每个筛选函数均返回一个布尔类型的值，通过验证用户的静态属性和信任值、环境属性是否满足预设定的属性值，若满足则返回 true，反之返回 false，若这些筛选函数中有任何一个函数的值不是 true，则表示这个角色集合中有某个角色集合是不满足需求的，并从最小角色集合 MRS 中过滤掉；最终可得到满足要求的角色集合 ORS。

筛选函数包括 $Filter$ 筛选函数和 $TFilter$ 映射函数。

1. $Filter$ 筛选函数

设计基于 AT‒RBAC 模型的访问控制系统时，安全设计师就要给出相关的筛选函数 $Filter = \{F_1, F_2, F_3, \cdots, F_n\}$。每个筛选函数都是一个布尔表达式，这个布尔表达式是根据用户属性、环境属性合信任值来确定的，即对于任意的 $F_i: UATT \times EATT \times Trust \rightarrow \{true, false\}$。

$Filter$ 函数的定义如下：

第 1 步定义角色筛选函数 F：描述 $Filter$ 中的每个筛选函数 $F_i(uatt: UATT, eatt: EATT, t: Trust)$

第 2 步定义布尔条件 $cond$：针对每一个筛选函数 $F_i \in Filter$，判断它是否使用布尔条件 $cond$。

第 3 步定义映射函数 $TFilter$：映射函数主要将每个资源映射到其可以使用的筛选函数集合中。

$TFilter(res: RES)$；

$filter: \leftarrow \{\}$

$cond_1: filter: \leftarrow filter\ UF$

$cond_2: filter: \leftarrow filter\ UF$

…

$cond_n: filter: \leftarrow filter\ UF$

$return\ filter$；

2. $TFilter$ 映射函数

$TFilter$ 函数用于实现每个资源到一个筛选函数子集的映射，并用属性表达式实现此关系，其用于判断每个筛选函数是否适用。

配置角色筛选策略有以下步骤：

第 1 步为角色筛选函数的定义。制定访问控制系统时，需要依据用户及资源属性以及用户的信任值定义每一个 F_i，并选取应用于每个资源的筛选函数子集。筛选函数的选择通过 $Filter$ 函数完成。$Filter$ 函数需要借助资源属性来为每一个 F_i 描述 $cond$。

第 2 步为布尔条件的定义。对于每个过滤函数 F_i，都有一个 $cond$，通过这些布尔条件判断哪些 $Filter$ 能够被使用。

第 3 步为 $TFilter$ 函数的定义和描述。$Filter$ 函数依据资源属性对每个 $cond$ 进行判定，判断 F_i 可用与否，以此为给定的资源匹配一个可用的筛选函数子集。

算法 6.2 主要对算法 6.1 中得到的 MRS 进行角色筛选，判断 ORS 中的用户的属性，环境属性和信任值与预设定的是否符合，即通过用户属性、环境属性、信任值筛选出最佳的角色集合 ORS 分配给用户。基于属性的角色筛选算法操作见表 6.2。

表 6.2   基于属性的角色筛选算法操作

算法 6.2 Get _ ORS 获取最佳的角色集合 ORS * /
Input：S/ * 输入一个混合角色层次树 * /
Output：ORS/ * 输出混合角色层次树 S 的所有最佳角色集合 ORS * /
1　ORS=←φ/ * 初始化筛选后的角色集合 ORS 为空 * /
2　Fliter← {F1, F2, F3……, Fn} / * 筛选函数 * /
3　　TFilter（res：RES）；/ * 函数将每个资源映射到
其可用的筛选函数集合 * /
4　Fi←Fi（uatt：UATT, eatt：EATT, t：Trast）
5　If（ORSi∈ MRS）
6　then　if（判断 ORS 中的用户的属性，环境属性和信任值与预设定的是否符合）
7　fi← {f1, f2.f3……, fn} / * 所有筛选函数布尔值的与集 * /
8　if（fi==true）；
9　Return ORS
10　　end

6.3　算法分析与仿真实验

6.3.1　算法分析

由算法 6.1 可知，第一阶段的时间复杂度主要由求解集合的幂集 S 决定，其复杂度为 $O(2xpm)$，m 为第二阶段中拆分成的不含继承和激活关系的子树的数量。最好的境况是混杂角色层次树中不含任何激活关系，第二阶段返回的有且只有一棵子树，此时时间复杂度为 $O(2xpn)$，其由角色数的深度优先遍历的复杂度决定，其中 n 是角色数量。最糟糕的境况是角色层次结构中不存在任何的角色继承，故第二阶段所得到的子树个数便是全部的角色数，时间复杂度为 $O(2xpn)$，n 为角色数量。但不含任何继承关系的系统是不存在的，因此最坏的境况出现的概率很低，由并行计算原理可知，算法 6.2 的复杂度取决于角色集合的个数，即为 $O(p)$，p 是 MRS 中的角色集合的个数，大部分境况下的时间复杂度为 $O(2xpn)$ 或 $O(2xpm)$。由于角色间的激活关系在系统中占的比重较小，所以 $m<n$，故此算法在 AT – RBAC 模型中是可行的。

6.3.2　仿真实验

为了更好地解释上文所述的访问控制过程，并对模型的有效性进行验证，作者在此设计了如下方案来进行测试。采用一台配置为 Intel Core i7 – 4720HQ 2.60 GHz 的 CPU，8GB 内存，操作系统为 64 位 Windows 10 的 PC 机进行实验。在相同的环境下，对提出的复合访问控制模型和传统的单一访问控制模型进行实验，以保证实验中的单一变量控制。使用 Eclipse Neon 来搭建编程的环境。并使用 CloudSim 4.0 来搭建云资源池仿真平台。

CloudSim 框架可以用来对云计算基础架构和服务进行建模和仿真。在该模拟平台上，用户可以对不同负载和配置的资源进行仿真，以达到提供优化资源获取成本的目的。通过该平台，可以进行更多地尝试与试验，而不需要花费很多代价。

本章节在自主研发的 AT‑RBAC 模型系统上对用户‑角色分配优化算法（URAOA）算法进行了仿真实验。实验中模拟用户不断增加对系统的访问请求，在同一平台上将 URAOA 算法与文献[1]提出的最小唯一角色查找（MUR）算法进行对比，分析在匹配角色数量、运行时间以及用户‑角色匹配的精确度方面的优劣。实验规定：用户请求的权限数量为 100～1000 个。

1. 用户‑角色分配数目对比实验

在仿真实验环境下，规定用户的申请数量从 100 到 1000 逐渐递增，把最小角色查找算法 MUR 和基于属性的用户‑角色分配优化算法 URAOA 中用户‑角色指派的数目进行对比。从图 6.6 可以看出，随着用户申请权限数的增加，URAOA 算法所指派的角色数目变化不大，不会随着权限数增大而增大，但是 MUR 算法中用户‑角色指派数目随着用户申请权限数呈现逐渐递增的趋势。

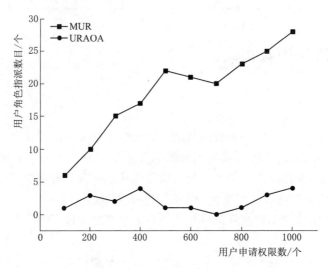

图 6.6　用户‑角色分配数量对比

由此可以得出结论是：从实验结果可以看出，当用户申请某个特定量的权限时，MUR 算法得到的角色数增加很快而 URAOA 算法得到的角色数目起伏不大，由此可看出 URAOA 算法明显优于 MUR 算法。

2. 用户‑角色分配对比时间实验

从图 6.7 可以看出，随着用户申请权限数的增加，URAOA 算法指派所需的时间增加幅度不大，不会随着权限数增大而急剧增大，但是 MUR 算法中用户‑角色指派时间随着用户申请权限数呈现猛烈增长的趋势。

由此可以得到结论：随着权限数的增加，URAOA 算法与 MUR 算法所用的时间呈增长趋势，但 URAOA 的增长速度明显小于 MUR 算法。

3. 用户‑角色匹配精确度对比实验

从图 6.8 可以看出，随着用户申请权限数的增加，几乎不会随着权限数增大而变化，URAOA 算法所指派的精确度保持一个水平几乎为 100%，有个别现象如用户是非法访问，提交的信息无法为其分配角色进而也无法得到角色拥有的权限，数百次实验中拉低了匹配的精确度。但是 MUR 算法中用户-角色指派时间随着用户申请权限数的增长，匹配精度不恒定，即匹配的效率不高。

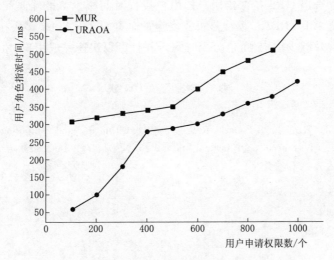

图 6.7　用户-角色分配时间对比

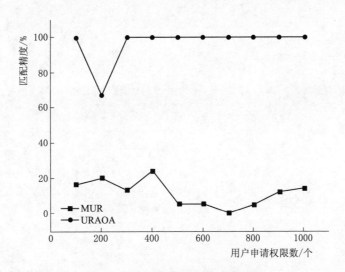

图 6.8　用户-角色匹配精确度对比

　　由此可以得出结论：随着申请权限数的增多，URAOA 算法的匹配精确度高，而 MUR 算法的匹配精确度很低。综上所述，URAOA 算法的各项性能指标均优于 MUR 算法。

6.4　本章小结

　　本章主要用实验来证明文中提出的方案的可行性。自行设计了 AT－RBAC 模型，与传统模型相比较，此模型结合基于属性的细粒度访问策略与基于信任值的动态判定标准，这些优点使 AT－RBAC 模型更加适用于现实中的云环境，保证了访问控制的安全性；作者在 AT – RBAC 模型的基础上提出了 URAOA 算法，该算法的优点是：①在 AT – RBAC 模型中，角色间不存在激活和继承关系，避免权限冗余；②系统根据用户的访问需求，通过此算法筛选出 ORS 指派给用户，用户授权时间减少，准确匹配精确度提高，节省系统资源。总之 AT – RBAC 模型是可靠安全的，并且 URAOA 算法在 AT – RBAC 模型中的应用可以有效减少用户-角色分配时间，并且可以快速完成用户-角色的分配。

参　考　文　献

［1］　Liu Y，Zhuo T，Ren – Fa L I，et al. Roles query algorithm in cloud computing environment based on user require［J］. Journal on Communications，2011，32（7）：169 – 175.

第7章

基于角色挖掘的大数据访问控制

7.1 角色挖掘技术

7.1.1 角色挖掘基本知识

定义 7.1 访问控制矩阵。访问控制矩阵（ACM）是指在访问控制系统中以矩阵的形式存储访问控制信息。访问控制矩阵中的行存储用户也就是主体对客体的资源的访问权限，列存储权限即客体允许哪些主体访问客体自身的资源。在 RBAC 系统中，角色挖掘是分析已有的用户权限分配关系发现角色，因此在角色挖掘的过程中源数据的来源是访问控制矩阵。访问控制矩阵表见表 7.1。

表 7.1 访问控制矩阵表

用 户	文件 1	文件 2	文件 3
用户 1	R	R、W	R
用户 2	W		
用户 3	W	R	

在表 7.1 中，权限集为 $\{R$、$W\}$、主体为 $\{$用户 1、用户 2、用户 3$\}$、客体为 $\{$文件 1、文件 2、文件 3$\}$，每一行与每一列的交叉处代表主体所拥有的对客体的访问权限，如用户 1 对文件 1 进行读操作的权限、用户 1 可以对文件 2 进行读写操作的权限等。

访问控制矩阵的源数据来源有两个：一是根据对访问控制系统中的策略进行分析，例如访问控制列表（ACL），得到用户权限分配关系；二是对系统中的操作日志进行分析，得到用户权限分配关系。作为角色挖掘的源数据，访问控制矩阵是被形式化定义为二元矩阵、二分图、集合等，从数学思维角度考虑角色挖掘的问题，进行角色挖掘的形式化定义，利用现有的数据挖掘技术和方法解决角色挖掘问题。

定义 7.2 布尔矩阵（UPA）。用户权限分配关系转化为二元矩阵 0 - 1 矩阵 Binary Matrix 表示，其中行表示用户，列表示权限。UPA 矩阵中 (u_i, p_i) 值为 1，表示用户 u_i 拥有权限 p_i，若没有则表示为 0。因此，角色挖掘就是将给定的用户权限关系矩阵 UPA，利用矩阵分解技术得到用户角色分配关系 UA 和角色权限分配关系 PA 布尔矩阵。

用户权限分配关系用布尔矩阵来表示，角色挖掘问题则就转化成为矩阵分解的问题。

在布尔矩阵中，定义 $|U|=m$，$|P|=n$，$|R|=k$；UA 用 $m \times k$ 矩阵表示，PA 用 $k \times n$ 矩阵表示，UPA 可以用 $m \times n$ 矩阵表示，矩阵的乘法用 $\otimes$ 表示，$\| \ \|$ 表示一种数学范式。角色挖掘的问题形式化定义为：给定 UPA，找到 R、UA、PA，同时最小化角色 R 的数量，使 $\| UA \otimes PA - UPA \|=0$。用户权限分配关系布尔矩阵见表 7.2。

表 7.2　　　　　　　　　　　用户权限分配关系布尔矩阵表

用户	P_1	P_2	P_3
U_1	1	1	0
U_2	0	1	1
U_3	1	1	1
U_4	1	1	1
U_5	1	1	1

在表 7.2 中，有 m 行表示为 m 个用户、n 列表示为 n 个权限，$m \times n$ 则表示 m 个用户和 n 个权限的分配关系。用户集 $\text{Users}=\{U_1,U_2,U_3,U_4,U_5\}$，权限集 $\text{Perms}=\{P_1, P_2,P_3\}$，用户的权限集为 $U_1=\{P_1,P_2\}$，$U_2=\{P_2,P_3\}$，$U_3=\{P_1,P_2,P_3\}$，$U_4=\{P_1,P_2,P_3\}$，$U_5=\{P_1,P_2,P_3\}$。将用户权限分配关系作为输入，利用角色挖掘技术得到的角色集作为输出，得到用户角色和角色权限分配关系表，见表 7.3、表 7.4。其中输出的角色集为 $\{R_1,R_2\}$，角色中的权限集为 $R_1=\{P_1,P_2\}$，$R_2=\{P_2,P_3\}$。

表 7.3　　　　　　　　　　　　用户角色分配关系表

用户	R_1	R_2
U_1	1	0
U_2	0	1
U_3	1	1
U_4	1	1
U_5	1	1

表 7.4　　　　　　　　　　　　角色权限分配关系表

角色	P_1	P_2	P_3
R_1	1	1	0
R_2	0	1	1

定义 7.3　二分图（bipartite graph）。用户权限分配关系可以转化为二分图来表示，把所有的用户和权限分配关系转化为一个二分图表示。其中两个独立的顶点集分别表示用户和权限，如果在 UPA 中为该用户分配了相应的权限，则该用户与权限之间会存在一条边，计算得到的每一个完全二分图代表一个角色。角色挖掘问题则转化为在二分图中寻找最小完全二分图集覆盖的问题。二分图是图论中的一种特殊模型，其定义如下：

（二分图）若 $G=(V,E)$ 是一个无向图，G 表示图、V 表示图中的顶点集合、E 表示图中的边。顶点集 V 被划分成两个不相交的顶点集 (U,P)，边 (u,p) 均满足 $u \in U$、

$p \in P$，则称图 G 为一个二分图。

完全二分图是在二分图中，两个独立的顶点集中的一个顶点集中的每个顶点与另一个每个顶点集有且仅有一条边相连，顶点集内部交点，其定义如下：

（完全二分图）在二分图 $G=(V_1,E,V_2)$ 中，若 V_1 中的每个顶点都与 V_2 中的每个顶点都有且仅有一条边相连，则称 G 为一个完全二分图。

UPA 转化成二分图表示，U 表示用户、P 表示权限、(u,p) 表示用户权限分配关系、一个完全二分图表示为一个角色，角色挖掘的结果为用户权限关系二分图加入中间角色节点形成对应的三部图。用户权限分配关系的二分图及角色挖掘结果如图 7.1 和图 7.2 所示。图 7.1 描述二分图表示的 UPA，图 7.2 描述角色挖掘的结果，即用户角色和角色权限分配关系，其中挖掘出来的角色集为 $\{R_1,R_2\}$。

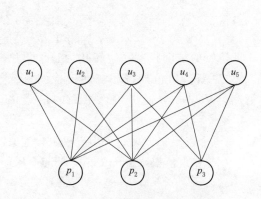

图 7.1　用户权限分配关系（UPA）

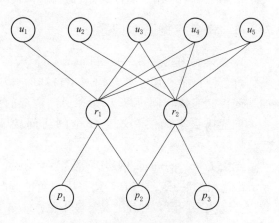

图 7.2　角色挖掘的结果

7.1.2　角色挖掘基本方法

目前，关于角色挖掘的方法主要如下：

（1）子集枚举，根据用户中权限集之间的相似度来进行分组创造角色，选择相似度高的角色集求交集，枚举出所有可能的角色集。该方法在角色挖掘中应用比较广泛，但运行管理的复杂度高。

（2）聚类分析，将访问控制矩阵中的权限集定义为集群，迭代合并包含公共用户的集群，最终形成互补相交的集群，每个集群代表一个角色。但是该方法中，角色间没有相同的权限，不存在继承关系，也就是说一个权限只能属于一个集群。

（3）图优化，将原有的访问控制矩阵即用户权限关系矩阵转化为二分图（二部图）来表示，二分图的顶点集分别代表用户集和权限集，将基本的角色挖掘问题转化为利用图形优化理论在二部图得到三部图的问题，三部图的中间节点集就是角色集。

（4）布尔矩阵分解，就是将原有的用户-权限二元关系矩阵，通过矩阵的变形和分解转化成用户-角色、角色-权限，得到一个用户角色权限的三元关系矩阵。

（5）形式概念分析，在 RBAC 系统中给定一组用户，一组权限和一组角色来构造概念格。在概念格中，一个概念继承与其所有子概念相关的所有权限。用户继承则是与权限继承相反，通过从每个网格中删除冗余的用户和权限。这种删减的网格结构代表了角色层次结构，其中每个概念对应一个角色，每个用户分配一个角色，权限包含在角色中。

（6）人工智能，应用人工智能技术进行角色挖掘，例如，基于遗传算法的角色挖掘、改进的遗传算法、蚁群算法等。

（7）挖掘有意义的角色，仅考虑用户权限分配挖掘角色可能导致挖掘出来的角色没有语义。为了挖掘出来有意义的角色，一系列挖掘语义上有意义的算法已经被提出。根据系统中不同权限所占有的比重，与之所关联的资源也是不同的。因此，在角色挖掘的过程中考虑权限的敏感程度，防止将重要敏感的权限分给普通的用户。例如，基于机器学习的角色挖掘算法，考虑用户属性的角色挖掘等。

7.1.3　角色挖掘基本问题

1. 基本的角色挖掘问题（Basic - RMP）

角色挖掘是利用一种自动或半自动的方法，将初始的访问控制系统转化为基于角色的访问控制系统，同可以实现 RBAC 系统的配置和更新。角色挖掘还能通过检测系统中的配置错误来提供有效且安全的访问控制策略。Vaidya 等提出角色挖掘的形式化定义。

定义 7.4　（Basic - RMP）给定一个用户集 U，一个权限集 P，一个用户权限分配关系 UPA。找到一组角色 R，使得用户角色分配关系 UA 和角色权限分配关系 PA 与 UPA 权限分配关系一致，并使 $|R|$ 最小化。

2. 基本的角色挖掘问题的变体

Basic - RMP 的目标是从输入的 UPA 中发现一种最小角色集，使得 $\|UA \otimes PA - UPA\| = 0$，在此基础上，提出了 Basic - RMP 的几种变体，它们的优化目标和基本的角色挖掘问题不同。每个变体的目的是从输入的 UAP 中，根据优化目标的不同选择最优的解决方案，使得所选的优化度量最小，并且能够得到角色集构建 RBAC 系统。

在 RBAC 系统中进行角色挖掘时，一般是希望 UPA 与生成的 UA 和 PA 之间能够精确匹配，但在允许有限数量的不匹配可以进一步最小化角色数量。因此，Vaidya 等提出 Basic RMP 的一种变体，成为近似角色挖掘（δ - approx RMP）定义如下：

定义 7.5　近似角色挖掘问题：给定用户权限分配关系 UPA，通过最小化角色数 k 来找到 R，用户角色分配关系 UA 和角色权限分配关系 PA，使得 $\|UA \otimes PA - UPA\| \leqslant \delta$。

Vaidya 等提出最小不匹配角色挖掘问题（MinNoise RMP）与近似角色相反的优化目标，不追求最小角色集，而是优化 UAP 与生成的 UA 和 PA 之间的不匹配数量，期望达到一个最小值。

定义 7.6　最小不匹配角色挖掘问题：给定用户权限分配关系 UPA，目标角色数 K，通过最小化 UAP 和 UA、PA 之间的不匹配来找到 R、UA、PA，从而使得 $\|UA \otimes PA - UPA\|$ 最小。

RBAC 系统更新时，从企业组织中获取的角色集或已经部署在企业组织中的角色集是可用的。在这种情况下，可以使用这些现有的角色集去代替派生一套全新的角色集合，优化目标则是找到合适的用户角色配分，以减少不匹配的次数，这样就大大减少了 RBAC 系统的管理工作，通过一定数量有限的用户权限不匹配的分配。Lu 等正式定义了该问题提出 Usage RMP，该问题以现有的角色集为基础，输入 UPA 和 PA，输出 UA，同时最大限度地减少解决方案中的不匹配问题。

定义 7.7 Usage RMP：给定用户权分配关系 UPA 和角色权限分配关系 PA，找到用户角色分配关系 UA，同时将 $\parallel UA \otimes PA - UPA \parallel$ 最小化。

基本的角色挖掘算法旨在优化角色数量使得角色数量最小化，因此未考虑 UA 和 PA 矩阵的大小。在进行 Basic – RMP 的算法中，并未考虑挖掘结果中的冗余角色和用户分配的角色数量以及角色分配的权限数学，不是一个完整的 RBAC 状态。Lu 等提出的 Edge – RMP 是以系统中的 $\mid UA \mid + \mid PA \mid$ 为优化目标，$\mid UA \mid$ 是所有的用户角色关系分配数量，$\mid PA \mid$ 是所有的角色权限分配数量，在二分图中可以看作优化边的数量。

定义 7.8 Edge – RMP：给定用户权限分配关系 UPA，找到角色集 R、用户角色分配关系 UA 和角色权限分配关系 PA，并且使得 $\mid UA \mid + \mid PA \mid$ 最小化。

User – Oriented Exact RMP 是从最终的用户角度得到更贴近用户使用的 RBAC 状态，在面向用户的精确 RMP 中优化的目标是角色集 R 的大小和用户角色分配关系 UA 的大小，选择 UA 作为优化的标准是因为在 RBAC 中的用户只关心分配给他们的角色数量，这直接影响到他们在执行工作和管理的难易程度。但是仅仅考虑 $\mid UA \mid$ 会导致出现一个非常简单的解决方案，这就是挖掘出的角色数量和用户数量相同，每个用户分配一个拥有该用户所有权限集的角色。但是在 RBAC 系统中，创建角色的目的是为了组合角色中的权限分配给用户而达到减少用户权限管理复杂度的目的，这个优化目标就违背了角色挖掘的初衷，因此 User – Oriented Exact RMP 也考虑优化角色数量作为优化的第二目标。

定义 7.9 User – Oriented Exact RMP：给定 UPA，发现 R、UA 以及 PA、使得 $wr \mid R \mid + wu \mid UA \mid$ 最小，wr、wu 是指 $\mid R \mid$ 和 $\mid UA \mid$ 的加权值。

Edge+Basic – RMP 是以 UA 和 PA 以及 R 的数量为优化目标，从而减少 RBAC 系统总体管理工作量。所以它不是从用户而是从系统管理员的角度提出的角色挖掘问题的优化目标。

定义 7.10 Edge+Basic – RMP：给定 UPA，发现 R、UA 和 PA，使得 $\mid UA \mid + \mid PA \mid + \mid R \mid$ 最小化。

定义 7.11 角色层次挖掘的基本问题（RH）。在角色层次挖掘方面。Guo 等提出挖掘角色层次的问题以及这个问题的两个变体。角色层次结构建立问题（RHBP）和角色层次结构挖掘问题（RHMP）。RHBP 是不考虑角色挖掘的问题，假定已经存在一组可以的角色，从这组角色集终构建角色层次。RHMP 则是没有现有的角色集需要在建立角色层次结构的同时挖掘最小角色集。RHBP 的优化目标是最佳的角色层次结构，RHMP 的优化目标则是角色集和角色层次结构。

7.1.4　角色挖掘算法的评价标准

本研究采用由 Molloy 等提出的加权结构复杂度 WSC 作为算法的标准。WSC 是依据 RBAC 系统的状态，为 R、UA、PA 和和 RH 中的数量以及用户权限分配关系（DUPA）

设置不同的权重，计算关系的权重这些关系数量的加权和。DUPA 是指 RBAC 系统中存在的一些无法分配给角 $W = \langle Wr, Wu, Wp, Wh, Wa \rangle$ 色的权限，用户只能直接获取。本质上是给定一个五元组，Wr，Wu，Wp，Wb，$Wd \in Q + \bigcup \{\infty\}$，一个 RBAC 状态 γ 的加权结构复杂度 WSC，计算为

$$WSC(\gamma, W) = Wr * |R| + Wu * |UA| + Wp * |PA| + Wh * |RH| + Wd * |DUPA|$$

如果角色层次的权重设置为 $Wh = \infty$，那么角色挖掘的结果是 RBAC 系统中不存在任何角色层次结构。若用户角色权限分配关系权重设置为 $Wh = \infty$，则表明系统中不允许存在用户不通过角色直接拥有权限的情况。在 RBAC 系统中可以通过设置不同的权重值，而达到不同的优化目标，例如当 $Wr = 1$ 时，$Wu = Wp = 0$，而 $Wh = Wd = \infty$ 时，优化目标就设置成了角色的数量，成为 Basic - RMP。当在 $Wr = 0$、$Wu = Wp = 1$ 且 $Wh = Wd = \infty$ 的情况下，优化目标设置成为用户角色和角色权限分配数量，成为 Edge - RMP。

7.2　基于双重基数约束的角色挖掘算法

7.2.1　基于双重约束的角色挖掘问题

RBAC 模型已经被许多组织采用作为实现安全策略的标准方法，将受限的资源访问权限分配给角色，将角色分配给用户。角色挖掘作为从传统的访问控制迁移到 RBAC 中的关键步骤，得到了广泛的研究。但是即使根据企业的业务流程挖掘的角色，也无法立即在实践中应用。比如，有些角色包含的权限太多范围太大，没有办法分配给单个员工。因此，在角色挖掘的过程中通常考虑不同类型的约束，以便对生成的角色施加约束。RBAC 系统中存在四种基数约束：①角色-用户基数约束，一个用户中可以被指派的最大角色数；②用户基数约束，一个角色可以被指派的最大用户数；③权限基数约束，一个角色可以拥有的最大权限数；④角色-权限基数约束，一个权限可以被包含的最大用户数。在本章中考虑双重约束的条件进行角色挖掘，这两个约束是：①基数约束限制了角色中的权限数；②用户基数约束限制角色可以属于的用户数。

在本章中定义用户集 $U = \{u_1, u_2, u_3, \cdots, u_n\}$，权限集 $P = \{p_1, p_2, p_3, \cdots, p_n\}$，角色集 $R = \{r_1, r_2, r_3, \cdots, r_n\}$。角色中权限的数量表示为 $\mathrm{PermsR}(r)$，角色中用户的数量表示为 $\mathrm{RolesU}(r)$。定义布尔矩阵 UA、PA 以及 UPA 为 $Cn \times q$、$Rq \times m$ 和 $Xn \times m$，定义 c_{ij} 为用户 $i(i=1, \cdots, n)$ 和角色 $j(j=1, \cdots, q)$ 的 UA 矩阵项。定义 r_{jt} 为角色 $j(j=1, \cdots, q)$ 和权限 $t(t=1, \cdots, m)$ 的 PA 矩阵项，定义 x_{it} 为用户 i 和权限 t 的矩阵项。在矩阵分解的过程中必须满足以下条件：当 $x_{it} = 1$ 时，$\sum_{j=1}^{q} c_{ij} r_{jt} \geqslant 1$；当 $x_{it} = 0$ 时，$\sum_{j=1}^{q} c_{ij} x_{jt} = 0$。

对权限基数约束下的角色挖掘即限制一个角色中最大的权限数的定义如下：

定义 7.12　（权限基数约束）　给定用户权限二元关系矩阵 $Xn \times m$，找到一个最佳一致的分解得到 $Cn \times q$ 和 $Rq \times m$，同时在给定约束的条件下 q 值是最小的，给定的约束为：$\forall 1 \leqslant j \leqslant m$，$\sum_{i=1}^{m} r_{jt} \leqslant MPC_{role}$，［$MPC_{role}$（Maximum Perms Constraint on Role）是

一个角色能被指派的最大权限数]。

对于另一个约束，用户基数约束即限制一个角色可指派的最大用户数的角色挖掘定义如下：

定义 7.13 （用户基数约束） 给定用户权限二元关系矩阵 $Xn \times m$，找到一个最佳一致的分解得到 $Cn \times q$ 和 $Rq \times m$，同时在给定约束的条件下 q 值是最小的，给定的约束为：$\forall 1 \leqslant j \leqslant q,\ \sum_{i-1}^{n} C_{ij} \leqslant MUC_{role}$ [MUC_{role} （MaximuUsers Constraint on role）是一个角色可以被指派的最大用户数]。

对两种约束下的角色挖掘进行定义，即对角色中的权限数和用户数同时进行约束。

定义 7.14 （双重基数约束） 给定用户权限二元关系矩阵 $Xn \times m$，找到一个最佳一致的分解得到 $Cn \times q$ 和 $Rq \times m$，同时在给定约束的条件下 q 值是最小的，给定的约束为：$\forall 1 \leqslant j \leqslant m,\ \sum_{t=1}^{m} r_{jt} \leqslant MUC_{role}\ \forall 1 \leqslant j \leqslant q,\ \sum_{i-1}^{n} c_{ij} \leqslant MUC_{role}$。

7.2.2 基于双重约束的角色挖掘算法

1. 算法整体流程

本章提出的基于双重约束的角色挖掘算法（简称 DCRM）将用户权限关系 UPA 转化为二分图，挖掘满足权限基数约束和用户基数约束的最小完全二分图集合得到初始角色集 initRoles，然后调用图优化算法，优化角色状态、构建角色层次得到最终的角色集。降低系统的加权结构复杂度，提高管理效率。角色中权限的约束 PermsR(r) 约束值定义为 K_1、角色中用户的约束 RolesU(r) 约束值定义为 K_2，其详细描述算法见表 7.5。

表 7.5　　　　　　　基于双重基数约束的角色挖掘算法（算法 7.1）

算法 7.1　基于双重基数约束的角色挖掘算法
输入：用户权限分配关系 UPA、K_1、K_2
输出：角色集 R
BEGIN
1　　调用初始角色生成算法生成候选角色集 initRoles
2　　While there can be more merges do
3　　调用角色层次构建算法，构建角色层次
END

2. 初始角色生成算法

表 7.6 描述了初始角色生成算法，即在角色挖掘中使用权限基数约束和用户基数约束双重约束生成初始角色。本章中定义 $v[u]$ 为顶点用户 u 中的权限 p，$v[p]$ 为顶点权限 p 中的用户。$UC[u]$ 定义为用户 u 中未被覆盖边的顶点 p，$UC[p]$ 定义为权限未被覆盖边的用户顶点 u。UserPerms 定义为用户中权限的数量，角色中权限的数量定义为 PermsRCount(r)，角色中用户的数量定义为 RolesUCount(r)。U 定义为完全二分图中选择的用户、P 定义为选择的权限，$UC[k_1]$ 定义为从用户 u 中选择的 k_1 个权限。对于算法的详细描述如下：

首先将用户权限二元关系转化为一个二分图，在二分图选择一个具有最小数量未覆盖边的顶点。若选择的顶点是用户，则执行 Phase1。找到这个用户的所有未覆盖的边即这个用户未覆盖的权限 $UC[u]$。如果用户中未覆盖权限的数量小于或等于给定的约束值 k_1，则将这些权限 $UC[u]$ 加入到 P 中；如果权限的数量大于 k_1，则选择前 k_1 个权限加入到 P 中。根据选择的权限 P 查找其他用户中未覆盖边的顶点是否包含 P，如果是则加入到 U 中，若用户数量到达 k_2 则停止查找。根据选择的 U 和 P 构成一个满足约束的完全二分图。

表 7.6　　　　　　　　初始角色生成算法（算法 7.2）

算法 7.2　初始角色生成算法
输入：用户集合 U、权限集合 P、用户权限分配关系 UPA，权限约束 k₁，用户约束 k₂
输出：用户角色指派关系 initUA、角色权限指派关系 initPA 以及初始角色集合 initRoles

```
    1 至少存在一个顶点存在未覆盖的边
    2 Set U=φ, P=φ
      PermsRCount (r) =0,
      RolesUCount (r) =0
{PHASE 1}
    3 if select vertice is user then    //选择的顶点是用户
    4 RolesUCount (r) =RolesUCount (r) +1;
    5 if UserPerms [p] ≤ K₁   //用户中的权限数满足约束
    6 P=UC [u]
    7 else 从 UC [u] 中取前 k₁ 个权限   //用户中的权限数违反约束
    8     P=UC [k₁]
    9 end if
   10 For  v≠udo//查找其它包含 P 权限的用户
   11   if  P⊂UC [v] and RolesUCount (r) <k   //约束角色中用户的数量
   12     RolesUCount (r) =RolesUCount (r) +1
   13     将 v 加入到 U
   14   end if
   15 end for
   16 U 和 P 组成一个完全二分图（biclique）
   17 end if
{PHASE 2}
   18 If  select vertice is perm then   //选择的顶点是权限
   19   PermsRCount (r) =PermsRCount (r) +1
   20   for earch v  contains p   //查找包含指这个权限的所有用户
   21 if  rolesUCount (r) <k₂   //若角色中的用户数满足约束
   22     RolesUCount (r) =RolesUCount (r) +1
   23     将 v 加入到 U
   24 end if
   25   end for
   26 查找用户 U 共同拥有的未覆盖边的权限 P
   27 if PermsRCount (r) ≤ K₁   //若角色中的权限数满足约束
   28 P=UC [u]
   29 else 从 UC [u] 中取前 k₁ 个权限   //若角色中的权限数不满足约束
   30     P=UC [k₁]
   31 end if
   32 U 和 P 组成一个完全二分图（biclique）
   33 end if
```

若选择的顶点是权限，则执行 Phase2。查找包含权限的用户，并且使得用户数量不超过制定的约束 k_2，得到 U。然后查找这些用户共同拥有的未覆盖的边的顶点即权限，以及顶点 p 得到 P。若用户共同拥有的权限数量超过给定的约束 k_1，则选择第一个 k_1 个权限。直到二分图中所有的边都被覆盖则停止查找。

3. 角色层次构建算法

利用二分图的方法得到的角色集是扁平化的结构未能构建角色层次，这就使得系统的复杂度高，管理花费大，在大型系统应用方面存在致命缺陷，没有实际应用价值。因此针对上述问题，在初始角色集的基础上利用图优化策略，构建系统中的角色间的继承关系以及角色层次，得到最终完整角色状态。

作者是在 GO 算法的基础上进行角色层次的构建，在处理角色的过程中主要分为以下状态：

（1）若两个角色拥有相同的权限集。合并两个角色，角色中权限集不变，用户集求并。然后查看合并后的用户数是是否违反给定的用户基数约束，若是没有则更新角色状态即用户角色关系，否则取消合并。

（2）若两个角色的权限集之间存在相同的权限集即交集，生成一个包含权限交集的新角色，删除这两个角色中的公共权限，这两个角色和新角色之间分别增加一条角色层次线，构建角色间的继承关系。我们通过由初始角色生成的新角色，仅包含权限并不包含用户，因此不会违反用户基数约束。

（3）若两个角色中，一个角色的权限集全部被包含在另一个角色中即为角色的子集，另一个角色为该角色的超集在子集和超集之间增加一条角色层次线。

（4）若两个角色之间的权限集完全不同，则分别加入构建的角色层次中。

GO 算法根据整个 RBAC 状态判断每两个角色是否进行处理。但是并没有说明如何选择两个角色，首先是根据角色中权限的数量进行降序排序，然后遍历角色集，根据角色权限集之间的关系，处理角色间的继承关系、构造角色层次。作者所选用的 GO 算法是根据角色中的权限数，对角色状态进行更新，并不会使得分配给用户的角色发生改变，因此最终的角色集不会违反系统中给定的约束。表 7.7 描述了角色层次构造算法的实现过程。

表 7.7　　　　　　　　　　角色层次构建算法（算法 7.3）

算法 7.3　角色层次构建算法
输入：initRoles
输出：finallRoles
1　对于 initRoles 中的角色按照角色是中权限的数量排序 orderRoles
2　calculate optimisation metric＝number of edges＋number of roles
3　{merge roles until stable}
4　for erach r⊆　orderRoles do
5　　Select two　Roles
6　在不违反系统约束的前提下，根据角色的权限集之间的关系处理角色
7　calculate new optimisation metric＝number of edges＋number of roles
8　If new optimisation metric＞optimisation metric then

算法 7.3 角色层次构建算法
9   取消处理
10   else
11   old optimisation metric＝new optimisation metric
12   end if
13 end for

7.2.3 算法实验结果与分析

为了检验算法的性能与准确性，作者采用九个真实世界的数据集作为测试数据对算法进行实验分析。这些数据集主要是用于分析各种启发式角色挖掘算法的性能，在角色挖掘相关的文献中得到了广泛的应用。这些真实的数据集可以通过 HP Labs 在线获得。真实数据集总结在表 7.8 中，｜U｜表示用户数、｜P｜表示权限数、｜UPA｜用户用户权限数、｜R｜表示无约束条件下生成的最佳角色数，以及分配给用户的最大权限数 max♯P、分配给权限的用户数 max♯U。实验数据集见表 7.8。

表 7.8   实 验 数 据 集

数据集	｜UPA｜	｜U｜	｜P｜	｜R｜	max♯P	max♯U
America _ lage	185294	3485	10127	398	733	282
America _ small	105205	3477	1587	178	310	2866
Apj	6841	2044	1164	453	58	291
Emea	7220	35	3046	34	554	32
Helathcare	1486	46	46	14	46	45
Domino	730	79	231	20	209	52
Customer	45427	10021	277	276	25	4184
Firewall	31951	365	709	66	617	251
FireWall2	36428	325	590	10	590	298

作者在所有的数据集上都做了实验测试，实验表明在 UPRM 算法下得到的角色集都能满足权限基数约束和用户基数约束的双重基数约束。由于篇幅有限选取了 Healthcares、emea 数据的实验结果进行展示，其中分别展示了权限基数约束和挖掘出来的角色数量、加权结构复杂度，用户基数约束和挖掘出来的角色数量、加权结构复杂度的变化关系。其中 CRM 算法是 Kumar 等提出的基于权限基数约束的角色挖掘算法。图 7.3、图 7.4 分别展示了随着权限基数约束的变化和挖掘出来的角色数量、加权结构复杂度变化关系，为了更加准确比较算法的性能，在进行角色基数约束方面的比较过程中，不对用户基数方面进行约束，也就是说在进行权限基数约束方面的比较时，DCRM 和 UPRM 算法均采用同样固定大小的用户基数约束值。

图 7.5 中显示在 Healthcare 数据集上，DCRM 和 CRM 算法在在权限基数约束方面挖掘出来的角色数上没有很大差别。但是，从图 7.6 中可以看出，作者所提出的 DCRM 算

法和 CRM 算法相比是明显降低了加权结构复杂度。

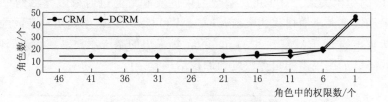

图 7.3　权限基数约束和角色数量

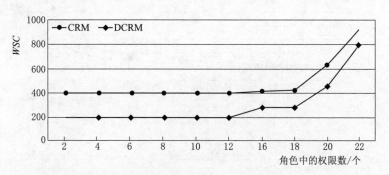

图 7.4　权限基数约束和加权结构复杂度

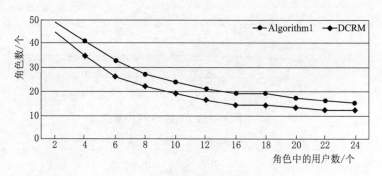

图 7.5　用户基数约束和角色数量

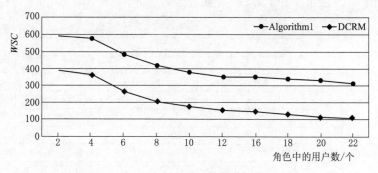

图 7.6　用户基数约束和加权结构复杂度

图 7.7 和图 7.8 则展示了在 Healthcare 数据集上，用户基数约束方面和挖掘出来角色数量、*WSC* 的变化关系。对于用户基数约束的实验，通过对权限基数约束的值不做约束，同样的采用固定大小的权限约束值，DCRM 和 CRM 比较的是用户基数约束的值。从中可以看出所提出的 DCRM 算法和 Hingankar 等提出的基于用户基数约束 Algorithm1 算法相比，有效降低了挖掘出的角色数量和加权结构复杂度。

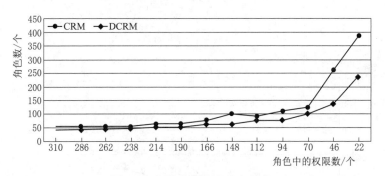

图 7.7　权限基数约束和角色数

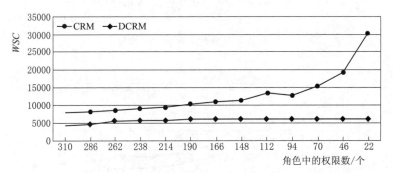

图 7.8　权限基数约束和加权结构复杂度

图 7.7、图 7.8 展示了在 EMEA 数据集上，DCRM 和 CRM 算法在权限基数约束下的变化关系，与 Healthcare 一样，对于用户基数不做约束。从中可以看出，作者提出的 DCRM 算法在角色数量方面不占优势，但是能够有效降低加权结构复杂度。

图 7.9、图 7.10 展示了在 EMEA 数据集上，DCRM 和 Algorithm1 算法在用户基数

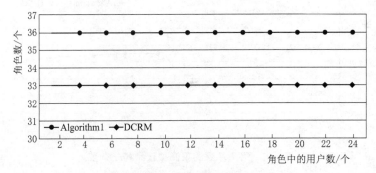

图 7.9　用户基数约束和角色数量

约束下的变化关系，从图中可以看出其结果与 healthcare 类似，DCRM 算法明显降低了角色数量和加权结构复杂度。

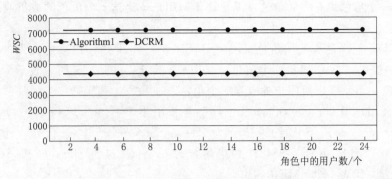

图 7.10　权限基数约束和加权结构复杂度

通过上述实验结果可以看出作者提出的 DCRM 算法是真实有效的，挖掘出来的角色都能够满足权限基数约束和用户基数约束双重基数约束，并且能够有效降低角色数量和加权结构复杂度。

7.3　基于职责分离的角色挖掘算法

7.3.1　基于职责分离的角色挖掘算法问题

RBAC 除了易于管理之外，它的主要优势还在于允许规范和执行具有各种约束条件的策略，职责分离则是 RBAC 系统中可以表示的最有用的约束之一。职责分离约束限制 RBAC 系统中完成关键任务所需的最少用户数，是消除系统中欺诈的最重要的约束，也是保证计算机安全的重要约束策略 RBAC 系统所必须遵守的安全原则。SoD 是在权限方面限制了用户集，在 RBAC 系统中实现 SoD 一般是采用静态互斥角色约束（SMER）。$t-m$ 约束可以保证在给定的 m 个角色集中，不允许任何用户成为 t 个或多个角色的成员。但实际上将一组 SoD 约束转化为一组可以强制执行 SoD 约束的 SMER 约束是非常具有挑战的。在这种情况下使用现有的角色挖掘算法生成 UA 和 PA，然后在此基础上生成能够精确执行 SoD 策略的 SMER 约束并非易事。因此我们的目标是将 UPA 矩阵和一组 SoD 约束作为输入，并找到与 UPA 一致的 UA 和 PA 矩阵以及一组 SMER 约束，这些 SMER 约束可以在最小化角色数量的同时正确地执行给定的 SoD 约束。在本章中相关定义如下：

定义 7.15　$k-n$ 职责分离约束（$k-n$ SoD）。$k-n$ SoD 约束定义为，SoD$<\{p_1, p_2, \cdots, p_n\}, K>$，其中 $1<k \leqslant n$，k，$n \in N$，$p_i \in p_n$ 表示一个权限。该约束表示为，至少有 k 个用户共同拥有给定的 n 个权限。

在 RBAC 系统中，职责分离约束定义为执行敏感任务所需要的 n 个权限不得少于 k 个用户集共同执行。尽管这个约束条件是在权限方面限制了用户数，但在 RBAC 系统中，用户中的权限是通过角色获取的，因此为了实现 SoD 通常是使用静态互斥角色约束。

定义 7.16 $t-m$ 静态互斥角色（$t-m$ SMER）。$t-m$ SMER 约束定义为，smer<$\{r_1,r_2,\cdots,r_m\}$, t>，$r_i \in r_n$ 表示一个角色，其中 $1<t\leqslant m$，t, $m\in N$，$1<i\leqslant t$。该约束表示为，一个角色集有 t 个角色，不允许任何用户成为这 t 个角色的成员或拥有这 m 个角色。

定义 7.17 $t-t$ 静态互斥角色（t-t SMER）。t-t SMER 约束定义为，smer<$\{r_1,r_2,\cdots,r_t\}$, t>，$r_i \in r_n$ 表示一个角色，其中 $t\geqslant 2$，$1<i\leqslant t$。该约束表示为，一个角色集有 t 个角色，不允许任何用户拥有这 t 个角色。

首先定义用户集 U=$\{u_1,u_2,u_3,\cdots,u_n\}$，权限集 P=$\{p_1,p_2,p_3,\cdots,p_n\}$，角色集 $R=\{r_1,r_2,r_3,\cdots,r_n\}$。SoD 约束集合为 E=$\{e_1,e_2,\cdots,e_i\}$，$e_i$ 代表一个 SoD 约束，$e_i=\{p_1,p_2,\cdots,p_n\}$, K>。SMER 约束集合为 $C=\{C_1\bigcup C_2\bigcup\cdots\bigcup C_i\}$，$C_i=$<$\{r_1,r_2,\cdots,r_m\}$, t>代表一个 SMER 约束。

在 RBAC 系统中判定 UA 和 PA 是否共同满足 SoD 约束问题是 NP-完全问题，与 SoD 约束限制一组权限的用户数不同，SMER 约束是限制单个用户中的受约束的角色数，因此可以在的多项式时间内检查 RBAC 系统 UA 中的 SMER 约束是否满足。但是，如果使用 SMER 约束来强制执行 SoD 约束，则首先需要在角色挖掘的过程中生成一组能够执行给定的一组 SoD 约束的 SMER 约束。在 RBAC 系统中，从给定的 SoD 约束中生成 SMER 约束，是在角色挖掘中的一个约束。在角色挖掘过程中，生成角色的同时将给定的 SoD 约束生成 SMER 约束。基于职责分离的角色挖掘定义如下：

定义 7.18 静态职责分离约束下的角色挖掘（SoD-Role Mining Perms，SRMP）。给定一个用户权限分配关系 UPA，一组 SoD 约束 E，找到一组角色集 R，用户角色分配关系 UA，角色权限分配关系 PA，SMER 约束集合 C，使得 C 强制执行 E 并且最小化角色数量 $|R|$。

SRMP 是将 UPA 和一组 SoD 约束信息作为输入，角色集、UA、PA 和 SMER 集作为输出，在角色挖掘的过程引入 SoD 约束，根据所生的 SMER 集判断 SoD 约束是否满足，即是否为可执行的约束，最终生成满足 SoD 的完整角色状态，与 UA、PA 完成 RBAC 系统配置。

7.3.2 基于职责分离的角色挖掘算法

考虑在 SoD 约束情况下的角色挖掘问题，所提出的满足静态职责分离的角色挖掘算法（简称 SRMP），采用布尔矩阵 UPA 表示系统中的用户权限分配关系，以权限分组为基础，在角色挖掘过程中实施 t-t SMER 约束，强制执行 SoD 约束，得到满足约束的 UA 和 PA 以及 t-t SMER 约束集 C，同时最小化角色数量。

1. 角色生成算法（MineRole）

角色生成算法是在文献[8]提出的简单角色挖掘算法（Simple Role Mining Algorithm）基础上，采用在矩阵中权限分组的挖掘方式，生成角色集，同时在挖掘角色的过程中为角色赋予 SoD 约束信息，同样采用布尔矩阵表示角色与 SoD 的约束关系 SA。首先定义 $U[p]$ 为用户 u 中的权限 P，$UC[p]$ 定义为用户 u 中未被覆盖的权限 p，其中 U 定义为角色中的用户、P 定义为角色中的权限、Se_i 定义为包含一组 SoD 约束信息的角色集。

　　首先将用户权限关系转化成布尔矩阵 UPA 表示，根据用户中的权限数进行降序排序，然后选择用户中具有最少未被覆盖的权限的一行，作为新生成角色中的权限，加入到 P 中。判断新角色中的权限是否是 e_i 中的权限，如果是则将 e_i 约束信息赋予新生成的角色。根据所选择的权限 P，查看其他用户中未被覆盖的权限是否包含 P，若是则加入到 U 中。最后从用户权限 UPA 中删除已被选择的权限即将矩阵中被选择的(u_i, p_i)变为 0，其详细算法描述见表 7.9。

表 7.9　　　　　　　　　　　角色生成算法（算法 7.5）

算法 7.5　角色生成算法
输入：用户集合 U、权限集合 P、用户权限分配关系 UPA，k-n SoD 约束集 E
输出：用户角色分配关系 UA、角色权限分配关系 PA、角色与 SoD 约束关系 SA、初始角色集 initRoles

```
BEGIN
1    candidateRoles=φ, U=φ, P=φ, Sei=φ
2    while there exists at least one user u with uncovered perms //   至少存在一个未被覆盖权限的用户
3    do
4    select u with minimum number of uncovered perms   //选择具有最少权限的一行
5    newRole   P=select row   //新生成角色中的权限
6    candidateRoles=candidateRoles U {newRole}   //新生成的角色加入候选角色集
7    if newRole having at least one permission in ei   //新生成的角色中包含约束 ei 中的权限
8    Sei=Sei U {newRole} //为角色赋予 SoD 约束信息
9    end if
10   for   v≠u   //查找其他包含 P 权限的用户
11   do
12     if   P⊂UC [p]
13        newRole U=U {V}
14     end if
15   end for
     END
```

2. t-t SMER 约束生成算法

　　t-t SMER 约束生成算法是根据上文得到的用户角色分配关系 UA、角色权限分配关系 UA、角色与 SoD 约束关系 SA，以及初始角色集 initRoles，进行计算处理得到最终的角色权限分配关系 UA、最终角色集 finalRoles。

　　定理 7.1　给定一个 $k-n$ SoD 约束 e_i，以及包含该约束的角色集 Sei，t-t SMER 中 t 的约束值设定不超过 $t-1 < \dfrac{|Sei|}{k-1}$ 才能实施 $k-n$ SoD 约束。

　　证明：由 $k-n$ SoD 约束可知，至少 k 个用户共同拥有给定的 n 个权限，算法 7.5 将给定的 n 个权限转化为 $|Sei|$ 个角色，即至少 k 个用户共同拥有 $|Sei|$ 个角色。t-t SMER 约束表示，不允许任何用户拥有一组约束中的 t 个角色，即一个用户最多拥有 $t-1$ 个角色，故 $k-1$ 个用户分配 $t-1$ 个不同的角色，对于第 k 个用户，$|Sei|$ 中至少存在一个角色分配给它，即$(k-1)(t-1) < |Sei|$。因此 t 值的设定不能超过 $t-1 < \dfrac{|Sei|}{k-1}$，才能实施 SoD 约束维护系统安全。

　　算法 7.5 描述 t-t SMER 约束生成算法，根据算法 7.4 得到的角色与 SoD 约束关系 SA，找到包含 e_i 约束权限的角色集 Sei，并计算角色的数 $|Sei|$，若存在一个角色包含 e_i 约束中的所有权限或角色数 $|Sei|$ 小于用户数 k，则该约束不可执行。然后根据定理 1，得到 t-t SMER 约束中可以设置的最大约束值 t，设置合理的约束值。同时计算 UA 中，用户分配的角色集中包含 e_i 约束的角色数 n，判断 n 和 t 值的大小。若 $n<t$，说明该用户角色分配关系满足约束，同时将该用户中的约束角色以及 t 即 $\langle R,t \rangle$ 加入到 t-t SMER 约束集 C；若 $n>t$，则说明该用户角色分配关系不满足约束，则选取前 t 个约束角色分配给用户，并从剩余角色中删除约束权限，生成不包含约束权限的新角色，重新分配给用户 u，跟新角色集、UA、PA，得到最终角色集 finalRoles、用户角色分配关系 UA 以及角色权限分配关系 PA，其详细算法描述见表 7.10。

表 7.10　　　　　　　　　　t-t SMER 约束生成算法（算法 7.5）

算法 7.5　t-t SMER 约束生成算法
输入：　用户角色分配关系 UA、角色权限分配关系 PA、角色与 SoD 约束关系 SA、k-n SoD 约束 E、初始角色集 initRoles
输出：　t-t SMER 约束集 C、finalRoles、用户角色分配关系 UA、角色无权限分配关系 PA

BEGIN

1　caculate the number $|Sei|$ form SA //包含 ei 约束的角色数

2　caculate the lagest t of $t-1<\dfrac{|Sei|}{k-1}$ //得到最大的 t 值

3　for each r in Sei

4　If any role in Sei has all the permission in ei then　//若 Sei 中存在一个角色包含所有 ei 中的约束权限

5　Declare ei as not enforceable　//声明 ei 约束不能强制执行

6　　continue

7　end if

8　if

9　$|sei|<k$ //角色的数量小于用户的数量

10　Declare ei as not enforceable

11　continue

12　end if

13　for each subset of roles R of size t from Sei

14　do

15　caculate n the number of roles of Ci form UA //用户 u 中包含 Ci 约束的角色数

16　if

17　　$n<t$ //如果用户中的角色满足约束

18　C=CU $\langle R,t \rangle$　//将该约束加入 t-t SoD 约束集

19　else

20　Select first t-1 roles in u and generate new　roles //选择前 t 个角色分配个用户 u，并生成新角色，即从剩余角色中删除约束权限

21　Declare ei as not enforceable // 声明 ei 约束不能强制执行

22　update UA　//更新 UA，为用户 u 重新分配不含约束的角色

23　　end if

EDN

7.3.3　实例分析

　　采用具体实例进一步说明该算法（表 7.11）。

表 7.11 用户权限关系矩阵表（UPA）

用户	p_1	p_2	p_3	p_4	p_5	p_6	p_7
u_1	0	0	1	1	1	1	0
u_2	1	0	0	1	1	0	0
u_3	0	1	1	1	1	1	1
u_4	1	0	1	0	1	1	0
u_5	1	0	1	0	0	1	0
u_6	0	0	1	1	0	1	0
u_7	1	1	0	1	1	0	1

用户集 $U=\{u_1,u_2,u_3,u_4,u_5,u_6,u_7\}$，权限集 $P=\{p_1,p_2,p_3,p_4,p_5,p_6,p_7\}$，一个由 7 个用户 7 个权限构造的用户权限关系矩阵表（UPA）见表 7.7，设定 k-n SoD 约束集

$$E=\{e_1,e_2\}:$$
$$e_1=<\{p_1,p_3,p_4\},2>$$
$$e_2=<\{p_1,p_5,p_6\},2>$$

首先根据用户中的权限数降序排序，选择包含权限数最小的一行即用户 u_6，r_1 分配权限 $\{p_3,p_4,p_6\}$，e_1、e_2 约束的权限分别包括 $\{p_3,p_6\}$，用户 $\{u_4,u_5,u_6\}$ 包含 r_1 中的权限。下一次选择用户 u_5，R_2 分配权限 $\{p_5\}$，e_2 约束的权限包含 $\{p_5\}$ 用户 $\{u_1,u_2,u_3,u_4\}$ 包含 r_2 中的权限。r_3 选择的用户为 u_2，权限 $\{p_1,p_4\}$，e_1、e_2 约束的权限包含 p_1，故为 r_3 赋予 e_1、e_2 约束信息，用户 $\{u_2,u_7\}$ 包含 r_3 中的权限。R_4 选择 u_3，r_4 分配权限为 $\{p_2,p_7\}$，该角色分配的用户为 $\{u_1,u_3\}$。r_5 选择用户 u_4，配权限为 $\{p_1,p_3,p_6\}$，e_1、e_2 约束权限均包含 p_1，故为 r_5 赋予约束信息 e_1、e_2，分配的用户为 $\{u_4,u_5\}$。得到用户角色分配关系 UA、角色权限分配关系 PA 以及角色 SoD 约束信息 SA 矩阵，见表 7.12~表 7.14。

表 7.12 用户角色关系矩阵（UA）

用户	r_1	r_2	r_3	r_4	r_5
u_1	1	1	0	0	0
u_2	0	1	1	0	0
u_3	1	1	0	1	0
u_4	0	0	0	0	1
u_5	0	0	0	0	0
u_6	1	0	0	0	0
u_7	0	0	1	1	1

表 7.13　　　　　　　　　　　　角色权限关系矩阵（PA）

角色	p_1	p_1	p_3	p_4	p_5	p_6	p_7
r_1	0	0	1	1	0	1	0
r_2	1	0	0	0	1	0	0
r_3	1	0	0	1	0	0	0
r_4	0	1	0	0	0	0	1
r_5	1	0	1	0	0	1	0

表 7.14　　　　　　　　　　　角色与 SoD 约束关系矩阵（SA）

角色	e_1	e_2
r_1	1	1
r_2	0	1
r_3	1	1
r_4	0	0
r_5	1	1

根据上文中得到的角色 SoD 约束布尔矩阵表，计算 t-t SMER 约束中 t 可取的最大值，e_1 为 3、e_2 为 4，并且均取 t 值为 3，计算用户中包含约束的角色数，e_1 包含的角色为 $\{r_1, r_3, r_5\}$，转化为 t-t SMER 约束为 $c_1 = \{<r_1, r_3, r_5>, 3\}$，根据 UA 判断用户中包含 e_1 约束的角色均满足 c_1，因此 e_1 是可执行的。e_2 包含的角色为 $\{r_1, r_2, r_3, r_5\}$，转化为 t-t SMER 为 $c_1 = \{<r_1, r_3, r_5>, 3\}$，$c_2 = \{<r_1, r_2, r_3>, 3\}$，$c_3 = \{<r_1, r_2, r_5>, 3\}$，$c_4 = \{<r_2, r_3, r_5>, 3\}$，同样根据 UA 判断用户中包含 e_2 约束的角色均满足 e_2，因此 e_2 是可执行的。得到最终的 3-3 SMER 约束集为 $C = \{C_1 \cup C_2 \cup C_3 \cup C_4\}$。

7.3.4　实验与结果分析

为了验证算法的准确性与有效性，采用现有的数据集对算法进行实验分析，并与文献 [9] 中提出的 naive approach 方法进行比较。Naive approach 方法是将给定的 SoD 约束转化为角色级别的静态职责分离（RSSoD），根据 RSSoD 要求生成 SMER 约束。实验结果如图 7.11、图 7.12 所示。

从图 7.11 的实验结果可以看出，随着 k、n 值参数的增加，作者所提出的 SRMP 算法和 naive approach 算法所生成的 SMER 约束数也是不断增多的，虽然差别不大但从总体看 SRMP 算法生成的 SMER 数还是少于 naive approach 算法的。从图 7.12 的实验结果可以看出，SRMP 算法在运行时间上占据显著优势，尤其是当系统中数据量增多以及 k、n 约束值增大时，与 naive approach 算法相比，更能体现 SRMP 算法的运行效率，实验结果表明 SRMP 算法是明显优于 naive approach 算法的。

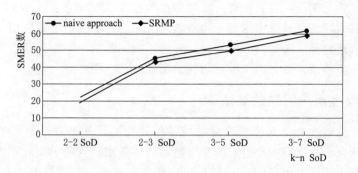

图 7.11　k-n SoD 和 SMER 数变化关系

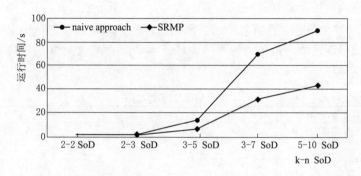

图 7.12　k-n SoD 和运行时间变化关系

7.4　满足静态职责分离约束的角色划分方法

7.4.1　静态职责分离约束实现方法

静态职责分离约束实现方法，采用静态互斥角色来实现职责分离约束，Li 等先前已经证明，可以使用一组 t-t SMER 约束来表示一个 t-m SMER 约束。因此，定义 CO 为一组 t-t SMER 约束的集合，即 $CO = \{co_1, co_2, \cdots, co_n\}$，$co_1 = <\{r_1, r_2, \cdots, r_{t_m}\}$, $t_m>$，通过算法选定每个约束中的两个角色定义为互斥角色，最终形成一个以所有角色为顶点，角色间的互斥关系为边的图，最多有 C_s^2 条边，其中 s 代表角色总数，这样的图最多有 $\prod_{i=1}^{n} C_{2i}^{t}$ 个。如果计算每个图的最小着色数，将会消耗大量的时间，因此选择一个图的最小着色数近似地代表所有可能图的最小着色数。通过尽可能地减少!（G）和 $\Delta(G)$的大小，可以选出着色数较小的图。作者先从包含有最多约束的互斥角色边集中寻找两个都未访问过的角色构成的边；如果不存在，再从包含有最多约束的互斥角色边集中寻找一条由一个访问过的角色和另一个未访问过的角色构成的边；如果还不存在以上两种情况，则任选一条包含有最多约束的互斥角色边。一旦选择了一条互斥角色边，就要将该互斥角色边包含的约束以及这些约束在其他互斥角色边中的记录删除，并重新统计每个互斥角色边包含的约束，如此循环，直到所有的互斥角色边包含的约束为空时终止。将选出的互斥角色边生成稀疏图，该图通过韦尔奇·鲍威尔着色法进行着色，将染色相同的角色分为同一组，该组中的角色至少指派给一个用户，分为不同组的角色不能分配给同一个用户，从而实现了职责分离约束，划分的组数近似代表所需的最小用户数。

7.4.2　t－t 最小用户问题的算法设计

本部分将介绍解决 t－t 最小用户问题所使用的算法。算法 7.6 先从随机生成的 t－t 静态互斥角色约束出发生成一个含有较小着色数的稀疏图；算法 7.7 对算法 7.6 生成的稀疏图采用韦尔奇·鲍威尔着色法进行着色以求得满足多重静态互斥角色约束的最小用户数。在表 7.15 中，算法 7.6 的第 1 行初始化 edgeSet 和未访问角色个数 n，其中 edgeSet 是一个存储所有约束可能含有的互斥角色边的集合，n 个角色最多有 C_n^2 条边，所以 edgeSet 总共包含有 C_n^2 个集合，所有集合的前面两个位置记录该互斥角色边中的角色的编号，后面的位置存储包含这两个角色的约束的编号。为了防止角色的编号与约束的编号冲突，可以将约束的编号再加上一个大于角色总数量的编号的值。

表 7.15　　　　　　　　　　根据静态互斥角色约束生成稀疏图（算法 7.6）

算法 7.6　根据静态互斥角色约束生成稀疏图

输入：静态互斥角色约束集合 CO，未访问角色集｜UVR｜

输出：边集 sideCollect

1 edgeSet←ϕ；n=｜UVR｜
2 **for** k=0→｜CO｜−1 **do**
3 　**for** i=0→｜CO［k］｜−2 **do**
4 　　**for** j=i+1→｜CO［k］｜−1 **do**
5 　　　index←（i−1）＊2n←（i−1）＊i+j−i−1
6 　　　edgeSet［index］.add（k）
7 　　**end for**
8 　**end for**
9 **end for**
10 delNumTotal←0
11 **while** delNumTotal<｜CO｜ **do**
12 　delNumArr←Max（edgeSet）
13 　side←ϕ
14 　**if**（∃r_x）（∃r_y）［（r_x，r_y）∈delNumArr∧（r_x∨r_y∈UVR）］**then**
15 　　side←′（r_x，r_y）
16 　　从 UVR 中删除 r_x 和 r_y
17 　**else if**（∃r_x）（∃r_y）［（r_x，r_y）∈delNumArr∧（r_x⊕r_y∈UVR）］**then**
18 　　side←（r_x，r_y）
19 　　从 UVR 中删除 r_x 和 r_y
20 　**else**
21 　　side←（r_x，r_y）
22 　**end if**
23 　在 edgeSet 中删除（r_x，r_y）所在列的记录以及含有这两个角色的约束所在行的所有记录
24 sideCollect←sideCollect＋side
25 **end while**

表 7.15 中，算法第 2～9 行构建 edgeSet 集合；第 10 行定义 delNumTotal 为删除的

约束的个数；第 11～25 行从 edgeSet 中每次选出能代表最多约束的边，若出现相等，依次选择两个都由访问过的角色组成的边，只有一个角色未访问过的两个角色组成的边和都访问过的两个角色组成的边，以降低角色间的连接密度。

在表 7.16 中，算法 7.7 的第 1 行根据算法 7.6 产生的边集 sideCollect 创建邻接表；第 2 行创建一个 Map 集合 vertex，其中角色的编号为键，每个角色顶点的度为该键的值；第 3 行对邻接表中每个顶点按该顶点的度进行降序排序；第 4 行将排序后的角色顶点采用韦尔奇・鲍威尔着色法进行着色，并返回一个以角色的编号为键，被染颜色的编号为值的 Map 集合，并将该集合赋给 vertexDye；第 5 行依据每个角色被染颜色进行划分，并存储到集合 MinUser 中，集合 MinUser 的元素个数即为最小用户数；第 6 行将其赋值给 MinUserNum。

表 7.16　利用韦尔奇・鲍威尔法进行着色（算法 7.7）

算法 7.7　利用韦尔奇・鲍威尔法进行着色
输入：边集 sideCollect，角色集 roles
输出：最小用户数 MinUserNum
1　adjTable. init（sideCollect）
2　vertex←Map$<r_i$, $degr_i>$
3　sort（adjTable）
4　vertexDye：Map$<r_i$, color>←WelshPowell（vertex, adjTable）
5　MinUser←divide（vertexDye）
6　MinUserNum←∣MinUser∣

7.4.3　t–t 最小用户问题举例

未访问角色集 $UVR=\{r_1,r_2,r_3,r_4,r_5\}$，约束集合 $CO=\{co_1,co_2,co_3,co_4,co_5\}$，$co_1=<\{r_2,r_3,r_5\}$，3>，$co_2=<\{r_1,r_3,r_4,r_5\}$，4>，$co_3=<\{r_2,r_4,r_5\}$，3>，$co_4=<\{r_1,r_2,r_4\}$，3>，$co_5=<\{r_1,r_2,r_3\}$，3>，存储所有约束可能含有的边的集合 $edgeSet=\{e_1,e_2,e_3,e_4,e_5,e_6,e_7,e_8,e_9,e_{10}\}$，每个边的初始集合为 $e_1=\{r_1,r_2\}$，$e_2=\{r_1,r_3\}$，$e_3=\{r_1,r_4\}$，$e_4=\{r_1,r_5\}$，$e_5=\{r_2,r_3\}$，$e_6=\{r_2,r_4\}$，$e_7=\{r_2,r_5\}$，$e_8=\{r_3,r_4\}$，$e_9=\{r_3,r_5\}$，$e_{10}=\{r_4,r_5\}$，将每个约束的编号填加到含有该边的集合中。$e_1=\{r_1,r_2\mid co_4,co_5\}$，$e_2=\{r_1,r_3\mid co_2,co_5\}$，$e_3=\{r_1,r_4\mid co_2,co_4\}$，$e_4=\{r_1,r_5\mid co_2\}$，$e_5=\{r_2,r_3\mid co_1,co_5\}$，$e_6=\{r_2,r_4\mid co_3,co_4\}$，$e_7=\{r_2,r_5\mid co_1,co_3\}$，$e_8=\{r_3,r_4\mid co_2\}$，$e_9=\{r_3,r_5\mid co_1,co_2\}$，$e_{10}=\{r_4,r_5\mid co_2,co_3\}$。由于 e_4，e_8 含有 1 个约束，其余各边含有的约束个数都等于 2，并且其包含的角色都未被访问，所以选择边 e_1，并从 UVR 中删除含有 r_1，r_2 的约束及相关约束在其他边中的记录，此时各边含有的约束变为：$e_1=\{r_1,r_2\mid\phi\}$，$e_2=\{r_1,r_3\mid co_2\}$，$e_3=\{r_1,r_4\mid co_2\}$，$e_4=\{r_1,r_5\mid co_2\}$，$e_5=\{r_2,r_3\mid co_1\}$，$e_6=\{r_2,r_4\mid co_3\}$，$e_7=\{r_2,r_5\mid co_1,co_3\}$，$e_8=\{r_3,r_4\mid co_2\}$，$e_9=\{r_3,r_5\mid co_1,co_2\}$，$e_{10}=\{r_4,r_5\mid co_2,co_3\}$。此时 e_7、e_9 和 e_{10} 含有的约束最多但 e_9 和 e_{10} 为都未访问过的角色组成的边，选择 e_9，并从 UVR 中删除含有 r_3，r_5 的约束及相关约束在其他边中的记录，此时各边含有的约束变为：$e_1=\{r_1,r_2\mid\phi\}$，$e_2=\{r_1,r_3\mid\phi\}$，$e_3=\{r_1,r_4\mid\phi\}$，$e_4=\{r_1,r_5\mid\phi\}$，$e_5=\{r_2,r_3\mid\phi\}$，$e_6=\{r_2,r_4\mid co_3\}$，$e_7=\{r_2,r_5\mid co_3\}$，

$e_8 = \{r_3, r_4 | \phi\}$，$e_9 = \{r_3, r_5 | \phi\}$，$e_{10} = \{r_4, r_5 | co_3\}$。此时 e_6、e_7 和 e_{10} 含有的约束最多，并且没有含有两个都未访问过的角色组成的边，因此选择只有一个角色未访问过的边，而 e_6 和 e_{10} 都属于此种情况，选择边 e_6，并从 UVR 中删除含有 r_2、r_4 的约束及相关约束在其他边中的记录，此时各边含有的约束为空。最终产生的互斥边集为 $sideCollect = \{\langle r_1, r_2 \rangle, \langle r_2, r_4 \rangle, \langle r_3, r_5 \rangle\}$。

根据算法 7.6 产生的边集 $sideCollect$ 和角色集 $roles = \{r_1; r_2; r_3; r_4; r_5\}$ 产生的稀疏图如图 7.13 所示。根据算法 7.7 产生的邻接表如图 7.14 所示。因为角色 r_2 的度最大，并且角色 r_1；r_4 还未着色，所以角色 r_2 的染色数为 1。角色 r_1 的染色数为 2，因为角色 r_1 与角色 r_2 连接，并且角色 r_2 已被染色为 1。角色 r_4 的染色数为 2，角色 r_3 的染色数为 1，角色 r_5 与角色 r_3 连接，所以角色 r_5 的染色数为 2。最终染色数为 1 的角色为 r_2；r_3，染色数为 2 的角色为 r_1；r_4；r_5。产生的最小用户数为 2。用户角色分配关系见表 7.17。

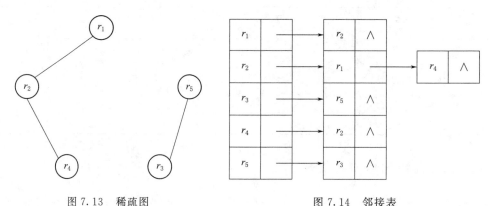

图 7.13　稀疏图　　　　　　　　　图 7.14　邻接表

表 7.17　　　　　　　　　　　用户角色分配关系

用户	r_1	r_2	r_3	r_4	r_5
u_1	0	1	1	0	0
u_2	1	0	0	1	1

7.4.4　实验结果及分析

作者设计的算法在 eclipse 集成开发环境下运行，使用的编程语言为 JAVA，选择 MySql 数据库，CPU 为 3.4GHz，内存 4GB，操作系统为 Windows7。读者可以自己生成实验所需的数据集，比如仅含 3 - 3SMER 约束，角色数为 5，可以产生的约束有 10 个，分别为 $co_1 = \langle r_1; r_2; r_3 \rangle$，$co_2 = \langle r_1; r_2; r_4 \rangle$，$co_3 = \langle r_1; r_2; r_5 \rangle$，$co_4 = \langle r_1; r_3; r_4 \rangle$，$co_5 = \langle r_1; r_3; r_5 \rangle$，$co_6 = \langle r_1; r_4; r_5 \rangle$，$co_7 = \langle r_2; r_3; r_4 \rangle$，$co_8 = \langle r_2; r_3; r_5 \rangle$，$co_9 = \langle r_2; r_4; r_5 \rangle$，$co_{10} = \langle r_3; r_4; r_5 \rangle$，仅含 5 - 5 SMER 约束，角色数为 10 时，可以产生 $C_{10}^5 = 252$ 个约束，其他的情况类似，实验首先采用仅含有 3 - 3 和 5 - 5 静态互斥角色约束的数据集分别进行实验。然后采用随机选择的混合的 t - t(2 - 2；3 - 3；5 - 5) 静态互斥角色约束的数据集进行实验，混合的 t - t SMER 约束是从每个仅含 t - t 的数据集中按照各个

数据集的大小比率选择的。由于最终进行实验的数据是从各种可能的数据集中随机选择的，并对每组实验进行了 20 次，表 7.18 和表 7.19 中的数据是 20 次实验结果的平均值。

表 7.18 和表 7.19 分别为仅含 3－3 和 5－5 SMER 约束的最小用户数。从表 7.18 和表 7.19 中可以观察到，限定数量的角色的最小用户数随着约束数量的增加而增加。在保持角色数量和约束个数不变时，最小用户数随着 t 值的增大而减小。因为 t 值增大，所有约束生成的互斥角色边重复增加一个互斥角色边可以实现更多的约束。其中，n 个角色最多有 C_t^n 个 t－t 静态互斥角色约束。

表 7.18　　　　　　　　在 3－3 SMER 约束下不同角色数量的最小用户数

角色数	约 束 数/个				
	5	10	20	40	80
5	2	3	NA	NA	NA
10	2	2.1	2.55	3.15	3.9
15	2	2.1	2.6	3.15	3.75
20	2	2	2.45	3.05	3.75

注　NA 表示 Not Applicable（不适用）。

表 7.19　　　　　　　　在 5－5 SMER 约束下不同角色数量的最小用户数

角色数	约 束 数 /个				
	5	10	20	40	80
10	2	2	2	2	2.25
15	2	2	2	2	2.5
20	2	2	2	2.15	2.7

图 7.15 和图 7.16 分别为 3－3 SMER 和 5－5 SMER 约束下不同角色数量的最小用户数所需的执行时间变化。从图 7.15 和图 7.16 可以观察到，执行时间整体上随着角色数量和约束的增加而增加，随 t 值的增加而增加，因为每个约束可以含有更多的互斥角色对。表 7.20 和图 7.17 分别为在混合的 t－t SMER 约束下 10 个和 20 个角色的所产生的最小用户数及运行时间。

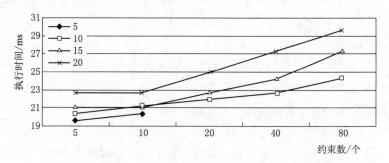

图 7.15　在 3－3 SMER 约束下不同角色数量的最小用户数所需执行时间

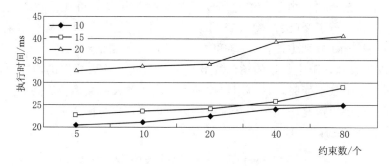

图 7.16 在 5 - 5 SMER 约束下不同角色数量的最小用户数所需执行时间

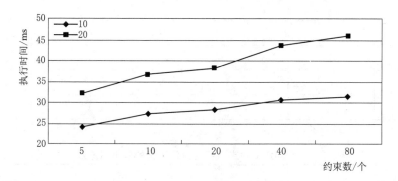

图 7.17 在混合 t - t SMER 约束下不同角色数量的最小用户数所需执行时间

表 7.20	在混合 t-t SMER 约束下不同角色数量的最小用户数				
角色数	约 束 个 数				
	5	10	20	40	80
10	2	2.05	2.2	2.8	3.2
20	2	2	2	2.23	2.75

从表 7.20 和图 7.17 可以观察到，最小用户数随着角色数量的增加而减少，保持角色数量不变，最小用户数随着约束数量的增加而增加。随着约束数量的增加，运行时间缓慢增加。另外，当保持约束的数量不变时，执行时间随着角色数量的增加而增加。

在算法 7.6 中，每次迭代需要计算出包含有最多约束的互斥角色边，需要查找 C_r^2 次，由于删除集合 $edgeSet$ 中指定的一组约束是通过计算两个角色的编号和对应的互斥角色边的编号之间的关系直接定位删除的，用时较少，可忽略不计。在最坏的情况下，每次迭代只能删除一个约束，所以算法 7.6 的时间复杂度为 $O(C_r^2 \times s)$，其中：r 为角色数量，s 为约束个数。约束集合 CO 需要 $s \times t$ 个整型的存储单元，$edgeSet$ 集合需要 $st + C_r^2$ 个整型的存储单元，集合 UVR 需要 r 个整型存储单元，故算法 7.6 的空间复杂度为 $O(C_r^2 + st + r)$。

在算法 7.7 中，首先需要对邻接表中的顶点进行降序排序，该过程的时间复杂度为 $O(r \log r)$，利用排序后的邻接表对稀疏图进行着色，该过程的时间复杂度为 $O(r \times \Delta(G))$。邻接表需要 $5r$ 个整型的存储单元，存储所有角色顶点的着色数的 Map 集合需

要 $2r$ 个整型的存储单元，另外需要 r 个整型存储单元存储角色集。所以算法 2 的空间复杂度为 $0(r)$。

7.5　满足权限基数约束的角色挖掘方法

在机器学习算法中，FP-growth 算法是一个基于关联规则的算法，其能够挖掘一组具有相关性的项目。因此，该算法可以用来进行购物篮分析，商家的货物摆放，货物的捆绑销售。将用户权限访问控制矩阵映射为用户购物列表，其中权限表示商品，如果使用公共的 FP-growth 算法，则可以挖掘出访问控制矩阵中的频繁权限集，并将频繁权限集定义为角色。其中权限基数约束可以定义为权限集最多具有几个权限，从而达到满足定义的基数约束的目的。当数据集较大时，FP-growth 算法递归地生成大量条件模式库和条件FP树。在这种情况下，内存使用和计算成本都很高。此外，张提出了一种基于频繁项集的角色挖掘算法。该算法使用 FP-growth 算法作为频繁项挖掘的方法。由于角色集较大和 FP-growth 算法需要进行多次迭代，因此它的效率较低。算法 7.8 和算法 7.9 对访问控制矩阵中行和列进行排序，并分别从行和列的角度出发挖掘角色的算法。

7.5.1　满足权限基数约束的角色挖掘算法

基于词频统计的角色挖掘方法见表 7.21，基于迭代的角色挖掘方法见表 7.22。

表 7.21　　　　　基于词频统计的角色挖掘方法（算法 7.8）

算法 7.8　基于词频统计的角色挖掘方法
输入：访问控制矩阵：UPA，权限基数 Limited
输出：角色集：R，用户和角色的关系：UA，加权结构复杂度 WSC。
1　根据每个权限被拥有的用户数量，对 UPA 的列按降序从左到右进行排序。
2　根据权限在 UPA 中的位置，从上到下按降序对 UPA 的行进行排序。如果用户具有靠左的权限，则应将其排在最前面。即越靠近左边的权限，其优先级越高。
3　将排序后的访问控制矩阵中为 1 的位置用该列代表的权限在输入的访问控制矩阵中的顺序编号替代。权限的顺序从 1 开始算起。
4　将 UPA 中的每个用户的权限从左到右每隔 Limited 个定义为一个角色。
5　将每个角色定义为键值对中的键，其出现的次数被定义为键的值。
6　基于生成的角色集（R）和访问控制矩阵 UPA 生成用户角色关系（UA）。
7　WSC＝∣UA∣＋∣PA∣＋∣R∣，PA 代表角色和权限之间的关系。

表 7.22　　　　　基于迭代的角色挖掘方法（算法 7.9）

算法 7.9　基于迭代的角色挖掘方法
输入：访问控制矩阵：UPA，权限基数 Limited，迭代基准：IteraBench
输出：角色集：R，用户和角色的关系：UA，加权结构复杂度 WSC。
1　根据每个权限被拥有的用户数量，对 UPA 的列按降序从左到右进行排序。
2　根据权限在 UPA 中的位置，从上到下按降序对 UPA 的行进行排序。如果用户具有靠左的权限，则应将其排在最前面。即越靠近左边的权限，其优先级越高。
3　将排序后的访问控制矩阵中为 1 的位置用该列代表的权限在输入的访问控制矩阵中的顺序编号替代。权限的顺序从 1 开始算起。
4　将矩阵中相邻用户的权限的最大交集定义为一个候选角色。

算法 7.9	基于迭代的角色挖掘方法
5	根据每个角色所含的权限数对生成的候选角色集进行降序排序，并删除较小的角色。
6	在候选角色集中从后向前选择第一个大于 IteraBench 的角色，作为临时角色 r′。
7	∀ R⊃r，R＝R−r。
8	对候选角色集进行排序。
9	用候选角色集替换访问控制矩阵中的用户和权限之间的关系。
10	**if** 存在用户的权限，不能被候选角色集中的角色替换 **then**
11	将每一个用户的剩余的不能被候选角色集中的角色替代的权限生成角色并添加到候选角色集中。**goto6**
12	**else**
13	拆分权限数大于 Limited 的角色，并生成一些新的角色。
14	**end if**
15	基于生成的角色集（R）和访问控制矩阵（UPA）生成用户角色关系（UA）
16	WSC＝∣UA∣＋∣PA∣＋∣R∣，PA 代表角色和权限之间的关系。

通过对 UPA 的行和列进行排序，可以将类似的用户聚集在一起。将访问控制中每个用户的每隔 Limited 权限定义为一个角色，这样不仅满足权限基数约束，而且还限制每个用户的角色数量。此外，该算法的思想是基于词频统计。通过对 UPA 进行排序，UPA 的每一行都可以被视为一串字符串，权限基数约束是指定被分割的非零字符的数量。算法 7.9 也需要执行和算法 7.8 相同的排序，每个用户和相邻用户所拥有的权限求交集以提取它们最大的相同部分。统计局部所产生的相同交集的频率，并删除出现频率较低的交集。迭代基准定义了角色集约简过程中的迭代条件，如果它太小，角色集将产生很多小的角色，如果它太大，很容易违反权限基数约束。

在算法 7.9 中第 5 步，如果候选角色的权限数小于 4，并且其频率小于 2，需要将其删除。对于少数用户拥有的权限，它很可能是一个关键权限，因此也将其定义为一个角色，在分配时，应限制此类角色的分配数量并防止非法授权的操作。为了便于理解这两个算法的处理过程，给出了这两个算法的流程图，如图 7.18 和图 7.19 所示，从图中可以看到，这两个算法在开头和结尾是相同的，但排序后的访问控制矩阵处理方法不同。值得一提的是，事实上，图 7.19 的循环内容只执行一次，因为所有用户的剩余权限都被生成了角色，所以不会再次执行循环。

7.5.2　算法分析

下面将说明算法的一般操作，表 7.23 是一个访问控制矩阵。经过列排序和行排序，它将产生表 7.24 中所示的访问控制矩阵，矩阵中的数字是列的权限序号，从中可以看到排序使原本无序的访问控制矩阵变得更加规则。在矩阵上挖掘角色更方便。算法 7.8 从 UPA 的列的角度挖掘角色，而算法 7.9 从 UPA 的行的角度挖掘角色。在这个例子中，设置的权限基数为 4。图 7.20 是访问控制矩阵通过算法 7.8 后的执行结果，角色和权限之间的关系。每个分段的单词表示一个角色。由于候选角色集中的角色可能是另一个角色的子集，因此我们定义了迭代约简的基准。角色之间的包含关系的数量通过约简而减少。

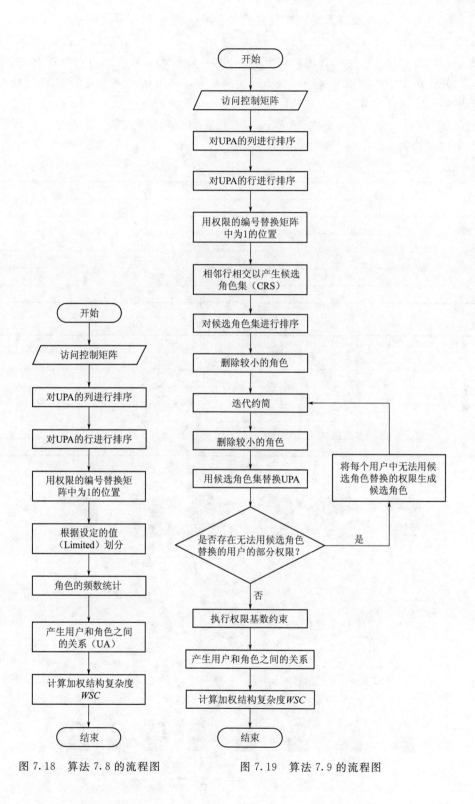

图 7.18　算法 7.8 的流程图　　　　图 7.19　算法 7.9 的流程图

图 7.21 是访问控制矩阵经过算法 7.9 处理后的用户、角色和权限之间的关系。算法 7.8 对访问控制矩阵经过一次列排序的时间复杂度为 $O(c \log c)$，c 代表访问控制矩阵中权限的个数。该算法经过一次行排序的时间复杂度为 $O(r \log r)$，r 代表访问控制矩阵中的用户数。另外，产生角色集需要遍历一次访问控制矩阵，产生用户角色关系也需要遍历一次访问控制矩阵。因此，算法 7.8 的总时间复杂度为 $O(c \log c + r \log r + 2cr)$。算法 7.8 的空间复杂度为 $O(cr + |UA| + |PA|)$，UA 代表用户和角色之间 的关系，PA 代表角色和权限之间的关系。

表 7.23　　　　　　　　　访 问 控 制 矩 阵

P_4	P_5	P_6	P_7	P_8
0	1	0	0	1
0	1	0	0	1
1	0	0	0	1
1	0	1	1	1
0	0	1	1	1
0	0	1	1	1

表 7.24　　　　　　　　排序后的访问控制矩阵

用户	P_1	P_8	P_3	P_7	P_6	P_5	P_4	P_2
U_4	1	8	3	7	6	0	4	0
U_5	1	8	3	7	6	0	0	0
U_6	1	8	3	7	6	0	0	0
U_3	1	8	3	0	0	0	4	0
U_1	1	8	0	0	0	5	0	2
U_2	1	8	0	0	0	5	0	2

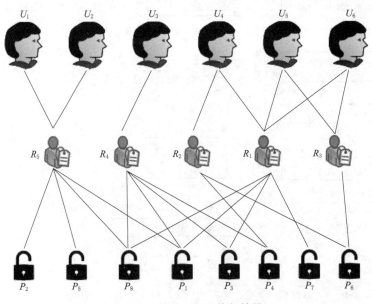

图 7.20　算法 7.8 的执行结果

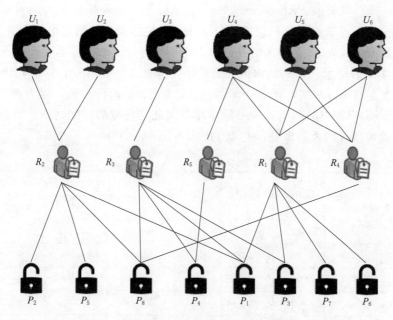

图 7.21　算法 7.9 的执行结果

算法 7.9 也需要对访问控制矩阵进行一次行和列的排序，该部分的时间复杂度为 $0(c\log c+r\log r)$。在访问控制中的每行需要和相邻的行进行交运算以产生交集。这一部分需要比较 $2c(r-1)$ 次。当最终的角色集被产生时，需要进行多次迭代。只有角色的权限数大于给定的值时，该角色才能与角色集中前面的角色进行迭代约简，因此这部分的时间复杂度为 $0(j_{Rj}cr)$。最后，产生的用户和角色之间的关系需要比较 $j_{PAj}cr$ 次。因此，算法 7.9 的总的时间复杂度为 $0(n\log n+(1+j_{Rj}+j_{PAj})cr)$，$n$ 是 c 和 r 的最大值。算法 7.9 的空间复杂度为 $0(j_{UAj}+j_{PAj}+cr)$。在两个算法中有些步骤可以改为并行操作，例如每个用户权限的划分和相邻用户的权限产生交集。

7.5.3　算法实验评估

将算法 7.8、算法 7.9 与 Blundo 提出的 PRUCC - RM 算法进行对比，PRUCC - RM 算法也满足权限基数约束。实验使用英特尔 CPU，频率为 3.4Ghz，内存 8GB。操作系统为 Windows 7，程序是在虚拟机中运行的。虚拟机中的操作系统的镜像为 Ubuntu，其版本号为 16.04LTS，在 Spark 伪分布集群中，使用 Scala 高级编程语言在 Intellij IDEA 集成开发环境中进行程序设计和运行。

为了能够重复该实验，实验所使用的数据集为公共数据集。它们已经被广泛用于角色挖掘。李瑞轩给出了下载角色挖掘工具 RMiner 的网址（文献 [16]），通过该网址，读者不仅能够下载到公共的数据集，而且还能够下载到角色挖掘工具 RMiner，表 7.25 列出了每个数据集的大小、执行时间和算法 7.9 需要定义的迭代标准，$|U|$ 为用户总数，$|P|$ 为权限总数，UMP 为每个用户在数据集中拥有权限的最大数量，IB 为算法 7.9 在不同数据集上每次迭代的阈值。

数据集 Ameri‑cas _ Large，Americas _ Small，Apj 和 Emea 是从思科防火墙获得的，用于为外部用户提供对惠普资源的访问；Healthcare 数据来自美国退伍军人管理局；Domino 数据来自 Lotus Domino 服务器；Firewall1 和 Firewall2 数据集是在 CheckPoint 防火墙上运行分析算法的结果。最后，本研究也给出了算法 7.8、算法 7.9 和 PRUCC‑RM 算法在最坏情况下的执行时间，算法 7.9 比算法 7.8 花费的时间较长，因为它需要进行多次迭代。由于 PRUCC‑RM 没有行和列的排序，因此它花费的时间最少。当数据集较小时，三种算法的运行时间近似相等，定义算法 7.8 为 A1，算法 7.9 为 A2。

表 7.25　　　　　　　　　　　　　　　真 实 数 据 集 的 特 征

数　据　集	$\mid U \mid$	$\mid P \mid$	UMP	IB	不同算法执行时间/s		
					A1	A2	PRUCC‑RM
Americas _ Large	3485	10127	733	10	251.541	273.533	24.113
Americas _ Small	3477	1587	310	13	20.179	24.968	11.006
Apj	2044	1164	58	12	11.531	12.258	9.701
Emea	35	3046	554	10	7.444	7.778	7.231
Healthcare	46	46	46	10	7.176	7.132	7.165
Domino	79	231	209	10	7.058	7.310	7.385
Firewall1	365	709	617	15	7.841	8.137	7.599
Firewall2	325	590	590	12	7.443	7.827	7.875

图 7.22～图 7.29 中，随着权限基数的增加，这三种算法生成的角色数量正在逐渐减少。

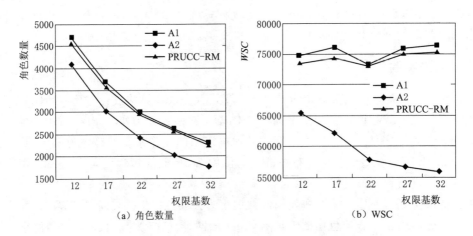

（a）角色数量　　　　　　　　　　　　　　　（b）WSC

图 7.22　三种算法在 Americas _ Large 中的实验结果

因为每个角色可以拥有更多的权限，导致某些用户的权限可以被较少的角色替代。某些数据集随着权限基数的增加，角色的数量随后增加。由于算法 7.8 根据权限基数划分每

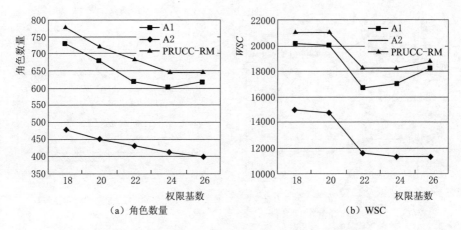

（a）角色数量　　　　　　（b）WSC

图 7.23　三种算法在 Americas_Small 中的实验结果

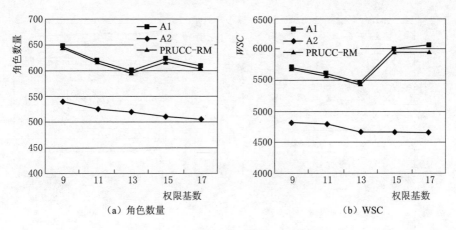

（a）角色数量　　　　　　（b）WSC

图 7.24　三种算法在 Apj 中的实验结果

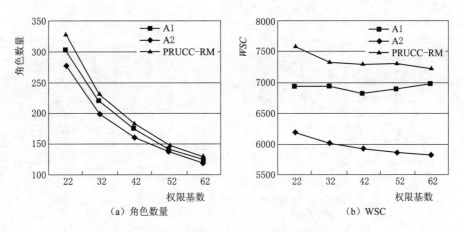

（a）角色数量　　　　　　（b）WSC

图 7.25　三种算法在 Emea 中的实验结果

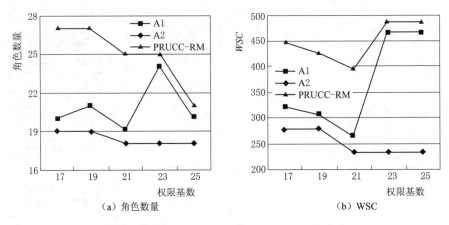

（a）角色数量　　　　　　　　　　（b）WSC

图 7.26　三种算法在 Healthcare 中的实验结果

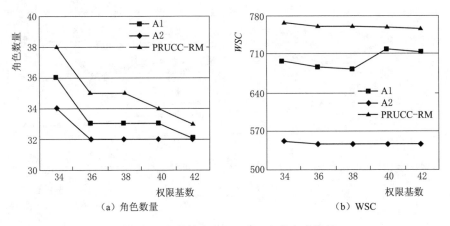

（a）角色数量　　　　　　　　　　（b）WSC

图 7.27　三种算法在 Domino 中的实验结果

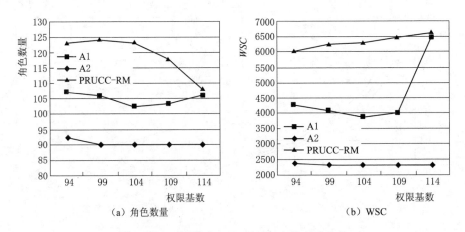

（a）角色数量　　　　　　　　　　（b）WSC

图 7.28　三种算法在 Firewall1 中的实验结果

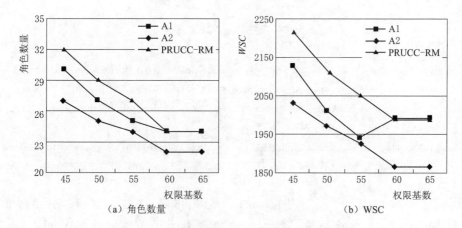

图 7.29 三种算法在 Firewall2 中的实验结果

个用户的权限。当权限基数达到一个合适的值时，产生的角色的数量才达到极小值。当权限基数超过合适的值，更多的角色被产生以满足用户和权限之间的关系。

就加权结构复杂度而言，算法 7.8 的整体趋势是随着权限基数的增加先减少后增加，因为随着权限基数的增加，角色的数量是整体减少的，然而 j_{PAj} 会增加，j_{UAj} 会减少。当权限基数达到一个合适的值时，加权结构复杂度达到最小值。PRUCC-RM 和算法 7.8 类似，最大的不同在于 PRUCC-RM 没有行和列的排序。算法 7.9 的加权结构复杂度随着权限基数的增加而减小。因为随着权限基数的增加，算法 7.9 能够挖掘更多的频繁权限集合以定义为角色。图 7.22 和图 7.24 显示 PRUCC-RM 的性能介于算法 7.8 和算法 7.9 之间。因为由 PRUCC-RM 产生的角色与权限在访问控制矩阵中的位置有关。当调整权限在访问控制矩阵中的位置时，不同的结果被产生。算法 7.8 需要对访问控制矩阵的行和列进行排序，因此它与权限在访问控制矩阵中的位置无关。

7.6 本章小结

研究人员权限基数约束和用户基数约束双重基数约束角色挖掘算法，将基本的二元关系矩阵 UPA 看成一个二分图，并在二分图找到满足双重基数约束的最小二分团集，即角色集合。首先提出明确的问题定义以及相关需要用的问题定义，之后提出一种满足双重基数约束的角色挖掘算法，然后通过实验在真实数据集上验证所提出算法的有效和真实性，并通过实验结果表明所提出的算法能够得到满足系统约束的角色集，保证了系统组织规则和安全策略的有效实施，同时能够有效降低基数约束角色挖掘过程中的成本。

研究人员基于职责分离的角色挖掘算法，在角色挖掘过程中考虑 SoD 约束，生成 t-t SMER 约束集强制执行 SoD 约束。使用布尔矩阵表示用户权限分配关系，利用权限分组挖掘角色，同时根据为角色赋予 SoD 约束信息。根据得到的用户角色、角色 SoD 约束关系，SMER 约束集。并通过实验验证算法的可行性，是否能够满足给定的 k-n SoD 约束，实验结果表明，该算法能够有效实施给定的 SoD 约束生成 t-t SMER 约束集，维护 RBAC 系统的安全。

参 考 文 献

［ 1 ］ Vaidya，V. Atluri，and Q. Guo. The role mining problem：A formal perspective ［A］//ACM Transactions on Information and System Security ［C］. New York：ACM，2010：1-31.

［ 2 ］ Lu，J. Vaidya，and V. Atluri. An optimization framework for role mining. Journal of Computer Security ［J］. 2014，22（1）：1-31.

［ 3 ］ Lu，J. Vaidya，and V. Atluri. Optimal boolean matrix decomposition：Application to role engineering ［A］//In Proc. of 24th IEEE International Conf. on Data Engineering ［C］. New York：ACM，2008：297-306.

［ 4 ］ Guo，J. Vaidya，and V. Atluri. The role hierarchy mining problem：Discovery of optimal role hierarchies. In Proc. of 24th Annual Computer Security Applications Conf ［J］. 2008：237-246.

［ 5 ］ Molloy I，Chen H，Li T，et al. Mining Roles with Multiple Objectives ［J］. ACM Transactions on Information and System Security，2010，13（4）：1-35.

［ 6 ］ Kumar R，Sural S，Gupta A . Mining RBAC Roles under Cardinality Constraint ［A］// International Conference on Information Systems Security ［C］. Berlin，Heidelberg：Springer. 2010：171-185.

［ 7 ］ Hingankar M，Sural S . Towards role mining with restricted user-role assignment ［A］//International Conference on Wireless Communication ［C］. Chennai：IEEE. 2011：1-5.

［ 8 ］ Zhang W，Chen Y，Gunter C，et al. Evolving role definitions through permission invocation patterns ［A］//Proceedings of the 18th ACM symposium on Access control models and technologies ［C］. New York：ACM，2013：37-48.

［ 9 ］ Li N，Bizri Z，Tripunitara M V. On mutually-exclusive roles and separation of duty ［A］//ACM Tra-Vaidya，V. Atluri，and Q. Guo. The role mining problem：A formal perspective. ACM Transactions on Information and System Security 3 ［C］. Secur. New York：ACM，2007：130-138.

［10］ Chen M，Gao X，Li H. An efficient parallel FP-Growth algorithm ［A］//2009 Interna-tional Conference on Cyber-Enabled Distributed Computing and Knowledge Discov-ery ［C］，2009：283-286.

［11］ Zhang D，Ramamohanarao K，Ebringer T，et al. Permission Set Mining：Discovering Practical and Useful Roles ［A］//24th annual computer security applications confer-ence ［C］，2008：247-256.

［12］ Kumar R，Sural S，Gupta A. Mining RBAC Roles under Cardinality Con-straint ［A］//Jha S，Mathuria A. Information Systems Security ［C］. Berlin，Heidelberg：Springer Berlin Heidelberg，2010：171-185.

［13］ Harika P，Nagajyothi M，John J C，et al. Meeting Cardinality Constraints in Role Min-ing ［J］. IEEE Transactions on Dependable and Secure Computing，2015，12（1）：71-84.

［14］ Ma X P，Li R X，Wang H W，et al. Role mining based on permission cardinality con-straint and user cardinality constraint ［J］. Security and Communication Networks，2015，8（13）：2317-2328.

［15］ Jiang J G，Yuan X B，Mao R. Research on role mining algorithms in RBAC ［A］//Proceedings of the 2018 2nd high performance computing and cluster technologies conference [C]. New York, NY, USA：ACM，2018：1-5.

[16] Li R X，Li H Q，Wang W，et al. RMiner：A Tool Set for Role Mining [A]//Proceedings of the 18th ACM Symposium on Access Control Models and Technologies [C]. New York，NY，USA：ACM，2013：193-196.

第 8 章

基于风险自适应的大数据访问控制

8.1 风险评估

风险评估是风险自适应访问控制过程中的核心环节，是对访问控制过程所面临的威胁，非法利用的识别与筛选。只有科学、有效、规范的风险评估体系，才能保障访问控制过程中，实时和动态的鉴别各个环节中的风险隐患，安全可靠的风险评估体系才能有效地辅助访问控制策略实施访问权限的发放，才能高效地进行访问控制。

通过建立风险评估体系，明确风险评估的目标，选择一个好的风险评估方法是提高风险评估的科学性和有效手段，通过对形成风险的访问控制过程中的各个属性因素及其相互关系进行分析，对风险的影响进行科学的预测，另外结合应用的客观需求选择恰当的评估方式，从而实现对风险客观评估。

基于风险自适应的访问控制系统对访问请求进行的风险评估主要涉及三个方面：①确定需要风险评估的对象，即确定在风险访问控制中要评估的对象是在访问过程中所涉及的所有属性；②确定各个属性在访问控制过程中所能造成的风险影响；③通过风险评估方法对访问访问过程中可能因素进行量化，且计算得到风险值。使用一定方法计算出访问请求的风险值，算法可以不唯一但要保证得到的风险值是符合标准的。

常见的风险评估的具体方法分为定性分析法、定量分析法和混合定性定量分析方法。

（1）定性分析方法一般是通过评估者的主观分析来对评估对象进行分析与推理，是目前在风险评估过程中使用最为广泛的风险分析方法。该方法通常可以充分发挥评估者的经验与知识，但也仅仅是只依靠专家，而忽略事件发生时，事件自身所携带的影响因素。定性分析方法依据专家对对象进行专业判断，因此常常会导致结果的偏差，预测结果的准确性差。

（2）定量分析方法一般会站在数学的角度，对数量特征、数量关系与数量变化进行分析。通过数字对评估对象进行数字化的描述，使之较于定性分析更为科学与准确，但也仅仅是在对象有明显的数字含义时才能进行建模。因此，通常风险评估方法会将定性分析与定量分析相结合，进行风险计算。

8.1.1 风险量化过程

风险评估是针对于事件发生风险程度的一个判定过程，其涉及多个领域。但就访问控制过程中发生风险事件的多个维度、多个影响因素分析和判断在访问请求过程中信息的安全，同时与访问控制策略相互发挥作用，以确保在风险影响可接受的前提下分配最佳控制策略。

在风险访问控制过程中，风险评估基本步骤进程图如图 8.1 所示。

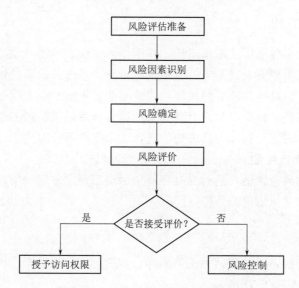

图 8.1　风险评估基本步骤过程图

1. 风险评估准备

该过程是顺利执行和完成整个风险评估的第一步。它主要是在执行风险评估步骤前的全局把握，包括对评估对象的了解和最终评估目标的确定，以及明确的评估任务和建立科学的风险评估过程。并根据当前的风险访问控制模型和主体的安全需求，选择适用的风险评估方法，并制定风险评估计划。

2. 风险因素识别

为了将访问控制的访问权限限制在访问控制对象的范围内，以便可以在权限范围内使用计算机系统，因此在风险评估中，访问控制过程中各属性的动态分析是识别风险因素的重点。风险因素的识别，是在访问控制过程中对风险有影响的属性发现、分析与证明。识别的风险因素影响着访问控制的权限发放，可以确定用户可以做什么，以及代表某个用户的流程可以做什么。主体可以是用户，也可以是用户启动的过程和服务。因此，访问控制需要完成以下任务：

（1）识别和确认访问系统的主体。

（2）决定该用户可以对某一系统资源进行任何类型的访问。

此过程主要是将对评估的对象系统以及其子系统的各个属性进行分析，并对其风险事件的过程及其影响的识别。

3. 风险确定

依据识别的风险因素构成的风险评价指标建立风险评估体系，得到访问控制过程中影响授权的有关数据，继而根据相关规范和所使用的评估方法制定出一套科学合理的可能性等级判断规则，进而遵照这些判断，得出被评估信息系统的风险级别。

4. 风险评价

根据前面过程中所做的评估情况和所得出的评估结果，针对被评估对象做出有针对性、集成性、综合性、科学性的评价。

8.1.2 风险分析方法

风险就是对未来事件结果的不确定性，其深层含义强调的是表现为损失的不确定性。基于风险访问控制从本质上来说是一种有根据的猜想，系统试图通过访问控制来平衡未来出现的风险与需求，但是并非所有的风险和需求都能被策略制定者预见。所以要求评估风险，权衡收益，使系统在风险评估之后能够采取缓解和降低风险的措施。其风险评估由风险评估因素的确定、权重计算和评估方法的选择三个重要部分组成。

1. 风险评估因素的确定

在访问控制中的风险评估，是对当时环境中的访问请求进行评估，即通过对环境与访问请求各属性的评估量化出风险，即

$$riskValue = \sum_{i=1}^{n} weigh_i^x riskIssue \tag{8.1}$$

访问请求的目的的不同和评估方法的不同，造成在不同情境下，风险评估因素根据不同目的的访问请求有不同的选择。

2. 权重的计算

构建权重是风险评估中的重要一环。权重的确定决定着风险评估的最后的结果，不同比例的权重设定意味着不同的风险评估因素在访问请求过程可能造成的风险的可能性的不同。权重的确定通常分为主观定权法和客观定权法。常用的权重确定方法见表 8.1。

表 8.1　　　　　　　　权 重 确 定 方 法

方 法 分 类	方 法 确 定
主观定权法方法	专家评分法
	Satty 权重法
客观定权法	熵权法
	主成分分析法

权重的估计需要通过对访问控制中的历史访问记录相互关联。权重估计的结果应当满足在访问过程中对风险评估因素的不确定性的解释。在权重估计的过程中，应当尽量的避免受试者和实验者的主观性，用客观的方法进行估计。可以尽可能的采用多种方法对比进行权重估计。

3. 评估方法的选择

评估方法是基于评估者对于风险因素量化方式的不同所选择的不同方法。量化方式可分为定性评估、定量评估、基于定性与定量相结合的总和评估三种方法。三种方法的比较见表 8.2。但是通常情况下，风险评估方法得出的结论是对于各个风险因素进行判断，通过优劣对各对象进行排序或分类。但是通常风险访问控制是通过对访问控制过程中的各风

险因素进行量化，分析估计各风险因素的权重，累加得出风险值。所以风险评估方法在访问控制中的应用是将风险评估方法借鉴到基于风险的访问控制，而不是仅仅将风险评估方法直接应用到访问控制中。

表 8.2　　　　　　　　　　　　　风险评估方法的比较

评 估 方 法	优　点	缺　点	评 估 方 法
定性评估方法	能够直观反映蕴含的深层含义，使评估结果更加全面，更深刻	主观性很强，对评估者本身的要求很高	推导演绎理论分析；逻辑分析法；德尔菲法；因素分析法；历史比较法；风险综合评价法
定量评估方法	用直观的数据表示结果，使研究结果更加严密，科学，深刻	使本来复杂的事务简单化，模糊化，可能因为量化而曲解风险因素	熵权系数法；风险图法；决策树法；因子分析法；时序模型；回归模型；聚类分析法；模糊综合评价法；效用函数
综合评估方法	通过对定性与定量评估相结合的方式，计算得出评估结果，适用范围广	具有一定的局限性	层次分析法；障碍树法；风险矩阵分析法；数据包络分析

8.2　风险评估指标体系构建

8.2.1　风险评估指标影响因素分析

　　传统的访问控制策略是静态的，难以适应当下大数据实时动态的环境。传统的静态访问控制策略并不是将权限直接授权给用户，而随着时间变化，静态访问控制策略是一成不变的，因此将主体、客体及资源等在实时环境中的属性作为评估因素，对请求进行风险评估，以期实现动态的访问控制，其中在此过程中分析作为属性的风险因素是迫切的。

　　虽然风险是一个抽象的、动态的、非线性的概念，但是，为了更好地描述风险，需要在访问控制过程中对风险有影响的属性进行分析。为细致地反映受不同属性影响的风险状态，根据评价指标体系的原则，将不同的属性层的属性逐渐细分到访问请求过程中可以直接获取到逻辑值的属性层。在属性层的划分方面，由于要对访问请求过程中可能引起的风险进行评估，所以将属性层按照直接影响风险的程度进行划分。根据基于属性的访问控制模型对策略组成要素的定义，将要划分的属性分为主体属性，客体属性和环境属性三部分。

(1) 主体属性。在访问控制过程中主体主要是指请求的发起者,可以是用户,也可以是某个应用或者进程,虚拟机或者工作流等。请求是主体为想要获取的客体资源,向访问控制索要权限的过程。访问控制对请求做出应答则授权,否则拒绝授权,所以请求在访问控制中就可以表现为主体的行为。一方面的行为是主体请求对客体的具体操作,例如对某资源请求读、写或复制等操作,这些操作有着不同的权限等级,从对系统可能造成的风险来看,写的权限等级最高;另一方面是主体的历史偏好行为,主要表现为该主体发起访问请求的时间,应用的 IP 等。为对当前访问请求过程中的风险进行评估,系统记录下主体的每一次访问的行为,通过这些历史记录,从中判定当前属性对风险的影响程度。例如系统会将多次异常访问的主体视为具有高风险的,因此提高其风险影响等级。

(2) 客体属性。客体是指被访问的资源,也可以是一个应用,进程或者工作流。是否授予主体访问客体的权限是访问控制回答的问题。但通常非法访问往往会造成数据的泄露,因此由于数据自带的特性也会对数据的安全造成一定的影响。数据自带的特性是指数据本身的价值所造成的性质,例如:数据的敏感度,数据安全度等。此外,由于数据所处的环境带有不安全因素,例如攻击者利用安全漏洞可以对数据更容易地破坏、获取、篡改数据等。因此需从两个方面加强对数据的保护:首先数据资源的存储方式就是首先考虑的事情,当在进行数据通信时,将数据在信道中加密传输时,在得不到解密密钥的情况下,敌手就算得到加密数据也是不能很快解密的,这样极大的增大了数据的安全性;其次数据自带价值的重要程度越高则等级越高,若数据的重要程度高,那么访问请求对它进行操作的风险也会增加。

(3) 环境属性。环境属性指的是在进行访问请求过程中,除主体、客体外,所有要参与完成本次请求的上下文。将环境属性分为两个方面,分别是网络环境和终端环境。终端的环境主要用来衡量用户终端安全,例如大量病毒、木马入侵系统,则病毒会在系统内部大肆复制,使得 CPU 的利用率越居高不下,导致 CPU 出现损毁,就说明用户所处的网络连接不稳定,不仅降低了服务的质量,而且可能会给资源带来病毒或攻击的风险。网络环境在访问请求过程中也是影响风险的原因之一,例如如果一个访问请求的网络时延很长,那么就增加了传输过程中数据丢包的可能性,进而增加了影响的风险。通过上述对访问过程的层次化分析,将风险评估划分为三级指标。

8.2.2 评估指标体系构建

评估指标体系是指通过分析影响评估的风险因素之间的影响与各自独立的影响风险的能力,构建的一个严谨的,自上而下的整体。评估因素是从不同角度对评估对象的描述,因此各个评估因素之间相互影响,但又有自己独立的影响。

(1) 系统性原则。风险评估是一个完整的关于风险的计算过程,是针对一个整体而言的评估过程。建立的风险评估体系是对风险事件发生过程总体特征的一个反应。因此,组成体系中的各因素之间具有一定的关联性:它们是对风险事件过程的特征描述;而且各个属性又有各自独立的风险影响能力,是对风险事件的内部反应。因此,构成的指标体系的构建具有层次性,自上而下,形成一个逻辑严谨的评价体系。

(2) 典型性原则。风险评估中影响风险的各因素务必能够典型的表征为风险事件中的各个方面。通过典型的风险因素准确反映出风险事件中综合的影响。在访问控制过程中，确保具有一定典型性的评价指标，是能够保证对评价对象的综合特征的映射。另外，评价指标体系的构建、权重在各指标间的分配及评价标准的划分都应该与访问控制过程中影响的风险相适应。

（3）动态性原则。基于属性的访问控制是将属性作为访问控制原子，构成访问控制策略和规则，因此其本身就具有动态性。相对的基于此访问控制的风险评估同样是将属性作为基本的风险组成因素，因此指标的选择要考虑访问的动态特点。

（4）科学性原则。评估指标的选择必须以科学性为准则，能客观真实地反映访问请求评估过程中的特点和状态，能客观全面反映出各指标对于风险的影响。各评价指标应该具有典型代表性，不必过多过细，使风险指标的建立过于繁杂，相互重叠，但选择构成体系的指标的也不能过于简单，以免出现指标信息遗漏，影响评估真实性。

（5）可量化原则。风险评估的其中一步就是对于风险指标的量化，但是其量化工作过程难度大，因此在指标选择时，要注意在确保评估指标的总体范围内的一致性时，尽可能地选取易量化、易操作的风险指标。选取的指标计算量度方法和计算方法必须一致统一，各底表指标内涵单一、高层指标综合性强、便于区分，以至于各指标具有很强的分类，易于不同属性组之间的量化。而且，选择指标时也要考虑能否进行定量处理，以便于进行数学计算和分析。

（6）综合性原则。在对访问控制进行风险评估时，需要全面考虑在此过程中所涉及的所有方面，通过对主体，客体，环境与操作的总体把握，建立综合全面的风险访问评估指标体系。在不同的评价层次上，全面考虑不同属性的诸多因素，并进行综合分析和评价。

基于评价指标体系的原则，结合风险因素分析，建立一个自下而上的层次评估指标体系。从 ABAC 模型内部出发，建立一个三层的层次指标：第一层最高层，就是想要进行评估的目标；第二层中间层，就是通过 ABAC 模型中所定义的元组属性所构成的；第三组最底层：就是各元组属性所包含的各自的属性。风险评估指标体系如图 8.2 所示。

图 8.2 展示了此次风险评估指标体系，对体系中的指标的设置与计算有以下说明：

（1）访问时间：衡量主体在访问请求发起时的合理程度。若在策略之外，随着访问时间的增加，请求风险的影响越大，说明在近段时间内，主体频繁访问异常。

（2）权限风险：在访问过程中，访问主体有只读、写入、复制等的操作动作，权限越高则说明其承担的风险也越大。

（3）IP 登录：即衡量主体访问客体的 IP 地址范围，例如一个网络购物平台，其后台数据库只要求有权限的职员在公司内进行访问。

（4）历史访问记录：记录主体请求在历史一段时间内，访问请求的成功率。通过授权次数表示主体的访问风险，授权次数占比越重，则说明在历史时期内，主体的访问请求安全度越高。

（5）数据敏感度：用以衡量数据的脆弱性，由于访问控制的根本目的在于对其客体数据的安全性保护，因此不同的客体信息价值会随着时间的增加而减弱。

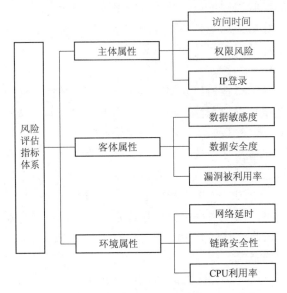

图 8.2　风险评估指标体系

（6）数据安全度：即衡量数据的安全等级。通常用加密算法的安全级别来表示，即以破解的算法的复杂度作为其安全等级。例如：DES 算法适用于对大量数据加密的情况下，速度较快，属于易解密算法。

（7）漏洞被利用率：即衡量客体资源的安全程度，即系统对特定威胁攻击或危险时间的敏感性或进行威胁攻击作用的可能性，可以通过漏洞受攻击的次数判定其危险程度。漏洞受攻击次数低说明，一方面漏洞随着时间的推移在不断地完善，另一方面可能出现新的漏洞。

（8）网络延时：表示在传输介质中传输时所需要的时间，即 PING 值越低则速度越快。当网络延迟越严重，则对访问安全影响越严重。

（9）链路安全性：通常指链路安全性针对通信网络提出的安全控制要求，主要对象为广域网、城域网和局域网等，所涉及的安全控制点包括网络架构、通信传输和可信验证。其安全访问等级越高，访问传输风险越小。

（10）CPU 利用率：在正常情况下，CPU 利用率为 0～75％为正常。若被大量病毒、木马入侵系统，则病毒会在系统内部大肆复制，使得 CPU 的利用率越居高不下，导致 CPU 出现损毁，即 CPU 的利用率越高，其对访问控制造成的影响越大。

8.3　风险自适应访问控制模型

8.3.1　改进层次分析法

1. 熵权法

熵最先由申农引入信息论，目前已经在工程技术、社会经济等领域得到了非常广泛的应用。熵权法的基本思路是根据指标变异性的大小来确定客观权重。

一般来说，若某个指标的信息熵$\sum_j$越小，表明指标值的变异程度越大，提供的信息量越多，在综合评价中所能起到的作用也越大，其权重也就越大。相反，某个指标的信息熵越大，表明指标值的变异程度越小，提供的信息量也越少，在综合评价中所起到的作用也越小，其权重也就越小。由于层次分析法的定量数据少，定性成分多，其判断结果会造成误差，因此在进行判断矩阵权重计算时，引入熵权法。其计算步骤如下：

（1）数据标准化。将各个指标的数据进行标准化处理。假设给定 k 个指标 x_1，x_2，$\cdots$，x_k，其中 $x_i = \{x_1, x_2, \cdots, x_n\}$。假设对各指标数据标准化后的值为 y_1，y_2，$\cdots$，y_k 那么

$$Y_{ij} = \frac{X_i - \min(X_i)}{\max(X_i) - \min(X_i)} \tag{8.2}$$

（2）各指标的信息熵。根据信息论中的信息熵的定义，一组数据的信息熵为

$$E_j = -\ln(n)^{-1} \sum_{i=1}^{n} p_{ij} \ln p_{ij} \tag{8.3}$$

其中 $p_{ij} = \dfrac{Y_{ij}}{\sum\limits_{i=1}^{n} Y_{ij}}$ ，如果 $p_{ij} = 0$，则定义 $\lim\limits_{p_{ij} \to 0} p_{ij} \ln p_{ij} = 0$

（3）确定各指标的权重。根据信息熵的计算公式，计算出各个指标的信息熵为 E_1，E_2，$\cdots$，E_k。通过信息熵计算各指标的权重为

$$W_i = \frac{1 - E_i}{k - \sum E_i} \quad (i = 1, 2, \cdots, k) \tag{8.4}$$

2. 三标度法

层次分析法中最重要的一环便是构建判断矩阵，而判断矩阵是由成对比较法获得矩阵中的数值，使得一致性检验时需要进行较为繁琐的计算。因此可以将层次分析法进行改进，使用三标度进行标度，以减小工作量。对判断矩阵的取值方法依旧取得标度法，但是由于使用三标度表示判断矩阵则将分数部分去除。取值中的元素并不再进行同层之间两个元素之间的重要度比较，而是在访问控制中，将同层元素通过对风险的影响程度进行取值。

比较取值见表 8.3，即表示评价各个因素的不同实时数据可能反映出对访问控制的风险影响，例如入侵防范的等级较低，则不能及时阻断其对未授权网络设备私自连接到内部网络的行为或内部用户非授权到外部网络的行为。

表 8.3　　　　　　　　　　判断矩阵元素的取值方法

标　　度	定　　义
0	表示两因素之间，前者比后者具有的风险小
1	表示两因素之间，前者与后者具有相同风险
2	表示两因素之间，前者比后者具有的风险大

8.3.2 基于改进层次分析法的风险评估模型

传统的层次分析法的目的是在方案中选择出一个最优方案，但是这并不适应于本方案中所要应用到的风险评估，因此，将借用层次分析法的思想，利用分层的方式计算得出风险值。改进后的风险评估模型如图 8.3 所示。

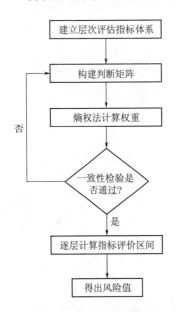

图 8.3 改进层次分析法风险评估模型

具体步骤如下：

（1）建立层次评估指标体系。通过第 3 章的构建方法建立评价指标体系。

（2）构建判断矩阵。建立在基于层次分析法的面向大数据的风险评估过程中，都存在一个对指标评价值进行量化的过程。通常将各属性通过三标度法来构建，因为在本次建立的评估指标中，并不在意于其属性值的真实数值是多少，而是在于每一个风险指标对于风险值的影响的大小。通过三标度法尽可能的较少原始数据形式与数值的不一致性而导致风险值的不稳定。

（3）熵权法计算权重。在构建风险判断矩阵后，传统的权重计算方法具有一定程度的主观性，因此通过信息熵来判定其各个属性在风险访问控制过程中的信息量。熵权法就是在其信息熵的基础上，通过计算得到客观的权重。

（4）一致性判断。若计算得出 $CR<0.10$，则继续进行下一层的风险判断。

8.3.3 模糊推理

8.3.3.1 模糊推理系统基本结构

模糊控制作为结合传统的基于规则的专家系统、模糊集理论和控制理论的成果而诞生的。在模糊控制中，试图通过从能成功控制被控过程的领域专家那里获取知识，即专家行为和经验。因此必须用一种容易有效的方式来表达人类专家的知识。一个实际的模糊控制系统实现时需要解决知识表达、推理策略和知识获取三个问题。模糊控制系统是由模糊控制器和控制对象组成的，如图 8.4 所示。

通常模糊控制器的基本结构是：①模糊化；②知识库；③模糊推理；④清晰化。

1. 模糊化

模糊化的作用是将输入的精确量转换成模糊量。其中输入量包括外界的参考输入、系统的输出或者状态等。模糊化的具体过程如下：

（1）首先对这些输入量进行处理，以变成模糊控制器中要求的输入量。

（2）将上述已经处理过的输入量进行尺度变换，使其变换到各种的论域范围。

（3）将已经变换到论域范围的输入量进行模糊处理，是原先精确地输入量变成模糊

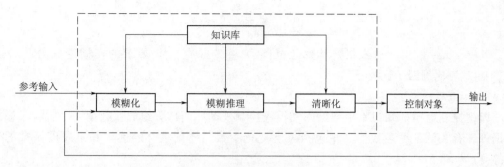

图 8.4 模糊控制系统的组成

量，并用相应的模糊集合来表示。

2．知识库

知识库中包含了具体应用领域中的知识和要求的控制表。通常由数据库和模糊控制规则库两部分组成。

（1）数据库主要包括了各语言变量的历史函数，尺度变换因子以及模糊空间的分级数等。

（2）模糊控制规则库包括了用模糊语言变量的一系列子规则。它们反映了控制专家的经验和知识。

3．模糊推理

模糊推理是模糊控制器的核心，它具有模拟人的基于模糊概念的推理能力。该推理过程是基于模糊逻辑的蕴涵关系及其推理规则来进行的。

4．清晰化

清晰化的作用是将模糊推理得到的控制量（模糊量）变换为实际用于控制的清晰量，主要包含以下内容：

（1）将模糊的控制量经清晰化变换，变成表示在论域范围的清晰量。

（2）将表示在论域访问的清晰量经尺度变换，变成实际的控制量。

8.3.3.2 模糊逻辑控制系统的基本原理

1．模糊化运算

在模糊控制中，通常检测的数据常常是清晰量。模糊化运算是将输入空间的精确观测量映射为输入论域上的模糊集合。模糊化在处理不确定性信息方面具有重要的作用。在进行模糊化运算之前，首先要进行对输入量的尺度变换，使其变换到相应的论域范围。

（1）论域的确定。输入量的实际取值范围成为模糊系统的基本论域。基本论域中的量为连续取值的模拟量，为了便于建立模糊集合，将各语言变量的基本论域划分为离散取值的有限集，称为各语言变量的模糊论域。模糊论域可表示为连续的形式 $[-n,n]$ 或离散的形式 $[-n,-n+1,\cdots,-1,0,1,\cdots,n-1,n]$，其中 n 是自然数。

（2）输入量变换。对于实际的输入量，第一步首先要进行尺度变换，将其变换到要求的论域范围。变换的方法可以是线性的，也可以是非线性的。这里采用的变换方法是线性算法，则

$$x_0 = \frac{x_{\min} + x_{\max}}{2} + k\left(x_0^* - \frac{x_{\min}^* + x_{\max}^*}{2}\right), \quad k = \frac{x_{\max} - x_{\min}}{x_{\max}^* - x_{\min}^*} \tag{8.5}$$

其中，x_0^* 是实际输入量，其变化范围为 $\left[x_{\min}^*, x_{\max}^*\right]$，要求的模糊论域为 $\left[x_{\min}, x_{\max}\right]$，$k$ 为比例因子。

2. 数据库

模糊控制器中的知识库由数据库和模糊控制规则库两部分组成。数据库中包含了模糊数据处理有关的各种参数，其中包括尺度变化参数、模糊集合的确定和隶属度函数的选择等。

（1）模糊集合的确定。模糊语言值构成了对输入和输出空间的模糊分割，模糊分割的个数即模糊语言值的个数决定了模糊集合的数目，模糊分割数也决定了模糊规则的个数，模糊分数越多，模糊控制规则数也越多。每个语言变量的取值为一组模糊语言值，它们构成了语言变量的集合。每个模糊语言值相对应一个模糊集合。对每个语言变量，其取值的模糊集合具有相同的论域。模糊分割是要确定对于每个语言变量取值的模糊语言值的个数，模糊分割的个数决定了模糊控制精细化的程度。

（2）模糊集合隶属度函数的选择。语言变量具有很多个模糊语言值，每个模糊语言值对应一个模糊集合。模糊集合要由隶属函数来描述。

根据论域为离散和连续的不同情况，模糊集合隶属度函数的描述也有如下两种方法：

1）数值描述法。对于论域为离散，且元素个数有限的情况，模糊集合的隶属度函数可以用向量或者表格的形式来表示。

2）函数描述法。对于论域为连续的情况，隶属度常常用函数的形式来描述，最常见的有三角形函数、菱形函数和梯形函数等。这里采用高斯隶属函数，该隶属度函数能够切实评估属性的分布情况，方便调整模型的前件参数，其高斯隶属函数曲线如图8.5所示。

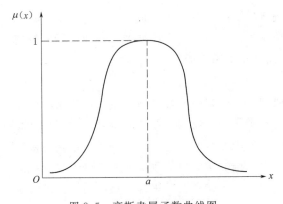

图 8.5　高斯隶属函数曲线图

3. 规则库

模糊控制规则库是由一系列 IF – THEN 条件句所构成的。条件句的前件为输入和状态，后件为控制变量。

（1）模糊控制规则的前件和后件变量的选择。模糊控制规则的前件和后件变量是指模糊控制器的输入和输出的语言变量。输入量和输出量的选择和确定主要依靠工程知识和面临情况所定。

（2）模糊控制规则的建立。模糊控制规则是模糊控制的核心。如何建立，模糊控制规则也就成为一个十分关键的问题。模糊控制规则的方法：①基于专家的经验和控制工程知识；②基于操作人员的实际控制过程；③基于过程的模糊模型；④基于学习。

（3）模糊控制规则的类型。在模糊控制中，目前主要应用有两种形式的模糊控制规则：①状态评估模糊控制规则；②目标评估模糊控制规则。

4. 模糊推理

通常模糊控制中的规则是来源于专家知识，在模糊控制中，通过用一组语言描述的规则来表示专家的知识，但是在自适应模糊神经网络中的模糊规则是通过神经网络进行训练得到，并不依赖于专家知识。而通常的描述形式：

IF（满足一组条件）THEN（可以推出一组结论）

在 IF - THEN 规则中的输入和前提条件及结论是模糊的概念。即是将输入的数据进行语言量化。为直接反映人类自然语言的模糊输出模糊性特点，模糊规则的前件和后件中引入语言变量和语言值的概念。

模糊推理的过程就是对模糊系统中的规则库建立的过程，着重讨论多输入单输出（MISO）模糊控制器，其规则库的形式为

$$R = \{R_{MIMO}^1, R_{MIMO}^2, \cdots, R_{MIMO}^n\} \tag{8.6}$$

其中，R_{MIMO}^i 表示如果（x 是 A_i and$\cdots$ y 是 $\boldsymbol{B}_i$），则（x 是 Z_1 and$\cdots$ y 是 $\boldsymbol{B}_i$）。

R_{MIMO}^i 的输入和前提条件是直积空间 $X \times \cdots \times Y$ 上的模糊集合，后件（结论）是 q 个控制作用的并，它们之间是相互独立的。因此，第 i 条规则 R_{MIMO}^i 可以表示的模糊蕴含关系为

$$R_{MIMO}^i : (A_i \times \cdots \times B_i) \rightarrow (C_{i1} + \cdots C_{iq}) \tag{8.7}$$

5. 去模糊化

（1）清晰化计算。模糊量化转换成精确量通常有以下方法：

1）最大隶属度法。如果输出量 Z 模糊集合 C' 的隶属度函数只有一个最大值，则在模糊集合中选取隶属度函数为最大的论域元素作为输出量的清晰值，即

$$\mu_C'(Z_0) \geqslant \mu_C'(Z) \qquad z \in Z \tag{8.8}$$

如果输出量 Z 模糊集合 C' 的隶属度函数有多个最大值，则通常采用平均值法、最大值法、最小值法三种方法获得输出量的清晰值。

2）中位数法。中位数法是取 $\mu_C'(Z)$ 的中位数作为 Z 的清晰量，即 $Z_0 = \mathrm{d}f(Z)_{Z_0} = \mu_C'(Z)$ 的中位数，它满足

$$\int_a^{Z_0} \mu_C'(Z)\mathrm{d}z = \int_{Z_0}^b \mu_C'(Z)\mathrm{d}z \tag{8.9}$$

也就说，以 a 为下界，b 为上界，$\mu_C'(Z)$ 与 Z 轴之间面积以 Z_0 为分界两边相等。

3）加权平均法（面积重心法）。这种方法取 $\mu'_C(Z)$ 的加权平均值为 z 的清晰值。

（2）论域变换。在求得清晰值 z_0 后，还需要经尺度变换为实际的控制量。变换方法可以是线性的，也可以是非线性的。

8.3.4　基于自适应模糊神经网络的风险评估模型

虽然模糊系统中知识的抽取和表达比较方便，其推理方式比较类似于人的思维模式，但模糊系统却相当依靠专家或操作人员的经验和知识，并缺乏自学习和自适应能力，而神经网络可以直接从样本中进行有效的学习。因此，将神经网络的并行计算、分布式信息存储、容错能力强以及具备自适应学习能力和模糊系统利于表达规则的知识的能力相结合，将神经网络的自学习访问应用于模糊特征的分析和建模上，产生自适应神经模糊推理系统。自适应神经模糊系统是基于数据的建模方法，该系统中的模糊隶属函数及模糊规则是通过对大量已知数据的学习得到的。研究人员使用自适应模糊神经网络实现风险的自适应，基于 T‑S 模型的神经网络模糊结构如图 8.6 所示。

该网络有前件网络和后件网络两部分组成，前件网络用来匹配模糊规则的前件，后件网络用来产生模糊规则的后件。

1. 前件网络

前件网络由 4 层组成。第一层为输入层，它的每个节点直接与输入向量的各分量 x_i 连接，它起着将输入值 $x=[x_1,x_2,\cdots,x_n]^T$ 传送到下一层的作用。该层的节点数 $N_1 = n$。

第二层每个节点代表一个语言变量值，它的作用是使各输入分量属于各语言变量值模糊集合的隶属函数 H_i^i，即

$$\mu_i^j = \mu_{A_i^j}(x_i) \tag{8.10}$$

其中，$i=1,2,\cdots,n$，$j=1,2,\cdots,m_i$，N 是输入量的维数，m_i 是 x_i 的模糊分割数。该层节点总数 $N_2 = \sum\limits_{i=2}^{n} m_i$。

第三层的每个节点代表一条模糊规则，它的作用是用来匹配模糊规则的前件，计算出每条规则的适应度，即

$$\alpha_j = \min\{\mu_1^{i_1},\mu_1^{i_2},\cdots,\mu_1^{i_n}\} \tag{8.11}$$

或

$$\alpha_j = \mu_1^{i_1},\mu_1^{i_2},\cdots,\mu_1^{i_n} \tag{8.12}$$

其中，$i_1 \in \{i=1,2,\cdots,m_1\}$，$i_2 \in \{i=1,2,\cdots,m_2\}$，$i_3 \in \{i=1,2,\cdots,m_3\}$，$\cdots$，$i_n \in \{i=1,2,\cdots,m_n\}$，$j=1,2,\cdots,m$，$m=\prod\limits_{i=1}^{n} m_i$。该层节点总数 $N_3 = m$。

第四层的节点数与第三层相同，即 $N_4 = N_3 = m$，它所实现的是归一化计算，即

$$\bar{\alpha}_j = \frac{\alpha_j}{\sum\limits_{i=1}^{n} \alpha_i} \quad (j=1,2,\cdots,m) \tag{8.13}$$

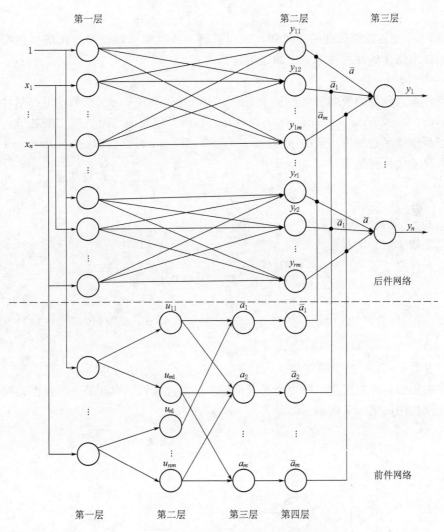

图 8.6　基于 T-S 模型的模糊神经网络结构图

2. 后件网络

后件网络由 r 个结构相同的并列子网络所组成，每个子网络产生一个输出量。

子网络的第一层是输入层，它将输入变量传送到第二层。输入层中第 0 个节点的输入值 $x_0 = 1$，它的作用是提供模糊规则后件中的常数项。

子网络的第二层共有 m 个节点，每个节点代表一条规则，该层的作用是计算每一条规则的后件，即

$$y_{ij} = p_{j0}^i + p_{j1}^i x_1 + \cdots + p_{jm}^i x_n = \sum_{i=0}^{n} p_{jl}^i x_l \, (j=1,2,\cdots\cdots m;\ i=1,2,\cdots,r)$$

$$(8.14)$$

子网络的第三层是计算系统的输出，即

$$y_i = \sum_{j=1}^{m} \bar{\alpha}_j y_{ij} \tag{8.15}$$

可见，y_i 是各规则后件的加权和，加权系数为各模糊规则经归一化的使用度，即前件网络的输出用作后件网络第三层的连接权值。

3. 学习算法

假设各输入分量的模糊分割数是预先确定的，那么需要学习的参数主要是后件网络连接权 $pl_{ji}(j=1,2,\cdots,m;i=1,2,\cdots,n;l=1,2,\cdots,r)$，以及前件网络第二层各节点隶属函数的正态型隶属函数的中心值 c_{ij} 及宽度 $\sigma_{ij}(j=1,2,\cdots,m;j=1,2,\cdots,m_i)$。

设取误差代价函数为

$$E = \frac{1}{2} \sum_{i=1}^{r} (t_i - y_i)^2 \tag{8.16}$$

式中：t_i 和 y_i 分别为期望输出和实际输出。

(1) 参数 pl_{ji} 的学习算法

$$\frac{\partial E}{\partial p_{ji}^l} = \frac{\partial E}{\partial y_l} \frac{\partial y_l}{\partial y_{lj}} \frac{\partial y_{lj}}{\partial p_{ji}^l} = (t_l - y_l)\bar{\alpha}_j x_i$$

$$p_{ji}^l(k+1) = p_{ji}^l(k) - \beta \frac{\partial E}{\partial p_{ji}^l} = p_{ji}^l(k) + \beta(t_l - y_l)\bar{\alpha}_j x_i \tag{8.17}$$

式中，$j=1, 2, \cdots, m$；$i=1, 2, \cdots, n$；$l=1, 2, \cdots, r$。

(2) 参数 c_{ij} 和 σ_{ij} 的学习算法。

每条规则的后件在简化结构中变成了最后一层的连接权，基于 T-S 模型的模糊神经网络简化结构图如图 8.7 所示。

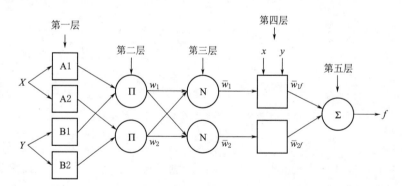

图 8.7 基于 T-S 模型的模糊神经网络简化结构图

利用一阶梯度寻优算法调节参数，即

$$\delta_i^{(5)} = t_l - y_l \quad (i=1,2,\cdots,n)$$

$$\delta_i^{(4)} = \sum_{i=1}^{r} \delta_i^{(5)} y_{ij} \quad (j=1,2,\cdots,m)$$

$$\delta_i^{(3)} = \delta_i^{(4)} \sum_{\substack{i=1 \\ i \neq j}}^{m} \alpha_i / \left[\sum_{i=1}^{m} \alpha_i\right]^2 \quad (j=1,2,\cdots,m)$$

$$\delta_i^{(2)} = \sum_{k=1}^{m} \delta_i^{(3)} s_{ij} e^{\frac{(x_i - c_{ij})^2}{\sigma_{ij}^2}} \quad (i = 1, 2, \cdots n; j = 1, 2, \cdots, m)$$

(8.18)

当 AND 为乘法运算时，当 μ_{ji} 是第 k 个规则节点的一个输入时

$$S_{ij} = \prod_{\substack{j=1 \\ j \neq i}}^{n} \mu_j^{ij}$$

(8.19)

最后求得

$$\frac{\partial E}{\partial c_{ij}} = -\delta_{ij}^{(2)} \frac{\partial (x_i - c_{ij})}{\sigma_{ij}} ; \quad \frac{\partial E}{\partial \sigma_{ij}} = -\delta_{ij}^{(2)} \frac{2(x_i - c_{ij})^2}{\sigma_{ij}^3}$$

$$c_{ij}(k+1) = c_{ij}(k) - \beta \frac{\partial E}{\partial c_{ij}} ; \quad \sigma_{ij}(k+1) = \sigma_{ij}(k) - \beta \frac{\partial E}{\partial \sigma_{ij}}$$

(8.20)

式中，$\beta > 0$ 为学习速率，$i = 1, 2, \cdots, n$；$j = 1, 2, \cdots, m_i$。

8.4 仿真实验

通过改进层次分析法与自适应神经模糊推理系统相结合，进行访问控制过程中风险值的判定和预测。风险评估与预测过程图如图 8.8 所示。

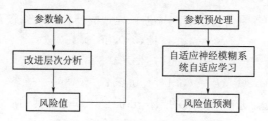

图 8.8　风险评估与预测过程图

8.4.1 改进层次分析法风险评估实验

基于第三部分建立的风险评估体系。在构建相应的指标体系之后，依据层次分析法的步骤，进行构建判断矩阵，利用三标度法，通过熵权法确定层次间的指标权重。首先为更好地描述之前所描述的评估指标，将用 A_i、B_i、C_i 来代表三层的评估体系中的主体属性、客体属性、环境属性等元素。之后建立 4 组基于专家经验的判断矩阵，即

$$R^A = \begin{pmatrix} A_{11} & A_{12} & A_{13} \\ A_{21} & A_{22} & A_{23} \\ A_{31} & A_{32} & A_{33} \end{pmatrix} = \begin{pmatrix} 1 & 2 & 1 \\ 0 & 1 & 2 \\ 1 & 0 & 1 \end{pmatrix}$$

(8.21)

$$R^B = \begin{pmatrix} B_{11} & B_{12} & B_{13} \\ B_{21} & B_{22} & B_{23} \\ B_{31} & B_{32} & B_{33} \end{pmatrix} = \begin{pmatrix} 1 & 1 & 2 \\ 1 & 1 & 0 \\ 0 & 2 & 1 \end{pmatrix}$$

(8.22)

$$R^C = \begin{bmatrix} C_{11} & C_{12} & C_{13} \\ C_{21} & C_{22} & C_{23} \\ C_{31} & C_{32} & C_{33} \end{bmatrix} = \begin{bmatrix} 1 & 2 & 2 \\ 0 & 1 & 0 \\ 0 & 2 & 1 \end{bmatrix} \tag{8.23}$$

在对各属性的评价结果统计之后，为使结果更具科学性，将选取 100 个实验结果作为指标重要性的评价依据，评价结果分布如表 8.4 所示。

表 8.4　　　　　　　　　　　　　　　　指标重要性评估结果

三 级 指 标	低	中	高
访问时 A_1	40	52	8
权限风 A_2	37	58	5
IP 登录 A_3	49	41	10
数据敏度 B_1	46	48	6
数据安全度 B_2	53	43	4
漏洞被利用 B_3	23	57	20
网络延时 C_1	31	58	12
链路安全性 C_2	19	60	21
CPU 利用率 C_3	54	37	9

对访问控制历史的各属性值用熵权法进行权重的计算，本组权重为

$$S^A = (0.1412, 0.0786, 0.4976) \tag{8.24}$$

$$S^B = (0.1673, 0.0475, 0.4816) \tag{8.25}$$

$$S^C = (0.1471, 0.0514, 0.4859) \tag{8.26}$$

通过一致性检验后，进行第二层的层次分析法计算，得到的层次权重为

$$S = (0.1145, 0.5516, 0.4953) \tag{8.27}$$

这次评估为风险评估，综合上述式子所得到的为层次指标权重，通过自下而上求得上一级指标的评价值，最终得出风险值。

8.4.2　自适应神经模糊网络风险评估实验

通过上一节的风险评估，得到的风险值仅仅是一个数值，而并没有输出一个语言变量，若是在进行下一次风险值评估时，对上一节中的步骤再计算一遍，对于本来就繁重的访问控制增加了更多的工作量。因此，将上一节所得出的风险值，与 8.2 节构建的风险评估指标影响因素的值进行模糊化，通过自适应模糊神经网络进行自适应学习，建立一个推理系统，输出结果将得到一个语言变量的函数，使得能对风险值进行预测。样本将对访问控制过程中的主体属性、客体属性以及环境属性进行评价，经过模糊评价法进行量化处理以便于训练和测试将其结果通过模糊化建立的输入语言变量。为使得结果更加逼近显示值，该样本将抽取 1000 组作为训练值，500 组作为测试组，采用基于 Takgi - Sugen 的模糊推理与自适应相结合。

（1）输入分量的分割。模糊神经网络是按照模糊系统模型建立的，网络中的各节点以

及所有参数均具有明显的物理意义，因此这些参数的处置可以根据系统的模糊或定性的知识来确定，然后利用 8.3 节中基于自适应模糊神经网络的学习算法可以很快收敛到要求的输出关系。输入的分割量越是精确，则网络的输出相当于袁冠华函数的分段线性近似。因此，将风险预测的输入语言分量分为影响小、影响一般、影响大三类。

（2）参数设置与部分参数的研究。实验采用三个输入数据各自具有三个语言变量，且采用 BP 算法与最小二乘法相结合的混合参数训练方法，在学习完成后得到对应的训练数据具有最小均方根误差的模糊推理系统矩阵。

8.4.3　实验结果

经过多次试验比较后设置自适应模糊神经网络相关参数如下：选用高斯型隶属度函数，个数为 5，训练次数为 100，期望误差为 0.001，采用 BP 算法与最小二乘法相结合的混合算法对自适应模糊神经网络进行训练，最终达到最大训练次数 100 次时，收敛于误差 0.00194836，其对于混合算法与实验样本数的测试结果见表 8.5。

表 8.5　　　　　　　最大迭代次数和实验样本数对于混合算法的影响

最大迭代次数	实 验 样 本				
	15	30	45	60	75
10	8.12%	4.42%	2.87%	2.31%	2.27%
40	6.91%	3.51%	2.54%	2.02%	1.82%
60	4.47%	3.04%	2.03%	1.64%	1.56%
80	3.36%	2.65%	1.88%	1.55%	1.34%
100	2.76%	2.47%	1.61%	1.37%	1.16%

自适应模糊神经网络训练前后的隶属函数曲线分别如图 8.9～图 8.11 所示。

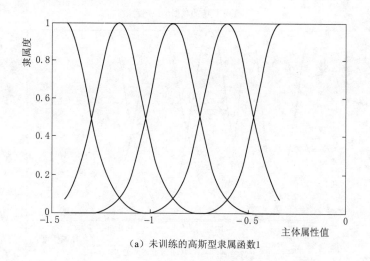

（a）未训练的高斯型隶属函数1

图 8.9（一）　输入第一个变量的隶属函数曲线

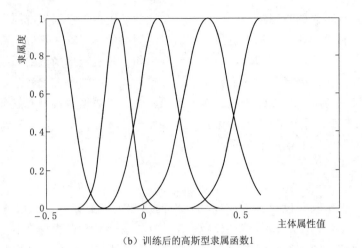

（b）训练后的高斯型隶属函数1

图 8.9（二）　输入第一个变量的隶属函数曲线

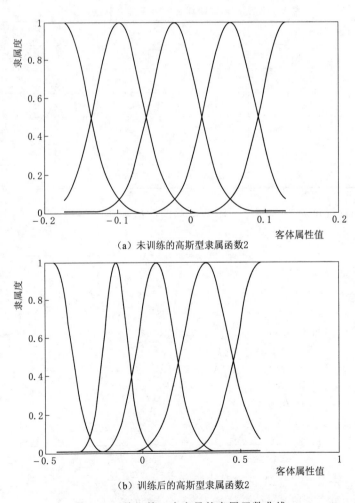

（a）未训练的高斯型隶属函数2

（b）训练后的高斯型隶属函数2

图 8.10　输入第二个变量的隶属函数曲线

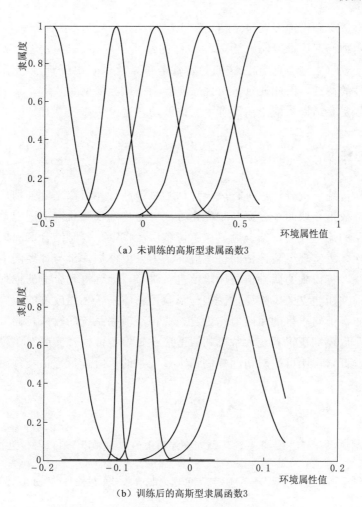

（a）未训练的高斯型隶属函数3

（b）训练后的高斯型隶属函数3

图 8.11 输入第三个变量的隶属函数曲线

多次实验结果所得到的值与预期风险值的对比如图 8.12 所示，从图中可以看出，仿真实验结果的预测值与实际风险评估结果类似，两者之间的误差较小。这表明算法能对风险评估结果进行预测。

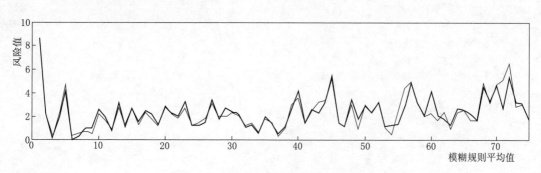

图 8.12 实验结果与预测结果对比图

实验采取自适应模糊神经网络结构，输入层神经元个数为 3，即结构模型中的 3 个风险元素，输出层神经元个数为 1，为风险评估的结果风险值。通过实验测试，中间输出 56 条模糊规则。为了检测所提出方法的稳定性与可重复性，由于神经网络的实验结果具有一定的随机性的特点，因此通过多次独立实验验证预测模型的效果。其中部分测试实验结果良好，重复实验结果与期望值没有太大的波动，这说明算法具有良好的结果。

8.5　本章小结

本章首先对传统层次分析法进行风险评估的过程进行介绍，之后分别从层次判断矩阵的构件上与矩阵权重获取两个方面介绍优化方法。通过熵权法获取不同因素在访问控制过程中所含信息量的熵值权重，结合熵值权重调整层次权重，同时结合区间模糊数法设置评价值区间。其次，为实现风险评估的自适应性，引入由模糊评价与神经网络相结合的自适应神经模糊网络，将得到的属性值与风险值进行学习，训练得到合适的推理系统。

本章结合前文所建立的风险评估模型与风险评估体系，利用改进的风险层次法计算风险值，将评价指标值与求得的风险值作为自适应神经模糊系统的输入，通过自适应神经模糊系统建立一个以模糊逻辑系统为基础的自适应逻辑模型。通过实验对该模型的有效性与实用性进行了验证，说明可以对访问控制请求过程中的风险进行评估与预测。

参 考 文 献

［1］　陈勇. 模糊层次分析法在 M 系统信息安全评估中的应用［J］. 通信与信息技术，2017（3）：45-48.
［2］　许硕，唐作其，王鑫. 基于 D-AHP 与灰色理论的信息安全风险评估［J］. 计算机工程，2019，45（7）：194-202.
［3］　唐作其，黄玉洁，梁静，安瑞，吴春明. 基于灰色模糊综合理论的信息系统定级［J］. 北京工业大学学报，2018，44（8）：1145-1151.
［4］　王旭仁，马慧珍，冯安然，许祎娜. 基于信息增益与主成分分析的网络入侵检测方法［J］. 计算机工程，2019，45（6）：175-180.